수록의
프랑스자수 스티치 대백과

法式刺繡針法全書

韓國高人氣刺繡師 朴成熙 —— 著

prologue

獻給拿起這本書的你

雖然已經和法式刺繡當了很久的朋友，
至今還是會想起第一次刺繡時那神奇又悸動的感覺。

將日常物件製作成刺繡作品時，總覺得它們因此變得特別；
例如將花朵用刺繡呈現時，覺得花看起來更美麗了；
將欣賞的畫作以刺繡來呈現時，我的內心也總會感到一陣悸動。
看來，不管是畫作還是刺繡作品，美麗的事物總是能引起共鳴的吧。

如果你是初學法式刺繡的人，這本書能幫助你有系統的認識法式刺繡；
而對於學習法式刺繡已經一段時間的你，
這本書可以成為你手邊非常好用的常備工具書。

無論如何，只要你是懂得欣賞法式刺繡各種表現圖樣的人，
這會是一本非常實用、絕對不能錯過的針法全書。

我編撰這本書時，參考了許多資料，
包含國內外出版的刺繡書籍、刺繡辭典、相關的知識百科等，
也一一比對了我平常感到好奇或是比較沒把握繡好的部分。
雖然整理刺繡針法的過程並不容易，
但我同時也在這當中收穫許多，所以真的非常開心。
我也盡可能在本書中收錄能夠廣泛運用、具有代表性、
又可以呈現漂亮層次的針法，
並以淺顯易懂的方式為你說明。

雖然單憑一種針法也可以製作出令人讚嘆的作品，
但我認為活用多種針法來輔助創作，可以讓作品變得更豐富繽紛。
就像花越多時間去練習，越能繡得好看；
當你越熟悉針法，也就越能靈活呈現專屬於你的風格圖樣。

期待你會將這本書放在針線盒旁邊，
每當要開始刺繡、或是在刺繡過程出現疑惑時，就能立刻打開來翻閱，
更希望這本書可以成為你的好朋友，
一直陪伴在你身旁。

期許熱愛法式刺繡的我們，
一起用法式刺繡讓日常生活閃閃發光吧。

——朴成熙

Surock's
embroidery stitch

Contents

part 1 刺繡時需要的材料與工具

part 2 204 種法式刺繡針法全圖解

part 3 12款法式刺繡圖樣【附圖稿】

part 1
/
刺繡時需要的材料與工具

1.繡線

繡線的種類非常多樣。繡線編號越小，線越粗。

- 25號繡線：目前市面上最通用的繡線。繡線為6股細線撚成，可依想要的粗細，取需要的股數即可。
- 8號繡線：有捲度的繡線，粗細約為取三股的25號繡線。
- 5號繡線：有捲度的繡線，粗細約為取六股的25號繡線。
- 4號繡線：接近羊毛繡線質感，較蓬鬆、無光澤。
- 羊毛繡線：羊毛製成的線，具溫暖厚實感，適用於表現立體的作品。
- 漸層繡線：又稱為「混色繡線」，為染成多色的繡線，只要使用一條繡線就能呈現多種顏色。
- 金屬繡線：具有金屬質感的繡線，想為作品增添亮點時可使用。

2.繡布

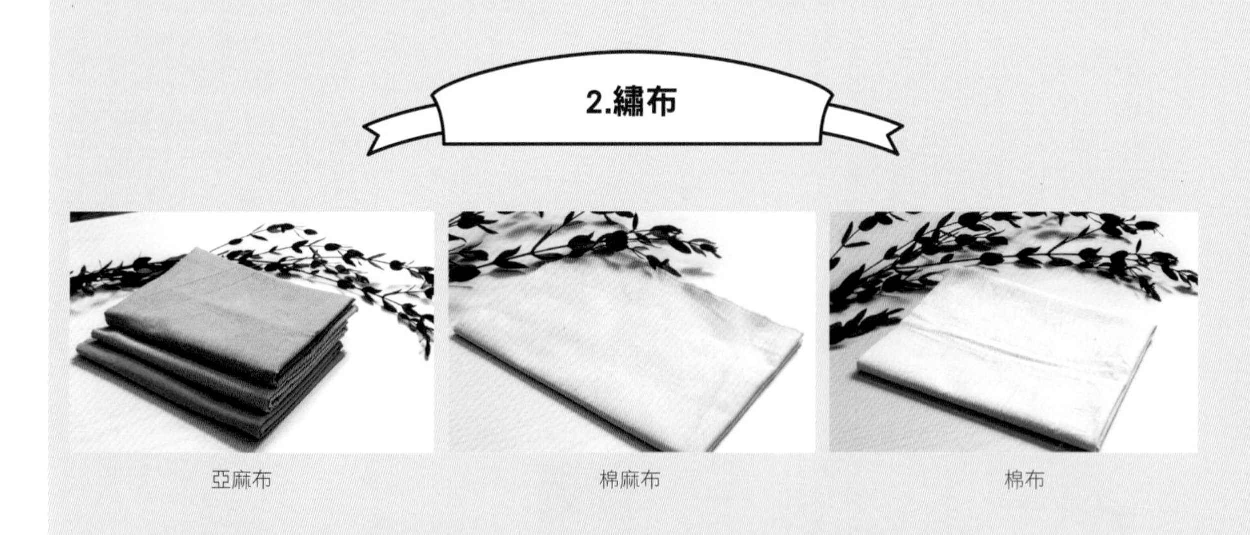

亞麻布　　棉麻布　　棉布

刺繡布料選擇以密度高、彈性低、不過厚的布料為主，一方面比較好描圖，一方面不容易起皺，以下是適合用於刺繡的布料：

- 亞麻布：使用亞麻纖維製成的布料，分為100%純亞麻布以及混合棉或嫘縈的亞麻布。此款布料經常被用來製作日常生活用品，容易取得，而且吸水性佳、柔軟度高，常被做為刺繡的布料。
- 棉麻布：幅寬較寬的棉質布料，洗滌次數越多，顏色越明亮、質地越柔軟；相反地，洗滌次數越少，越容易起皺及縮水。
- 棉布：以棉花製成的棉線織成的布料，質地柔軟。手工棉布幅寬較窄，質感較佳；機器製成的棉布幅寬較寬，價格也相對低廉。

3.繡針

因為需穿過多股繡線，所以刺繡針的針孔會比一般縫紉用的針還大。

- 一般刺繡用針：一般分為3～10號，號碼越大，針越細、孔越小，能穿過的繡線股數越少。例如10號只能穿過一股繡線，而3號可以穿過6股以上的繡線，以此類推。我們一般常用的是5號和7號繡針。若想了解同一種針法使用不同股數繡線的圖樣表現，可以直接準備一份綜合繡線組，一般刺繡材料行都有販售。
- 羊毛繡線用針：針孔比一般刺繡用針還大。
- Tapestry刺繡針：主要在白刺繡（在白布上以白色繡線刺繡）和立體刺繡使用的繡針，針孔特別長，尾端較鈍。

4.繡框

刺繡框上有螺絲旋鈕，把框住的布料拉緊、拉平整後，再把螺絲旋緊固定，在刺繡時才能平均施力下針。

比起塑膠製刺繡框，木製刺繡框避免布料滑動的效果較佳。推薦選擇直徑15公分以下或是可握於單手中刺繡的大小，使用起來會更順手。

5.描圖筆

用於將想製作的圖案繪製於布面上，其中的「水消筆、熱消筆、氣消筆」統稱為「消失筆」。氣消筆是隨著時間，筆跡會慢慢自行消除的筆。

- 水消筆：沾到水即可輕易消除筆跡的筆。
- 熱消筆：遇熱即可消除筆跡，在完成圖樣後，用熨斗整理布料時筆跡即會消除。

6.剪刀

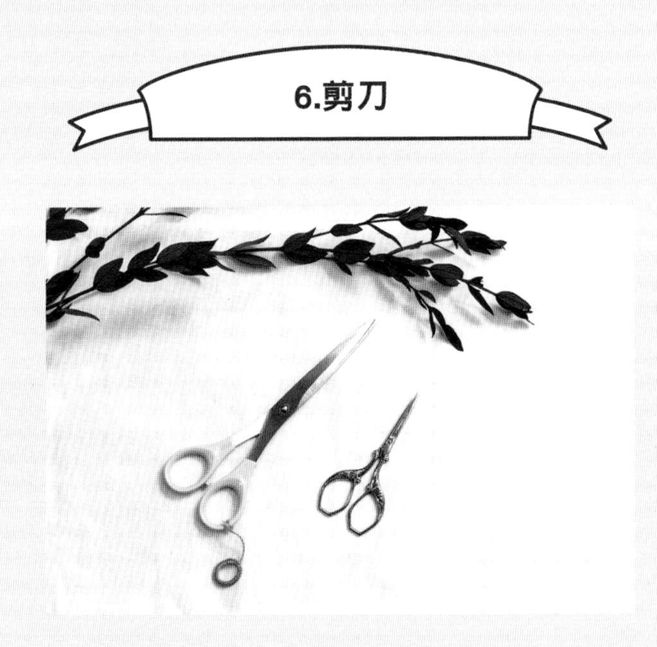

剪裁布料或繡線時，使用專門的剪刀較佳，切口會更俐落，使用上也更省力。

7.複寫紙、描圖紙

- 描圖紙：將圖案繪製於布面時會使用的透明紙張，使用稍有厚度的描圖紙較佳。
- 複寫紙：用於將圖案繪製於布面上。分為「一般複寫紙」和「水消複寫紙」，前者較不易完全去除轉印在布上的痕跡；後者則可以透過水洗，完全去除轉印痕跡，只是價格也相對貴一些。

描圖的方法

選定圖案後，用鉛筆描在描圖紙上，接著拿出複寫紙，將有顏色的那面墊在布料上，再將描圖紙放在複寫紙上，然後拿出鐵筆，把剛剛畫好的圖案在複寫紙上再描一次，讓有顏色的複寫紙上面的顏料可以轉印到布面上，如果轉印得不太明顯，可以再用水消筆補上輪廓，完成後就能開始刺繡了。如果不需要轉印圖案，也可以直接使用消失筆將線條或圖案輪廓畫在布面上。

8.拆線器、鐵筆、穿線器

- 拆線器：刺繡後若有需要修改的部分，可使用拆線器輕易地挑起已經繡在布上的線，或是整理、去除線頭時使用。
- 鐵筆：在布用複寫紙上描圖時使用的筆。不建議使用鋼筆或細字原子筆，因為容易穿破複寫紙，導致墨水印到布料上。
- 穿線器：將線穿入針孔時使用，在穿羊毛繡線或金屬繡線時尤其需要。

刺繡作品的保存與清潔方法

完成刺繡作品後，可用流水洗淨圖案的描線，然後將作品平放晾乾。布料晾乾後，再使用熨斗燙熨刺繡作品的背面。若是大量使用立體刺繡的作品，請在熨燙前，於地板上鋪放厚布，在熨燙過程中也要注意避免將刺繡作品壓扁了。

比起用洗衣機，手洗較能維持作品的壽命。如果一定要使用洗衣機，請將作品置於洗衣袋中，並且切換至高級衣料或毛衣的清洗模式，同樣於陰影處平放晾乾。

part 2
/

204 種
法式刺繡針法
全圖解

針法難易度

低：★☆☆

中：★★☆

高：★★★

可在youtube上搜尋「수록의 프랑스자수」或「GreenTree Embroidery」，或者用手機掃一下上方的QR Code，透過影像教學學習幾個刺繡的基本針法。

步驟圖中的虛線「---------」，是在刺繡前可用消失筆先在布面上描繪的線條，幫助我們在刺繡時有出針、入針位置的依據，對於初學者來說非常重要，完成的圖樣也會更工整好看。另外，在圖中的暗紅色數字「1、2、3」等，有二種表示，一種是「從位置1出針、2入針、3出針，以此類推」；另一種則是表示「針不穿過布面，用繞線的方式，從位置1開始，依序繞過位置2、3，以此類推」。

001 平針繡 Running Stitch

★☆☆

用於描繪圖案的輪廓，或是淡淡地勾勒曲線。

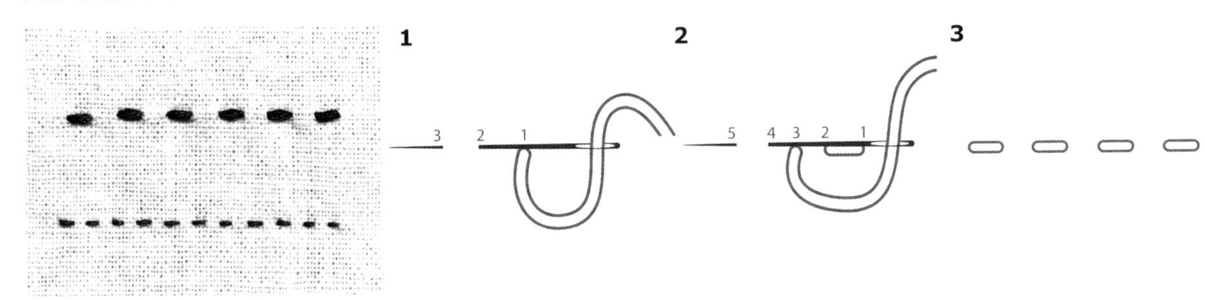

1~3 從1出針，2入針，再從3出針，其中1和2的距離要等於2和3的距離，依序完成。

002 繞線平針繡 Whipped Running Stitch

★☆☆

完成平針繡後，用另一條線從底部穿出，繞捲平針繡的縫隙。

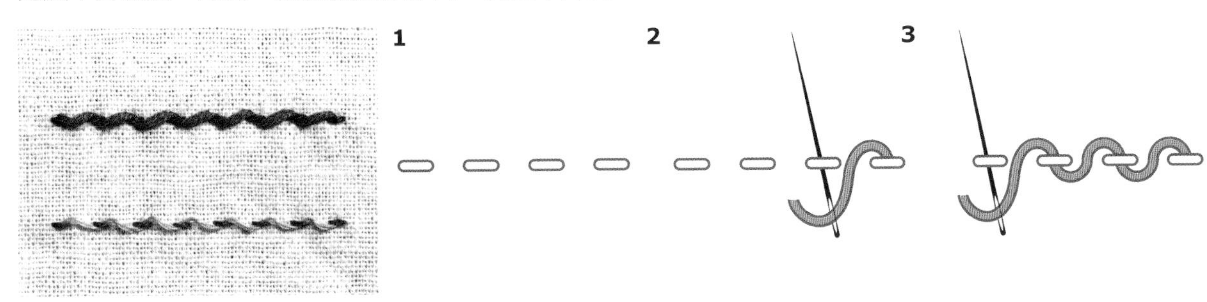

1~3 除了第一針出針和最後的收針，繡線都不穿出布面。針不要拉得太緊，才能營造出弧度和蓬鬆感。

003 穿線平針繡 Threaded Running Stitch

★☆☆

Threaded意指「穿過線的」，完成平針繡後，再用另一條線做出波浪般的造型。

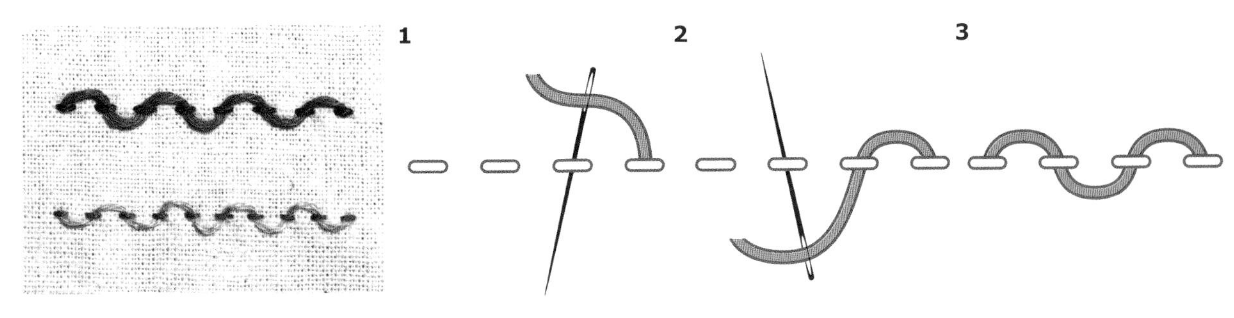

004 交織虛線繡 Interlaced Running Stitch

★☆☆

以相反方向完成兩次穿線平針繡，製作出鍊子般的造型。

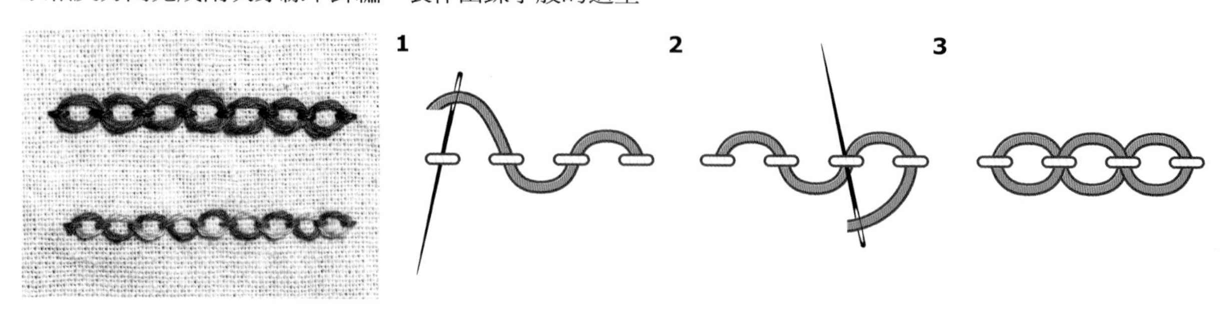

005 雙層繞線平針繡 Whipped Double Running Stitch

★☆☆

完成繞線平針繡後，以反方向再繡一次繞線平針繡。
若使用三種不同顏色的繡線，可以更加凸顯纏繞後的色彩和效果。

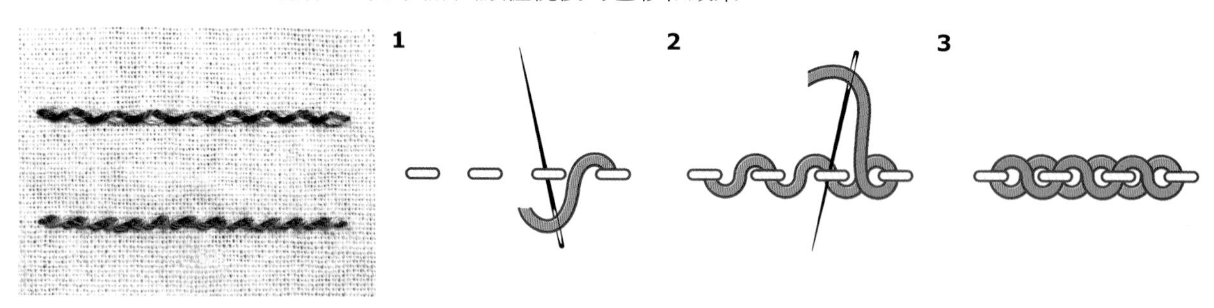

006 雙交織平針繡 Laced Double Running Stitch

★★☆

於兩行平針繡上交叉穿入繡線，可以塑造出較寬的線條。

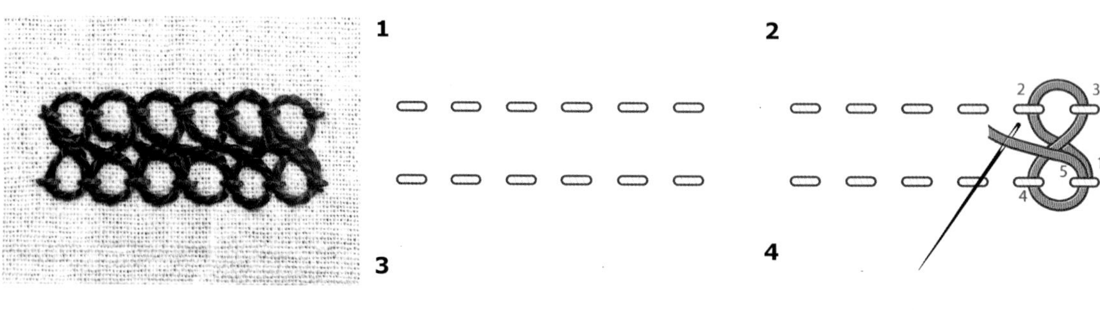

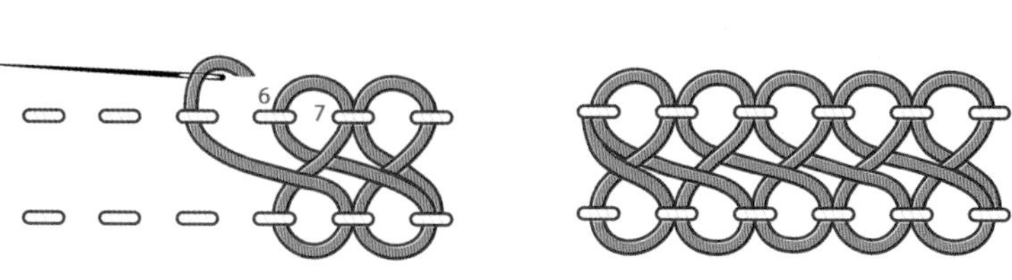

1 繡好兩行平針繡。

2~4 從1出針，如同繞8字形一般，依序往另一方向繞出相連的8字即完成。

007 輪廓繡 Outline Stitch

★☆☆

最常用於凸顯圖案的輪廓或線條。

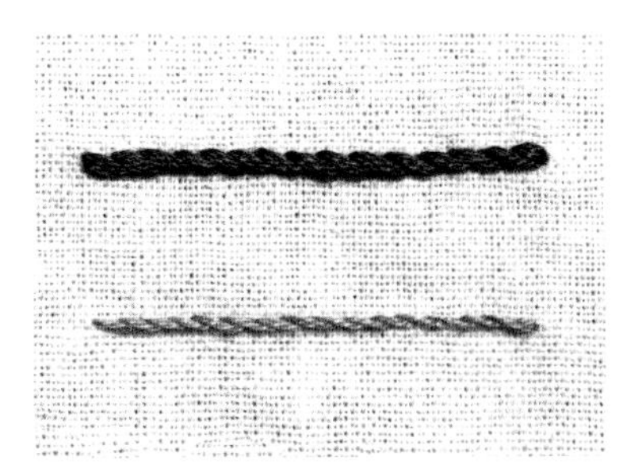

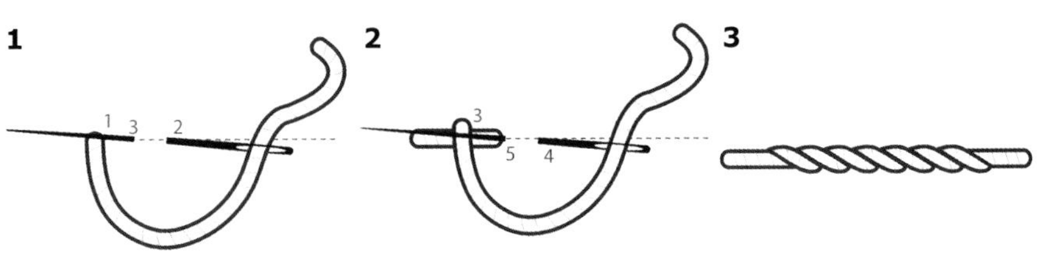

1 以消失筆畫出一條直線段，接著從線段最左邊（位置1）出針後，從2入針，接著從1/2距離（位置3）出針。

2~3 從3出針後，以1到2距離的長度往右入針（位置4）、再從5出針。往右依序完成。

008 立體輪廓繡 Raised Outline Stitch

★☆☆

此針法能營造比輪廓繡更明顯的流動感。立體輪廓繡會在間隔較遠處出針，以較寬的間隔呈現，帶點流水般的感覺。

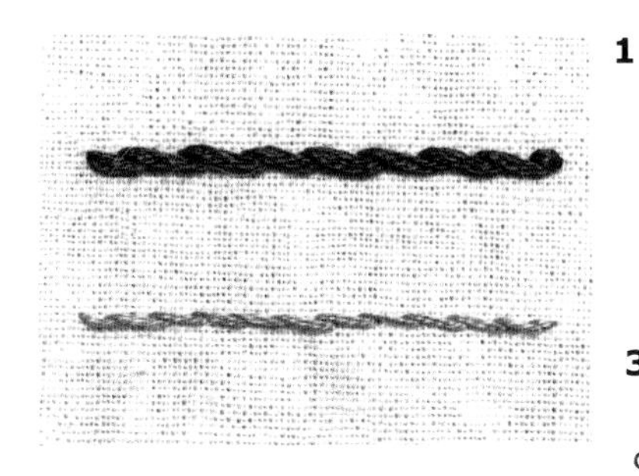

1

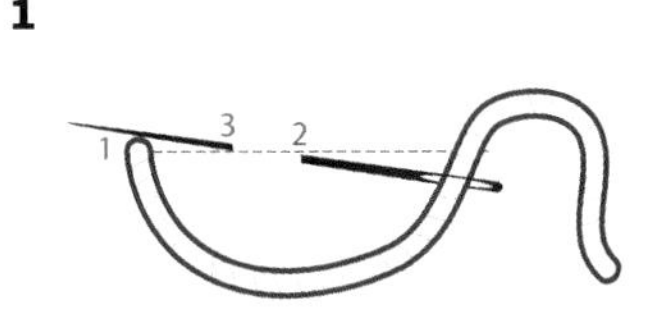

2

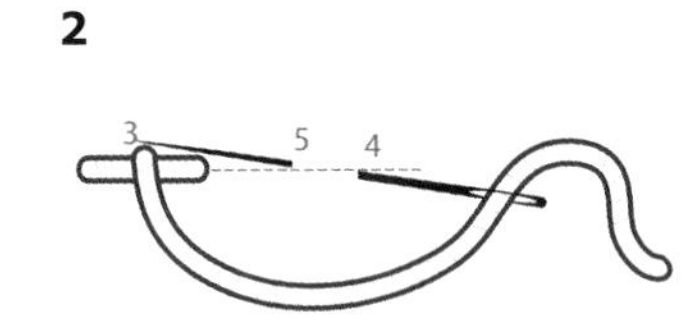

3

009 雙層輪廓繡 Double Outline Stitch

★★☆

將輪廓繡的位置錯開，繡成兩條交疊的繡線，藉此呈現出較粗的線條。

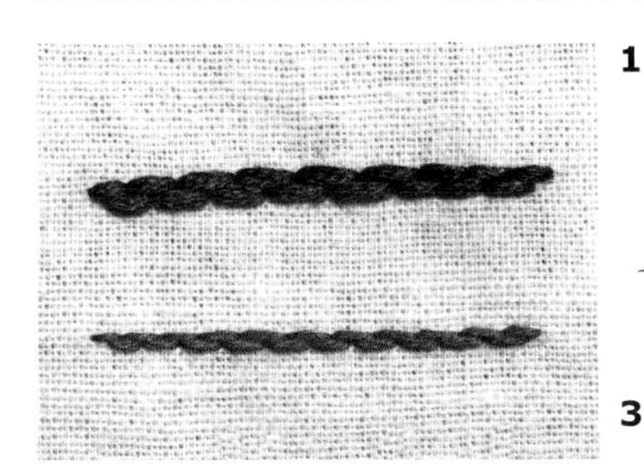

1

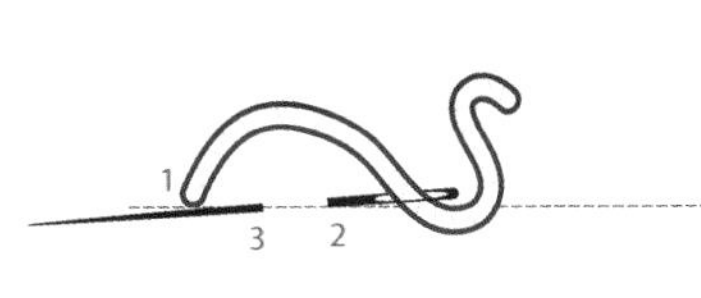

2

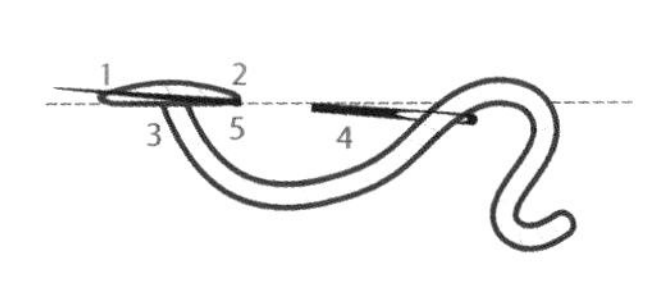

3

010 輪廓填充繡 Outline Filling Stitch

★☆☆

重複使用輪廓繡（第23頁）以填滿圖面的針法。切記輕拉繡線，以免布料起皺。

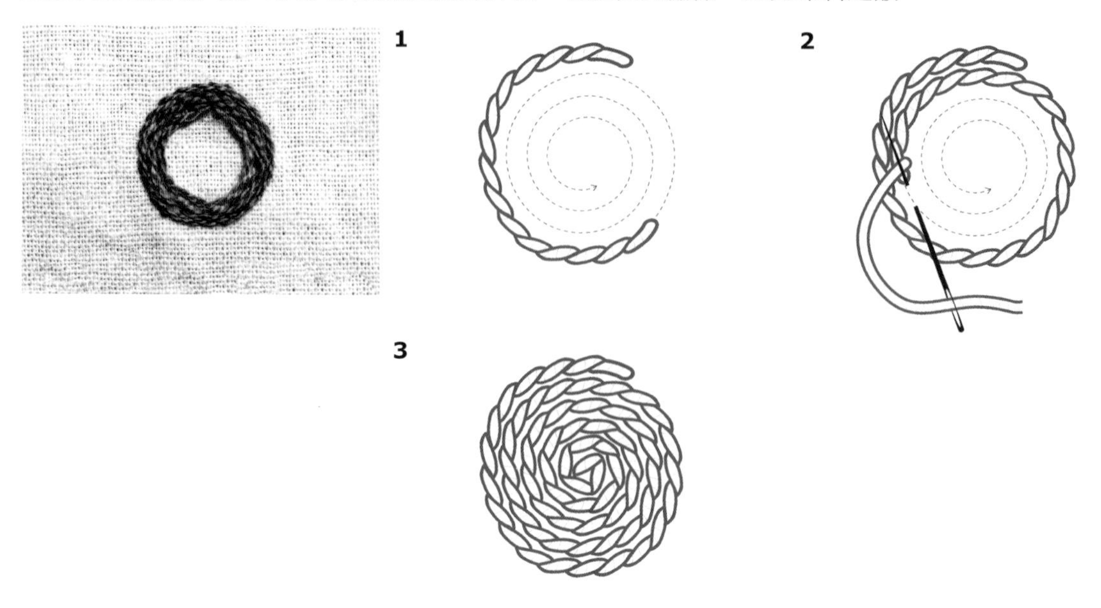

011 莖幹繡 Stem Stitch

★☆☆

Stem意指「草木的枝條、莖幹」。此針法經常用來呈現植木的莖幹或輪廓。是一款將繡線如同編織般緊密排列的針法。

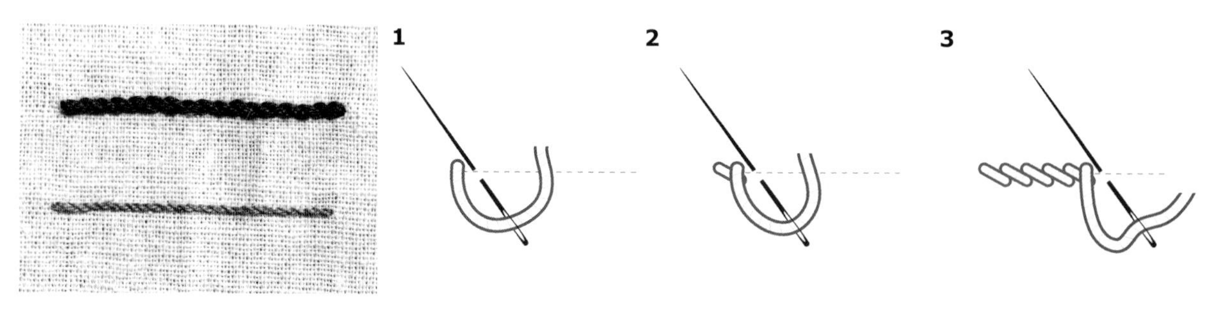

TIP

輪廓繡（23頁）v.s 莖幹繡

莖幹繡的繡線纏繞得比輪廓繡更加緊密，在以另一條繡線繞捲的刺繡法中，也會使兩者的質感稍有差異。

012 繞線莖幹繡 Whipped Stem Stitch ★☆☆

完成莖幹繡後，使用另一條繡線纏繞原來繡線間的縫隙，營造出更豐富的立體感。

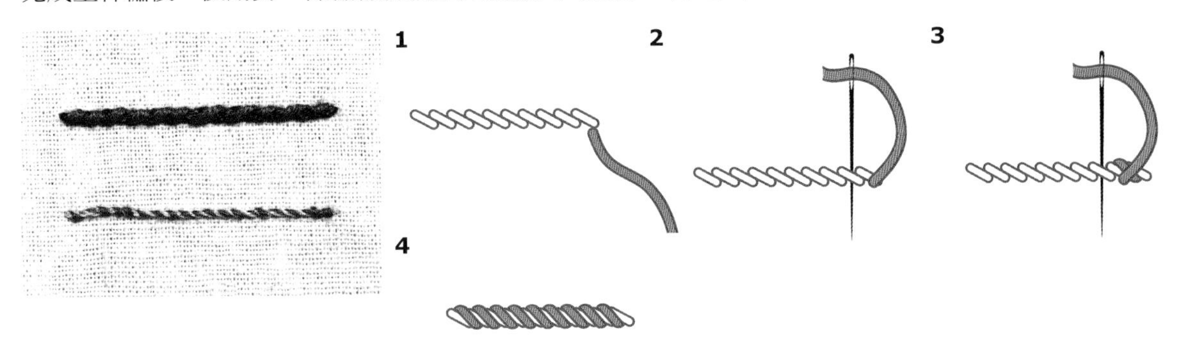

013 橫穿莖幹繡 Encroaching Stem Stitch ★☆☆

將針以微微傾斜的角度插入布面，橫穿過布面上的線條，藉此呈現出較寬的繡面。

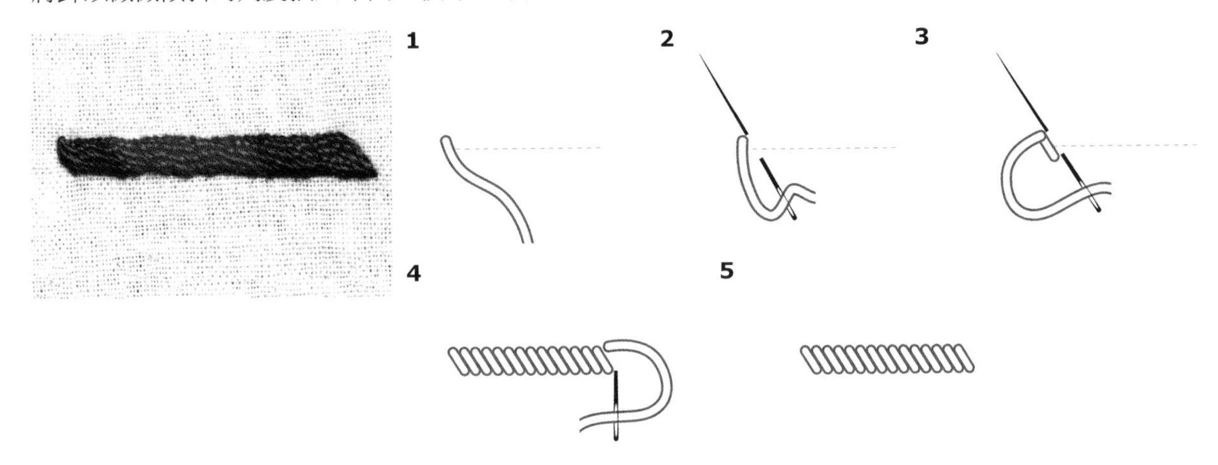

014 霍爾拜因繡 Holbein Stitch ★☆☆

完成一行平針繡後，再次使用平針繡填滿剩餘的空間。此針法源於德國畫家霍爾拜因，其經常將此技法運用於抽象畫的紋路裝飾而得名。又稱「雙平針繡（Double Running Stitch）」、「線條繡」或「劃線繡」。

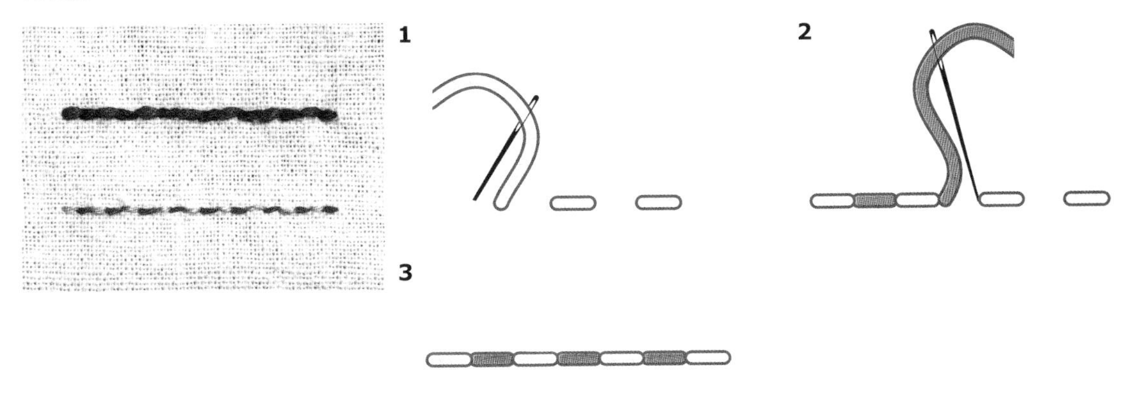

015 葡萄牙結粒莖幹繡 Portuguese Knotted Stem Stitch

★★☆

使用莖幹繡或輪廓繡，每一針都用繡線繞捲兩次，適合用於裝飾性的線條。

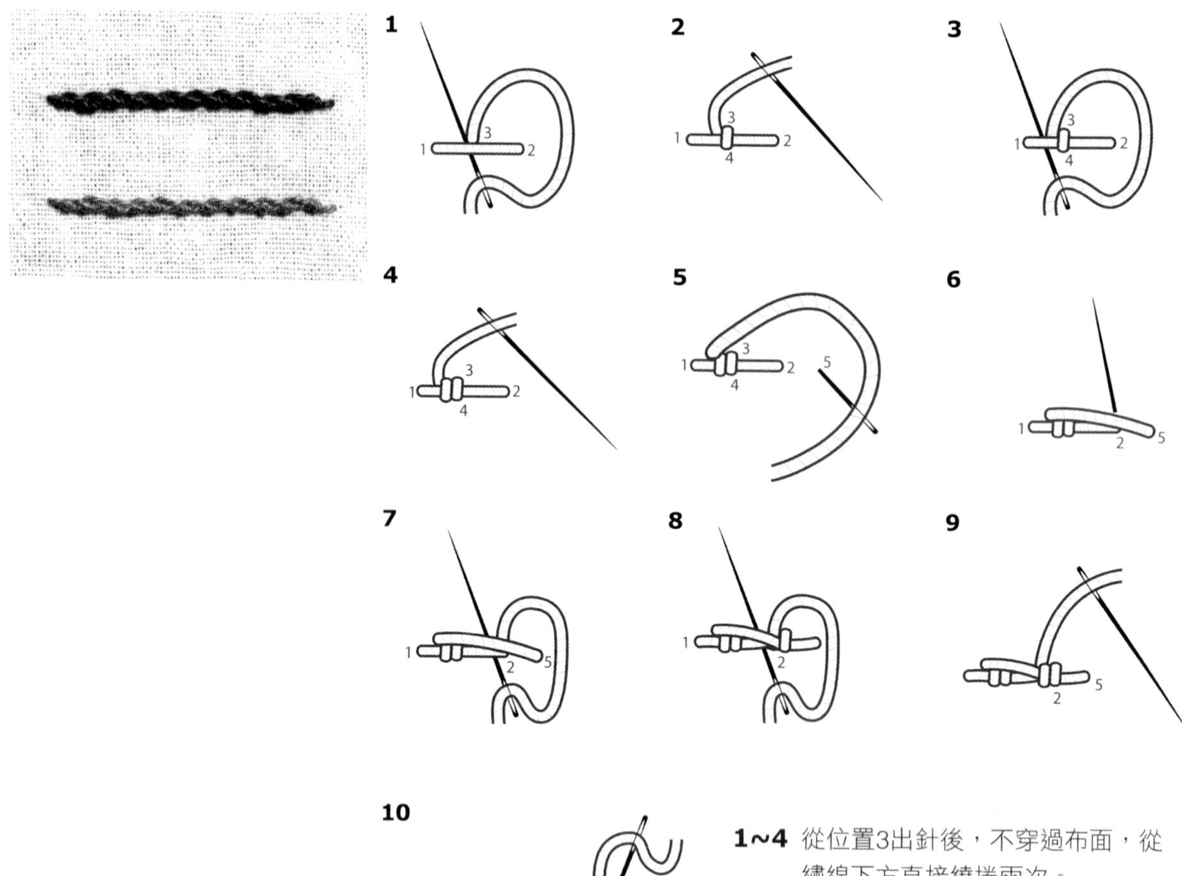

1~4 從位置3出針後，不穿過布面，從繡線下方直接繞捲兩次。

5~9 接著從5入針後，從2的位置出針，接著針同樣不穿過布面，從兩層繡線下方繞捲兩圈。

10 反覆步驟**5~9**，完成。

016 回針繡 Back Stitch

★☆☆

繡法同縫紉時使用的回針縫，適用於呈現清楚且細長的線條。

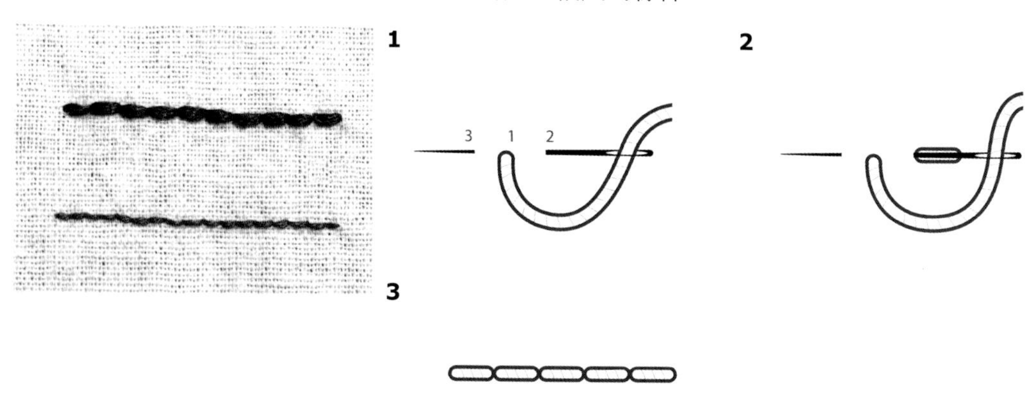

017 繞線回針繡 Whipped Back Stitch

★☆☆

完成回針繡後，用另一條繡線繞捲回針繡的縫隙，繡線不穿入布面。

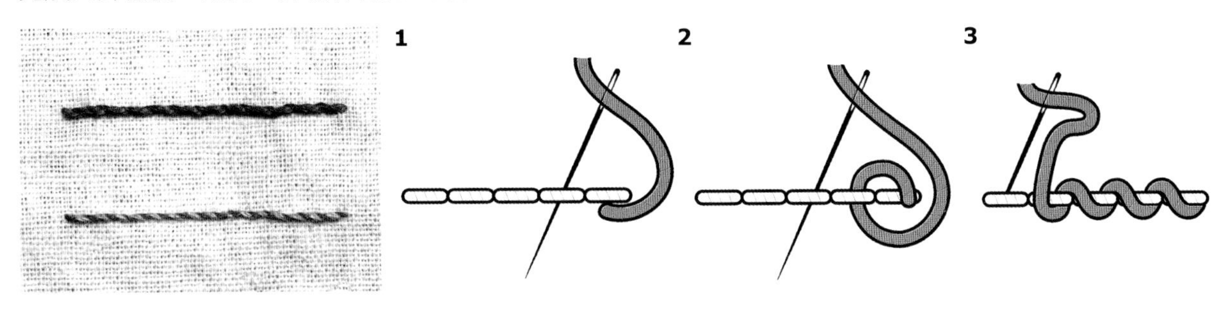

018 穿線回針繡 Threaded Back Stitch

★☆☆

完成回針繡後，在繡線的縫隙間製造出波浪造型，繡線不穿入布面。

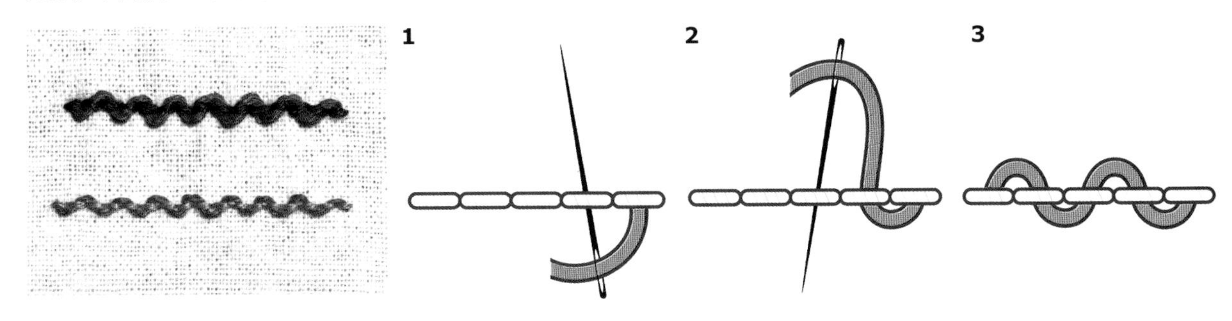

019 交織回針繡 Interlaced Back Stitch

★☆☆

完成一行回針繡後，以穿線回針繡從相反方向穿過其他兩條繡線，使用純色或多色的繡線，會有截然不同的效果。

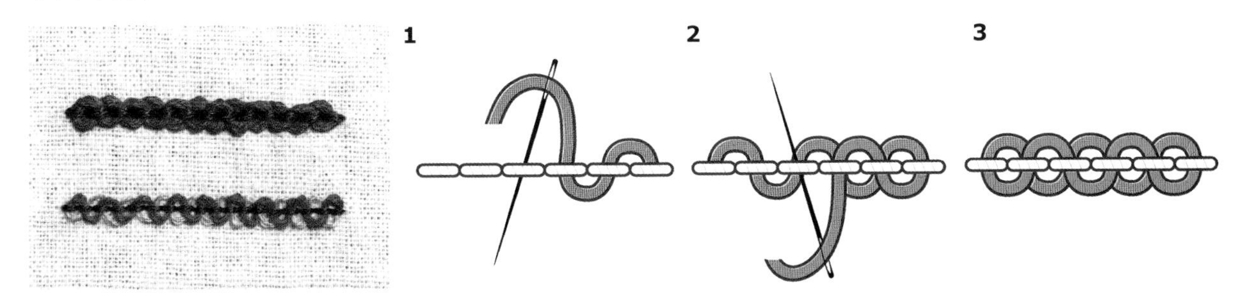

020 帆針繡 Spar Stitch

★☆☆

先完成兩行橫向且平行的回針繡，再使用其他繡線直向穿過兩行繡線間的縫隙。

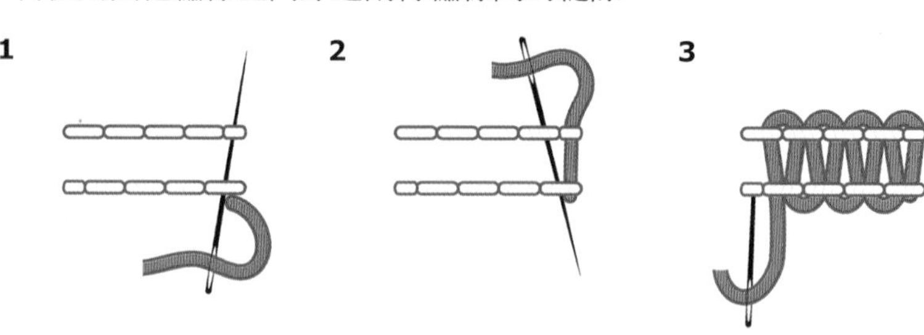

1 將第一行的第一針繡得較短，第二行的第一針繡得較長，最後一針則相反。如此可以使尾端的橫向與直向繡線呈接近垂直，表現工整感。

2~3 使用其他繡線，依序直向穿過縫隙完成。

021 獅子狗繡 Pekinese Stitch

★☆☆

完成回針繡後，將繡線接連穿過回針繡的縫隙中，繞出一個個鬆鬆的圓圈，請記得儘可能不要用力拉繡線，才能營造蓬鬆的美感。

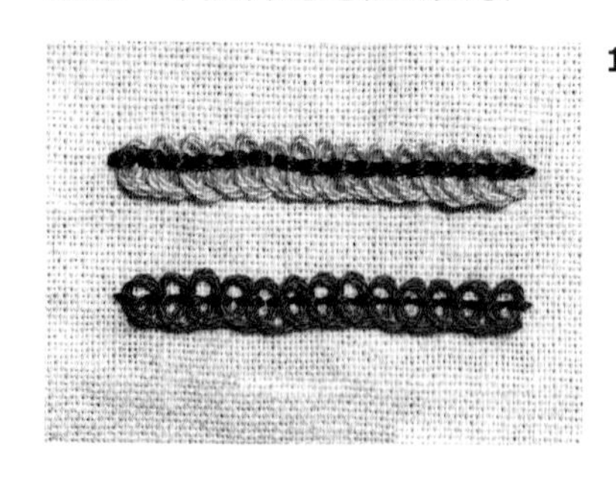

1

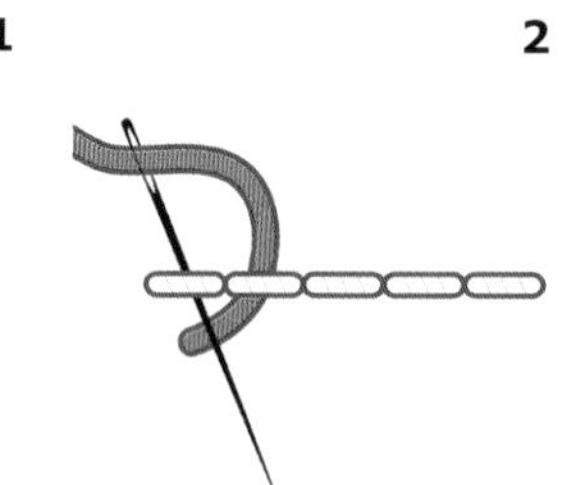

2

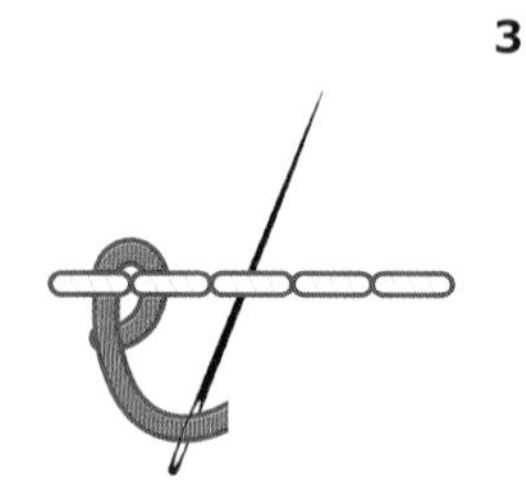

3

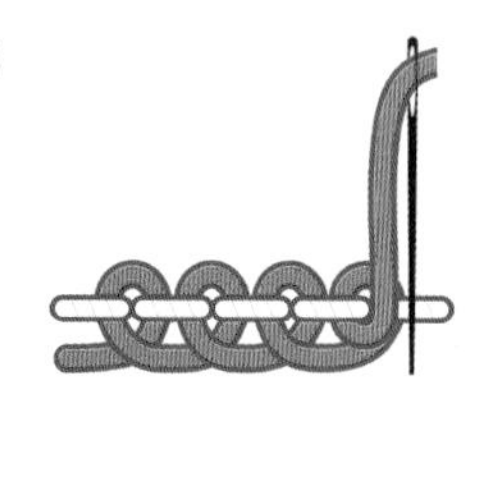

022 雙獅子狗繡 Double Pekinese Stitch

★★☆

完成兩行橫向的回針繡，然後再用繡線以8字形穿過上下兩行線，可以塑造出較寬且有造型感的線條。

1

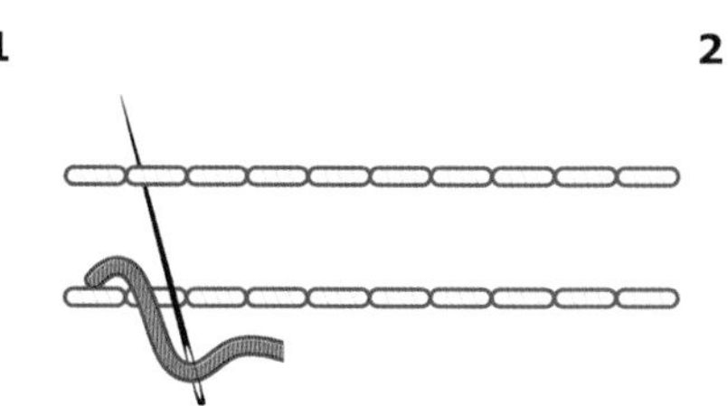

2

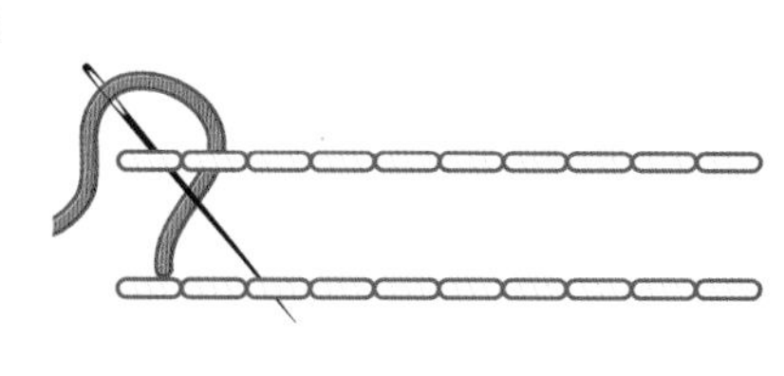

3

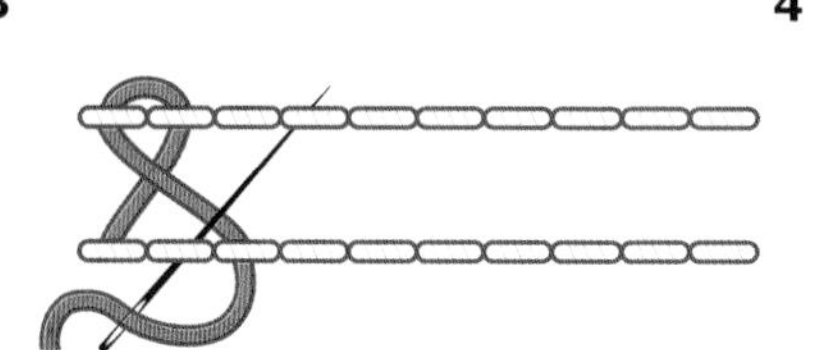

4

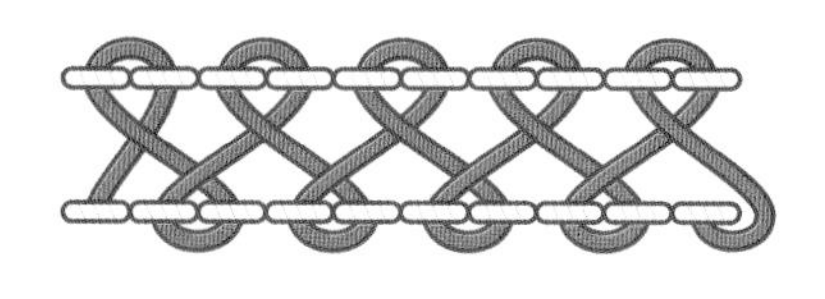

023 藏線繡 Overcast Stitch

★☆☆

Overcast意指「遮蔽」。先完成回針繡或平針繡，然後再用另一條繡線緊密繞蓋住原有的繡線。可用於營造凸起於布面的立體感線條。

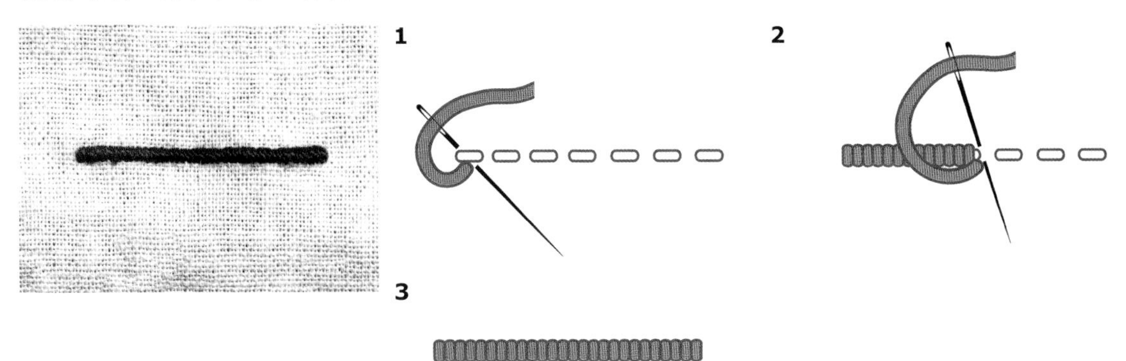

024 直針繡 Straight Stitch

★☆☆

一針一針單純描繪出圖案線條的針法，適用於呈現短的線條組成的圖形。

1

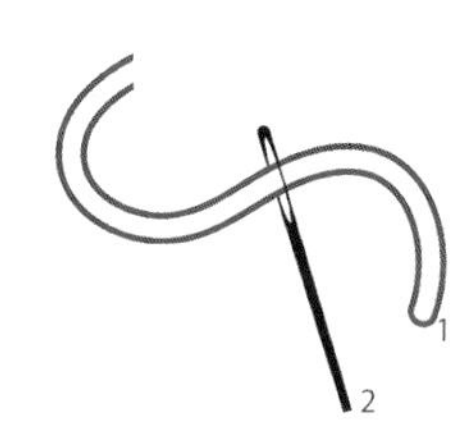

2

025 帶狀藏線繡 Overcast Bar Stitch

★☆☆

完成三行直針繡後，針不穿過布面，用繡線一次繞捲三行直針繡，因為纏繞幅度比藏線繡要寬，因此呈現出的線條也會更粗一些，若想營造更寬的線條，可以增加直針繡的行數再進行纏繞。

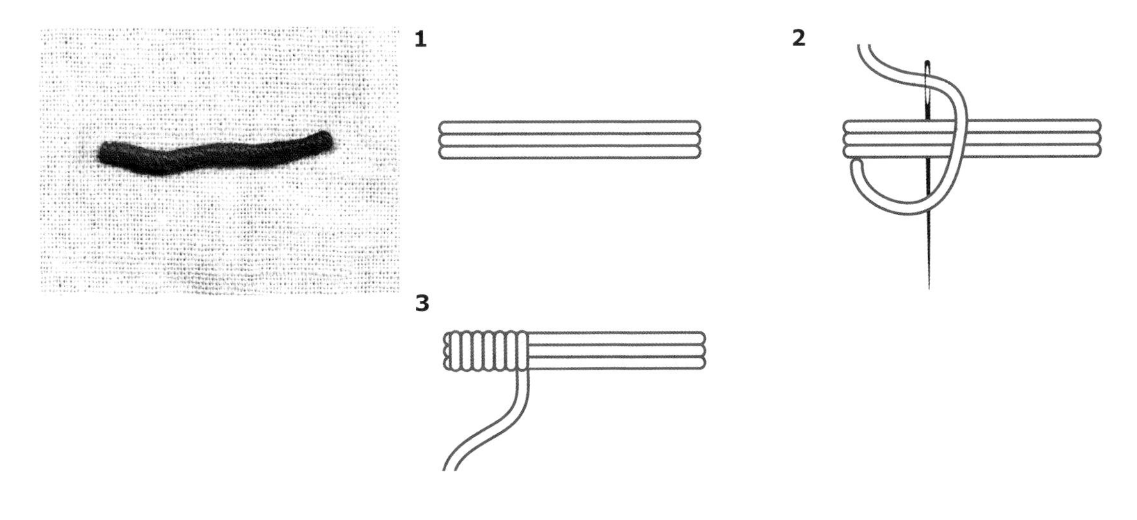

026 水磨坊花形繡 Mill Flower Stitch

★☆☆

又名「直針花繡」，留下中間花蕊的位置，由外往內，以放射狀繡成有如水車的造型。

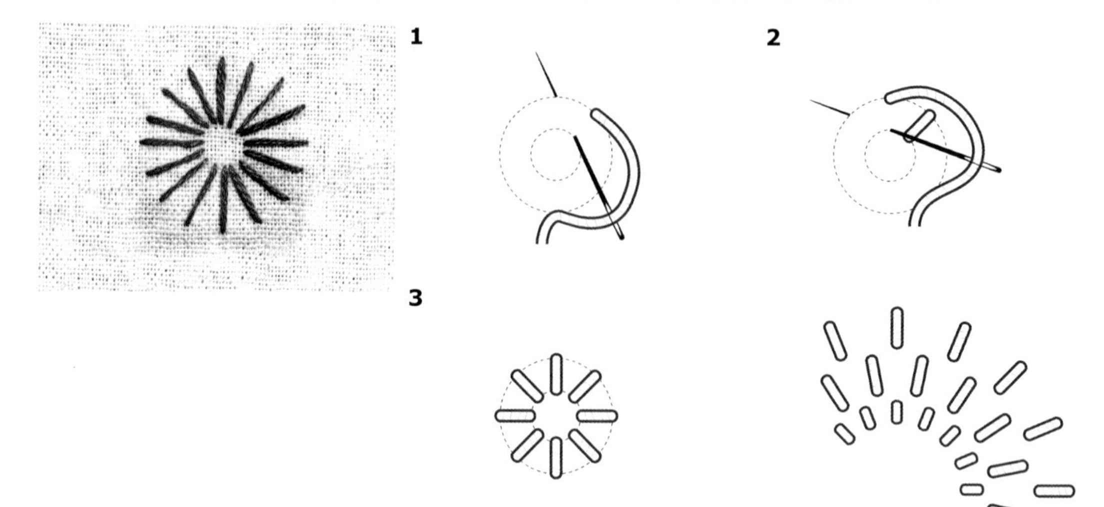

027 輻條繡 Spoke Stitch

★☆☆

Spoke意指「車輪的輻條」。使用直針繡，從外往同一個中心點入針，繡出車輪般放射狀的造型。

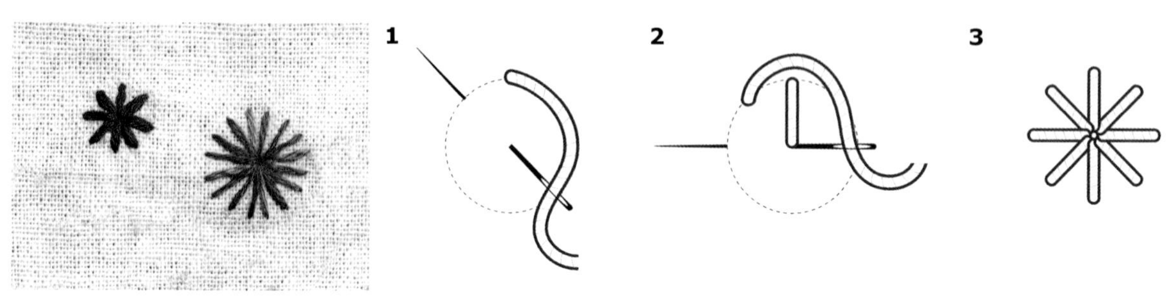

028 十字繡 Cross Stitch

★☆☆

將繡線交叉為X字型。先用筆畫出四方形，在其中一個端點出針後往對角方向入針，接著從另一端點再做一次即完成。

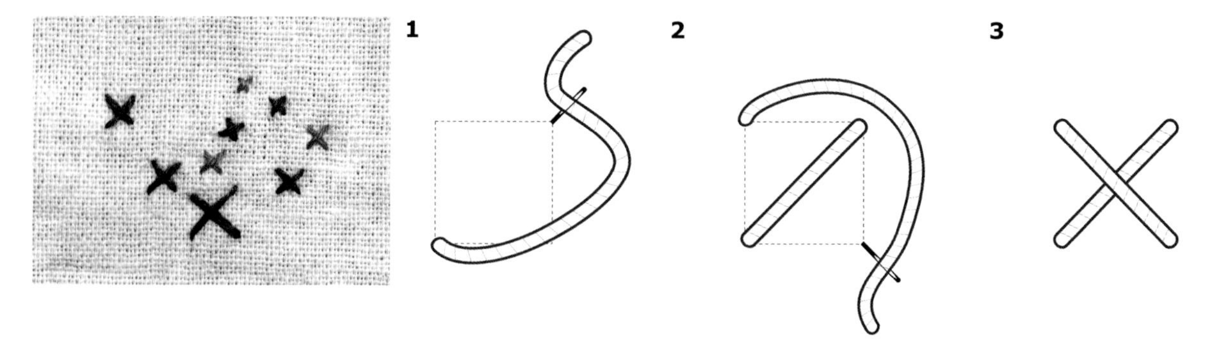

029 星星十字繡 Star Cross Stitch ★☆☆

在十字繡的中心再繡一個交錯的十字繡。

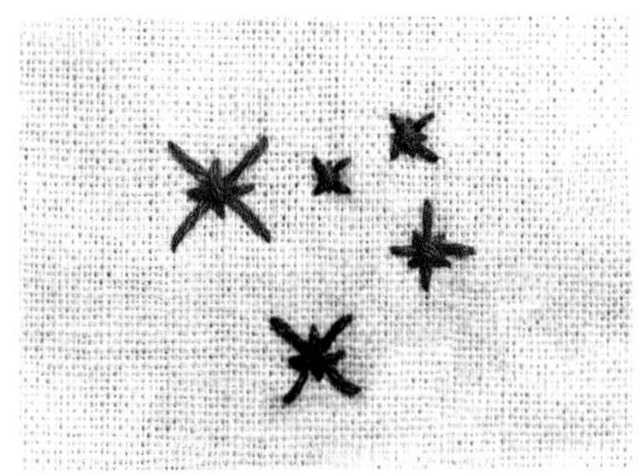

1

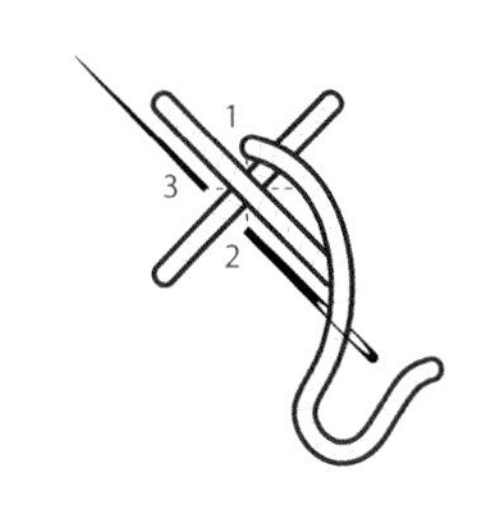

2

030 星字繡 Star Stitch ★☆☆

先使用四個直針繡完成星星造型，接著在中間固定後完成，依繡線股數會產生不同的美感。

1 2

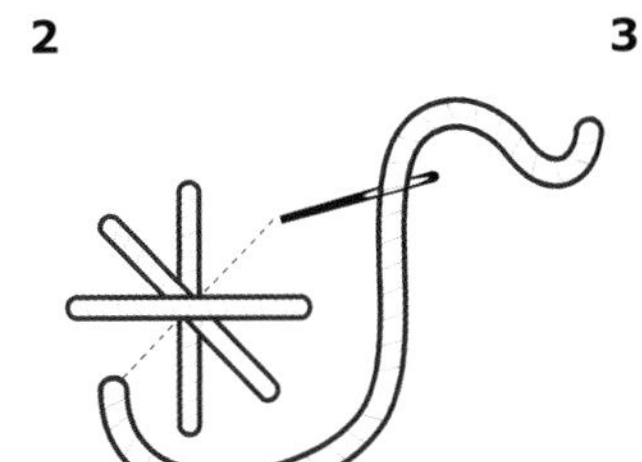

3

4

031 星字填充繡 Star Filling Stitch ★☆☆

完成兩層的十字繡後，在中央再繡上一個較小的十字繡，弄出星星的造型。

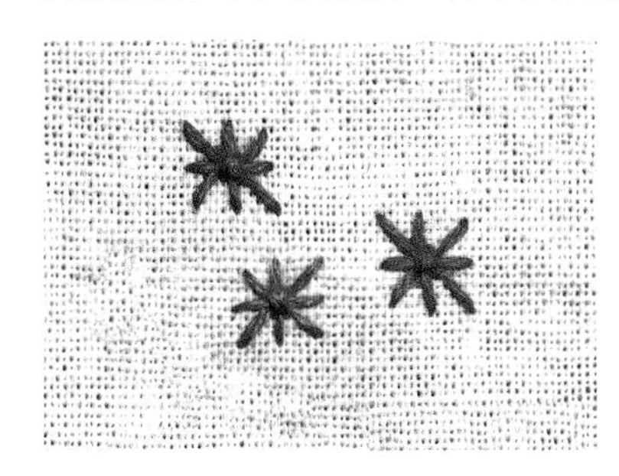

1

2

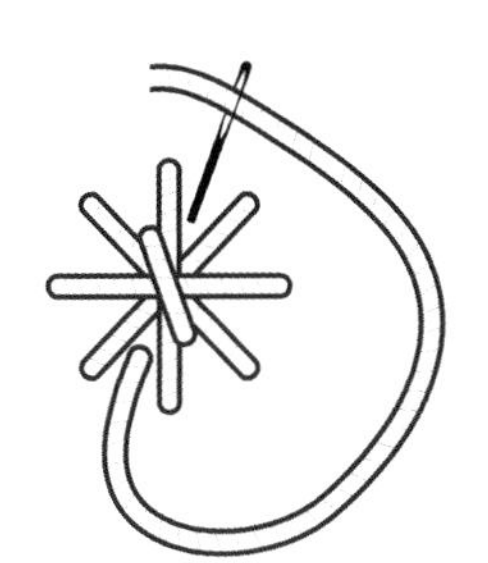

3

032 白鼬繡 Ermine Stitch

★☆☆

Ermine意指「白鼬」，冬季時在一片雪白大地裡的白鼬，有雪中精靈之稱，因為只有尾巴的部分是黑色的，所以特別顯眼。此繡法請使用黑色繡線，在米白色的布料上可以營造出靜謐高雅的感覺。

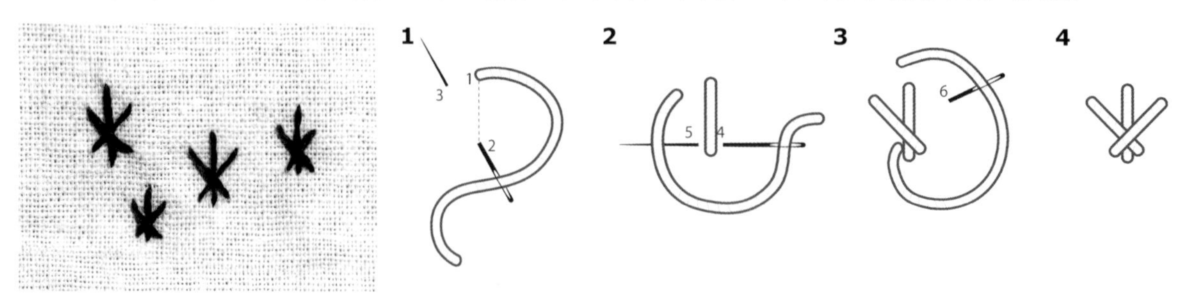

033 刀劍邊緣繡 Sword Edge Stitch

★☆☆

Sword Edge意指「劍的尖端」。刀劍邊緣繡的造型就像是用劍在布上畫出X字形一樣，形成較不工整的十字。

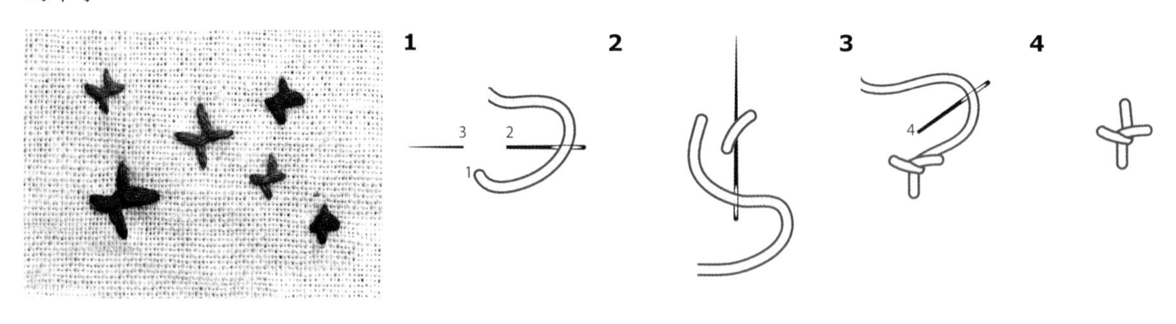

034 十字結繡 Four Legged Knot Stitch

★☆☆

中央有打結的十字繡，多個十字結繡的排列很適合勾勒作品的邊框。

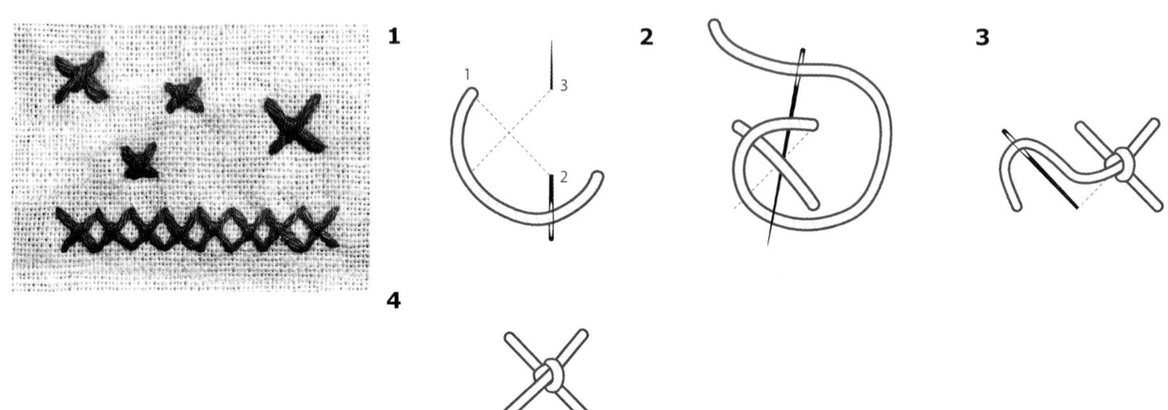

035 編織十字繡 Woven Cross Stitch

★★☆

完成十字繡後，再完成一個和原本的十字交錯重疊的十字繡，製造出可愛的十字形紋樣。

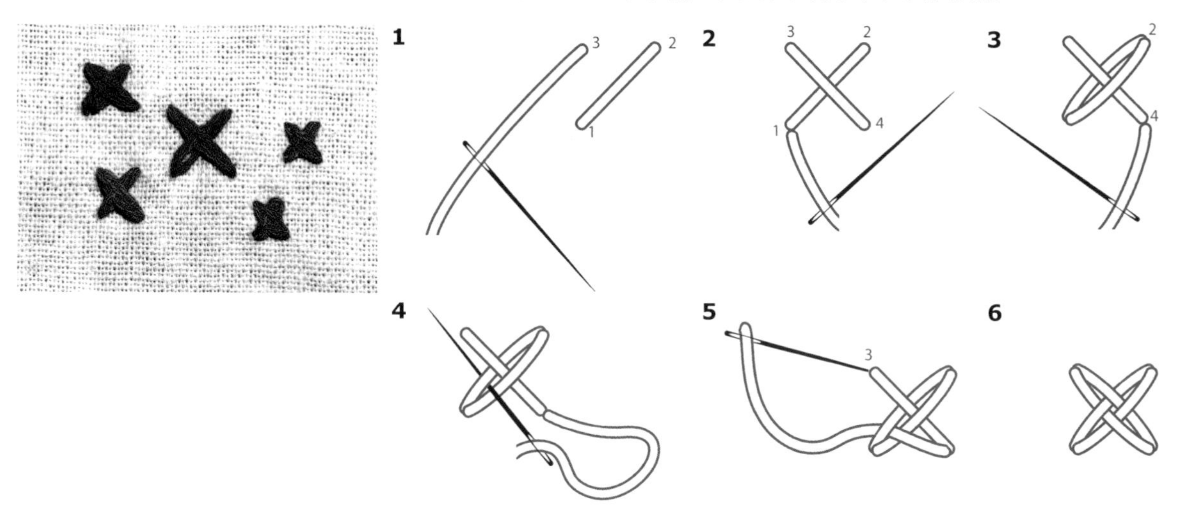

1~2 從位置1出針、2入針，再從3出針、4入針，完成一個十字後再次從位置1出針。

3 接著再次從位置2入針，從位置4出針。

4~6 把針穿過雙層繡線中間，讓繡線在中央交錯，接著從3入針，完成。

036 鎖鏈繡 Chain Stitch

★★☆

以一連串圓弧繡成鎖鏈造型，適合用於描繪線條或填滿圖面。

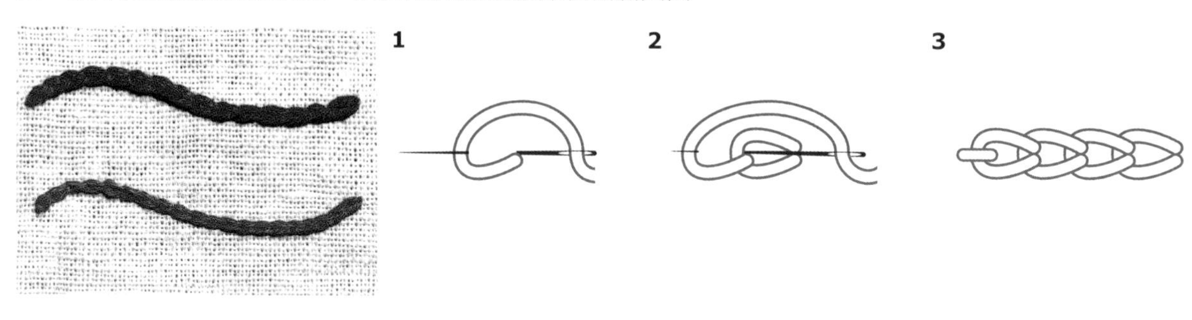

037 繞線鎖鏈繡 Whipped Chain Stitch

★★☆

使用另一條繡線繞捲於鎖鏈繡之上，繞捲時，針不穿過布面。

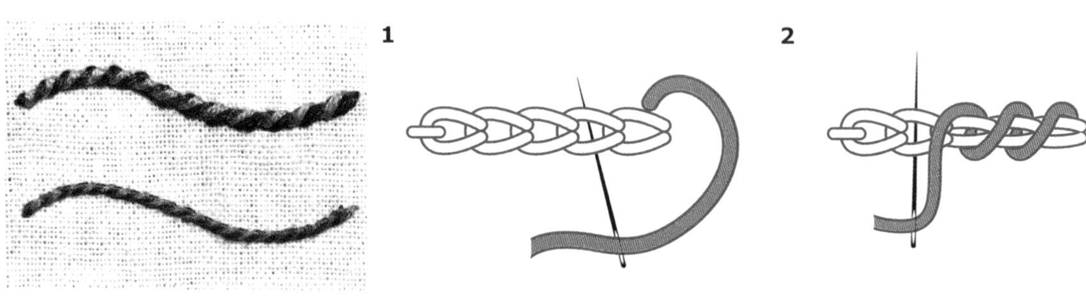

038 扭轉鎖鏈繡 Twisted Chain Stitch

★★☆

將鎖鏈繡出彷彿扭動般的立體感。

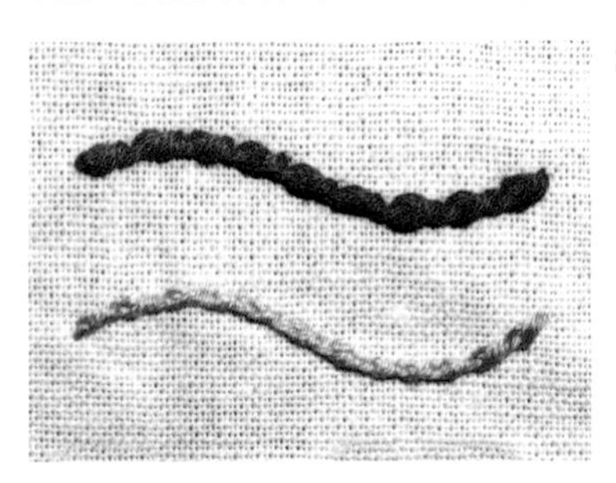

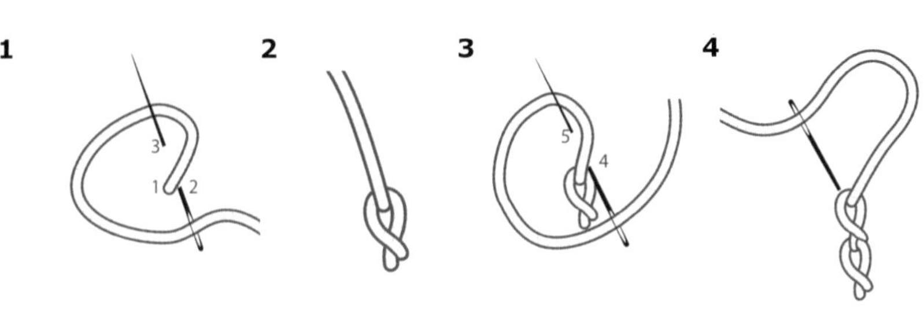

1 出針後繞出一個圈圈，再從圈圈的外圍（位置2）入針，接著再從圈圈內（位置3）出針。

2~4 依序繡出多個扭轉鎖鏈即完成。

039 纜繩鎖鏈繡 Cable Chain Stitch

★★☆

鎖鏈繡中帶有連結環的針法。

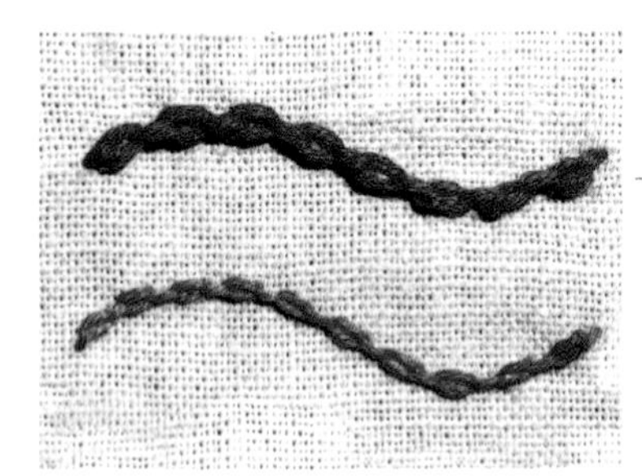

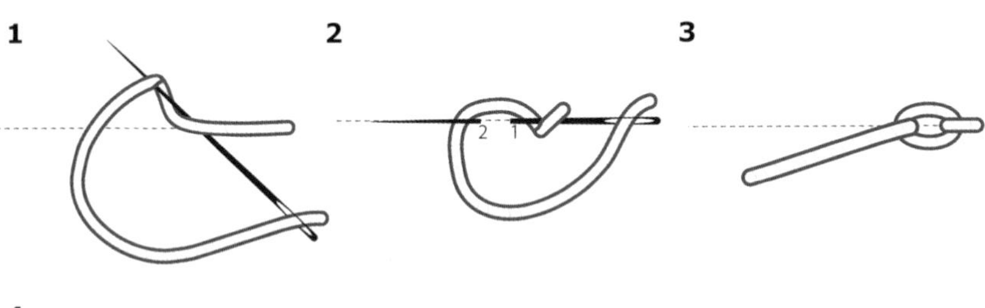

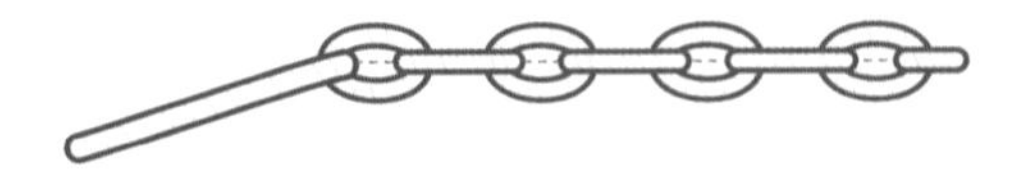

1 如圖所示，將繡線繞捲於針上後拉直。

2 將針穿入位置1後，再從位置2出針，記得繡線要在針下方，並轉一下以免繡線纏住。

3 將繡線拉直後就完成一個纜繩鎖鏈繡。

4 重複步驟**1~3**的動作。

040 鋸齒鎖鏈繡 Zigzag Chain Stitch

★★☆

以鋸齒狀完成的鎖鏈繡。

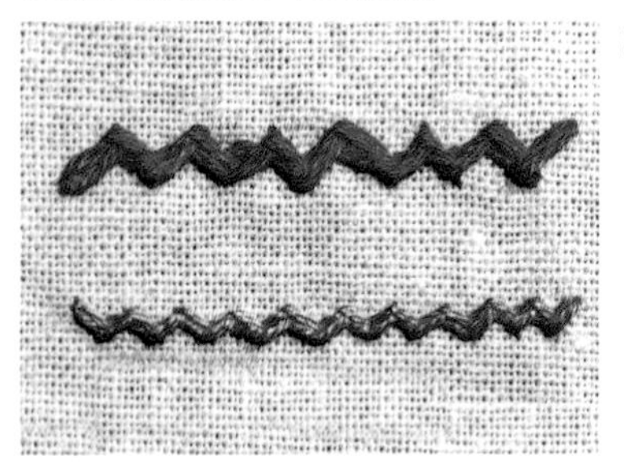

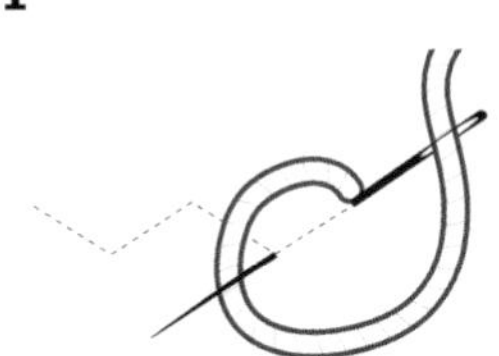

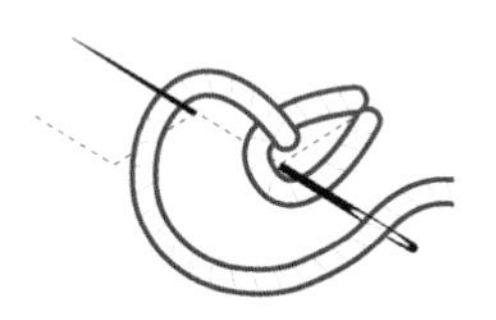

041 開放鎖鏈繡 Open Chain Stitch

★☆☆

寬度較寬的鎖鏈繡，可做出四方形般的造型，所以又被稱為「方形鎖鏈繡（Square Chain Stitch）」。

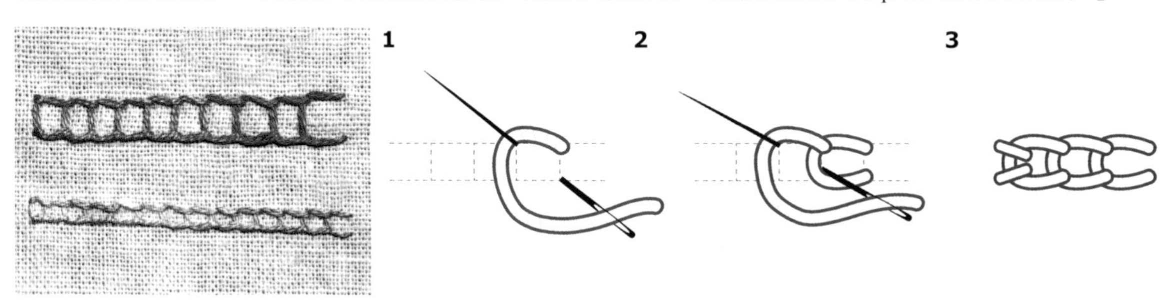

042 回針鎖鏈繡 Back Stitched Chain Stitch

★☆☆

完成鎖鏈繡後，再使用回針繡將每一個圓弧連結起來。

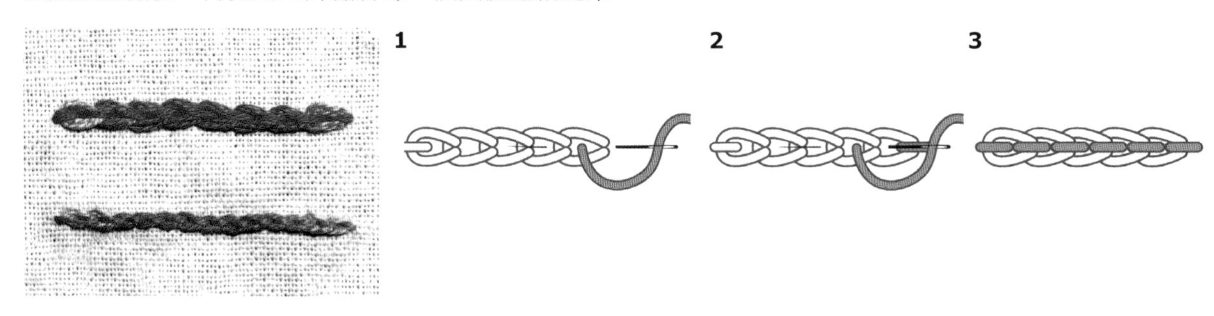

043 俄羅斯鎖鏈繡 Russian Chain Stitch

★★☆

由一個鎖鏈繡的圓弧結合兩個呈「V」字狀的雛菊繡（第62頁）而成。

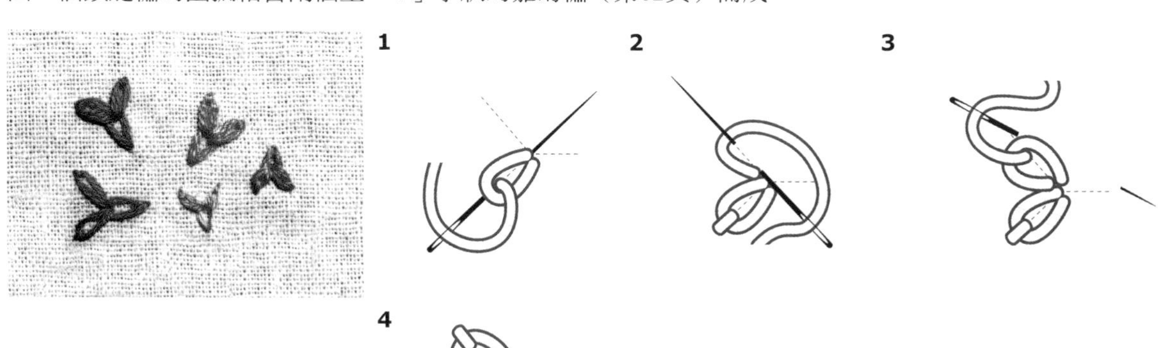

044 交織鎖鏈繡 Interlaced Chain Stitch

★★☆

用顏色深淺不同的繡線刺繡，可以更明顯地將此針法造型凸顯出來。除了起針和收針，繞捲於鎖鏈繡兩旁的繡線皆不需穿入布面。

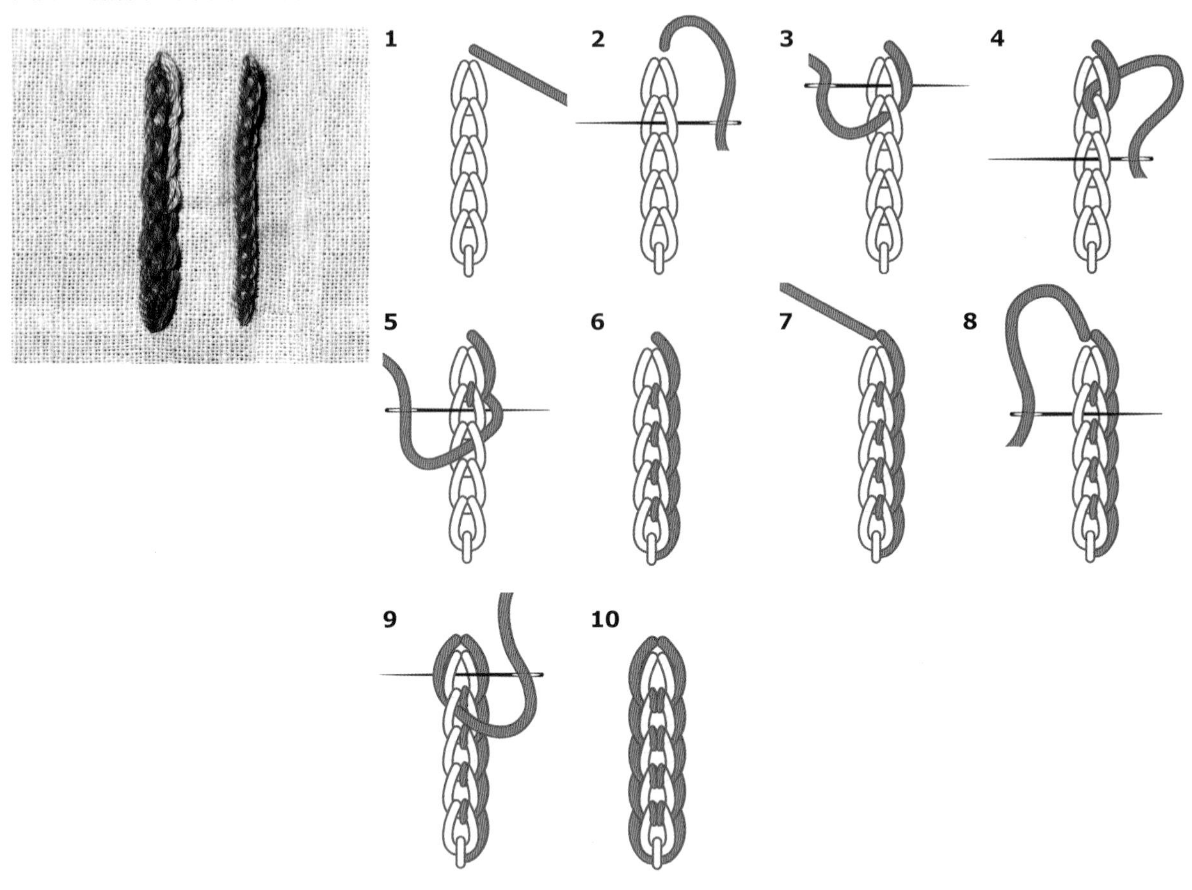

045 斷鎖鏈繡 Broken Chain Stitch

★★☆

Broken意指「斷裂、破碎」，意指圓弧沒有密合起來的鎖鏈繡針法。

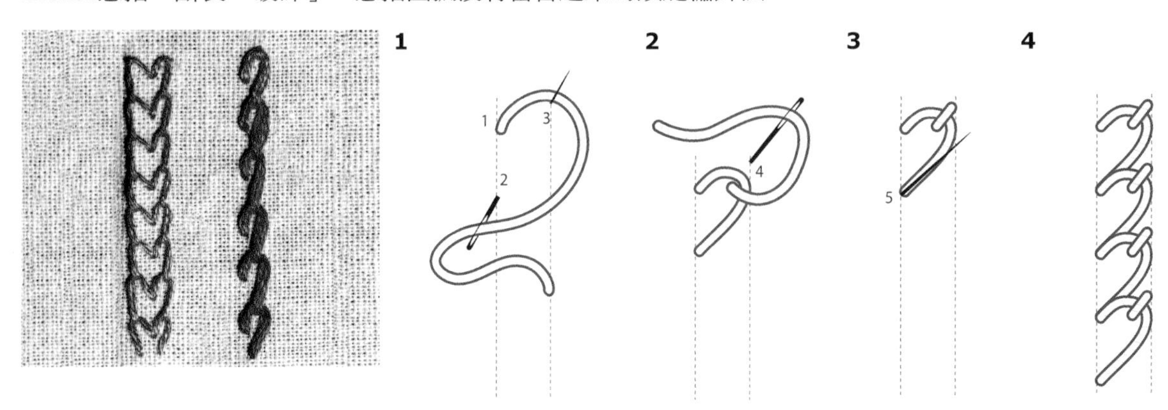

1~3 如圖所示，繡出多個沒有密合的圓弧。

4 若完成兩條對稱的斷鎖鏈繡，便可以繡出愛心的造型；若把單條斷鎖鏈繡繡得窄一些，又會呈現截然不同的圖樣。

046 花邊鎖鏈繡 Crested Chain Stitch

★★☆

可使用此針法呈現出寬蕾絲造型的線條。

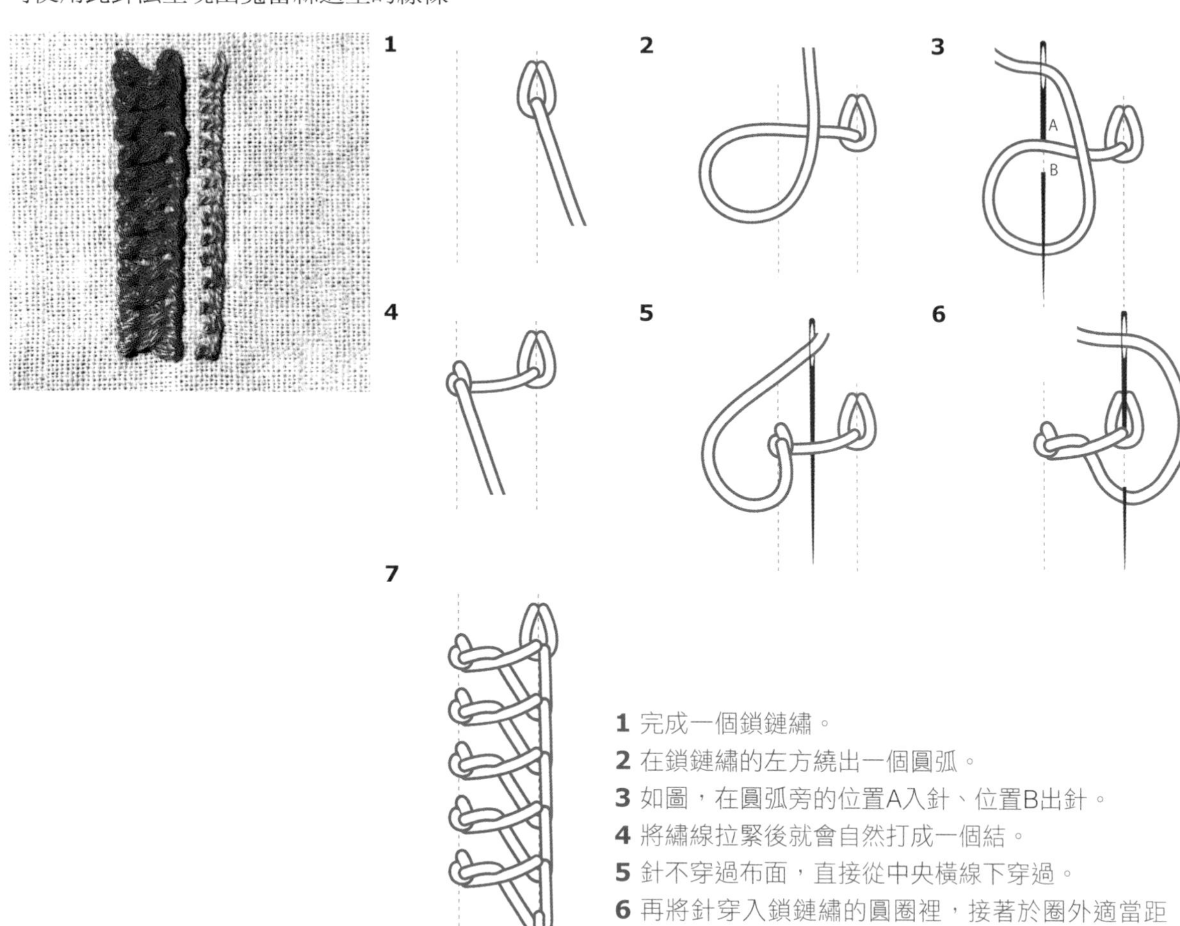

1 完成一個鎖鏈繡。
2 在鎖鏈繡的左方繞出一個圓弧。
3 如圖，在圓弧旁的位置A入針、位置B出針。
4 將繡線拉緊後就會自然打成一個結。
5 針不穿過布面，直接從中央橫線下穿過。
6 再將針穿入鎖鏈繡的圓圈裡，接著於圈外適當距離出針。
7 重複步驟**2~6**即可完成。

047 雙色交替鎖鏈繡 Chequered Chain Stitch

★★☆

Chequered意指「交錯的」。同時使用兩種不同顏色的繡線來呈現出雙色的鎖鏈繡。

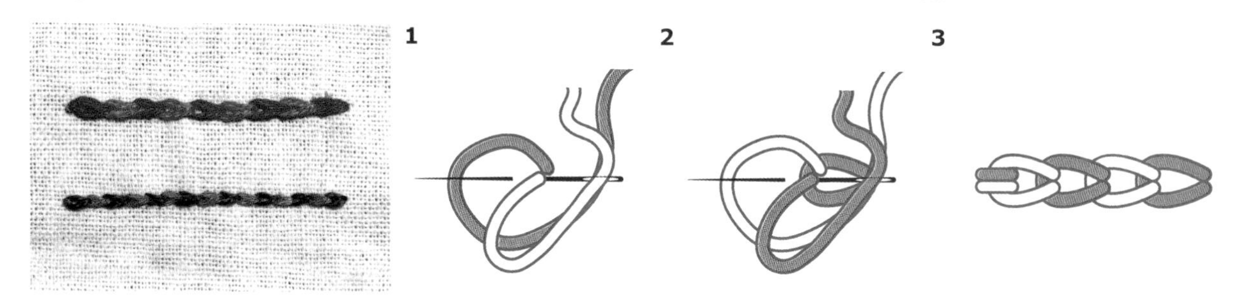

048 寬鎖鏈繡 Broad Chain Stitch

★★☆

Broad意指「寬的」。寬鎖鏈繡可以凸顯出鎖鏈繡的線條輪廓。刺繡方向與鎖鏈繡相反。

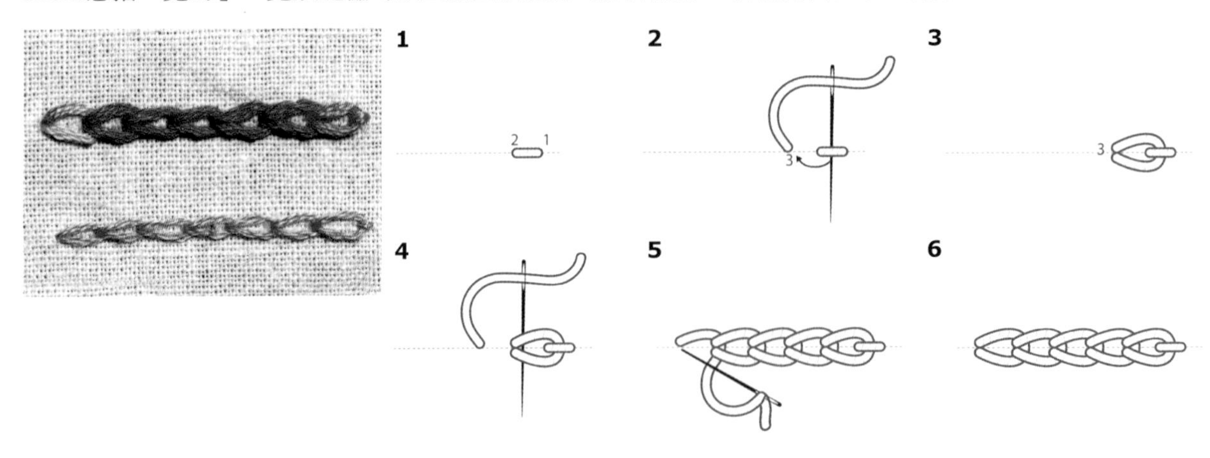

1 繡出一個短的直線繡。

2 從位置3出針後，再將針穿過直線繡下方，不穿出布面。

3 針穿過繡線下方後，再次從位置3入針，即可完成第一節寬鎖鏈繡。

4~6 重複步驟**2~3**，依序完成。

049 結粒纜繩鎖鏈繡 Knotted Cable Stitch

★★☆

Knotted Cable的意思為「打結的粗繩」。此針法是在繡線上打結後製造出鎖鏈的造型。

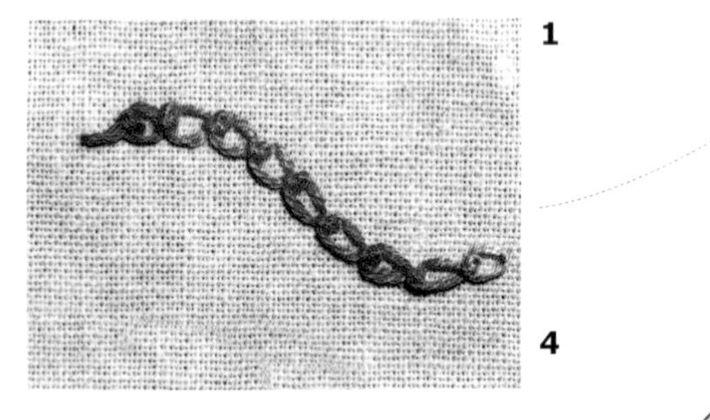

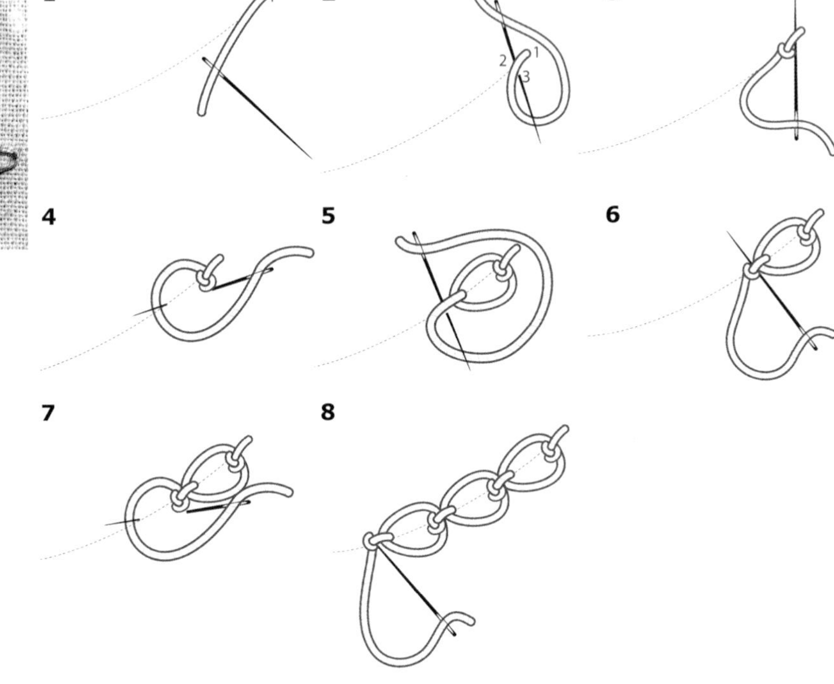

1 從位置1出針。

2 針穿入位置2，然後往位置3出針。

3 將線拉直時，如圖所示，一邊把針穿過繡線下方。

4~5 如圖所示，會形成一個圈圈的造型，接著再繡出鎖鏈繡。

6~8 重複步驟**3~5**多次，完成。

050 多層次鎖鏈繡 Heavy Chain Stitch

★★☆

堆疊兩層寬鎖鏈繡來完成多層次鎖鏈繡，可呈現出比鎖鏈繡更厚實的線條。

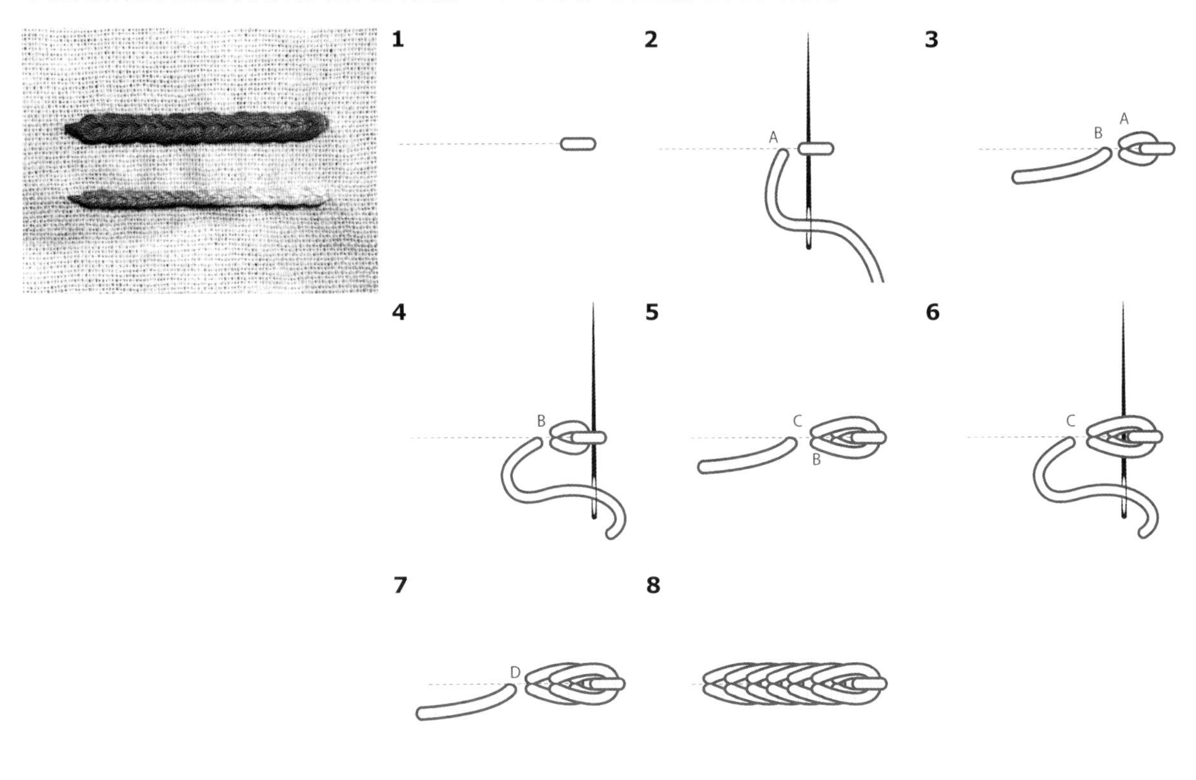

1 完成一個短直針繡。

2 針不穿過布面，從位置A出針後，再將針從直針繡下方穿過。

3 回到位置A入針，再從位置B出針。

4 從位置B出針後，再次將針穿過繡線下方。

5 從位置B入針，疊上第二層鎖鏈繡，接著從位置C出針。

6 再從兩層鎖鏈繡的下方穿過，同樣不穿出布面。

7 用同樣的方法將針穿過兩層鎖鏈繡下方，並持續重複步驟**5~7**。

051 蝴蝶鎖鏈繡 Butterfly Chain Stitch

★★☆

將捆線繡（第68頁）連接起來，形成完整接續的一條圖樣。

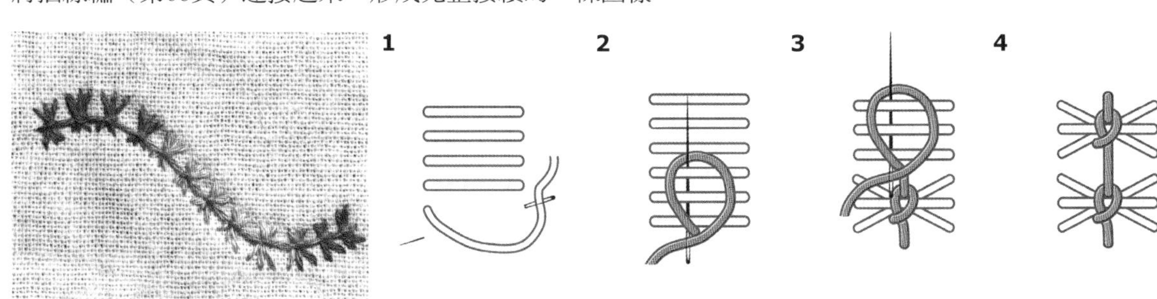

1 以同樣的間隔完成多條平行線。

2~4 如圖所示，用另一條繡線以鎖鏈繡方式將平行線三條一綑、綁起即完成。

052 匈牙利髮辮鎖鏈繡 Hungarian Braided Chain Stitch

★★★

可呈現出比多層次鎖鏈繡還要更立體的線條。

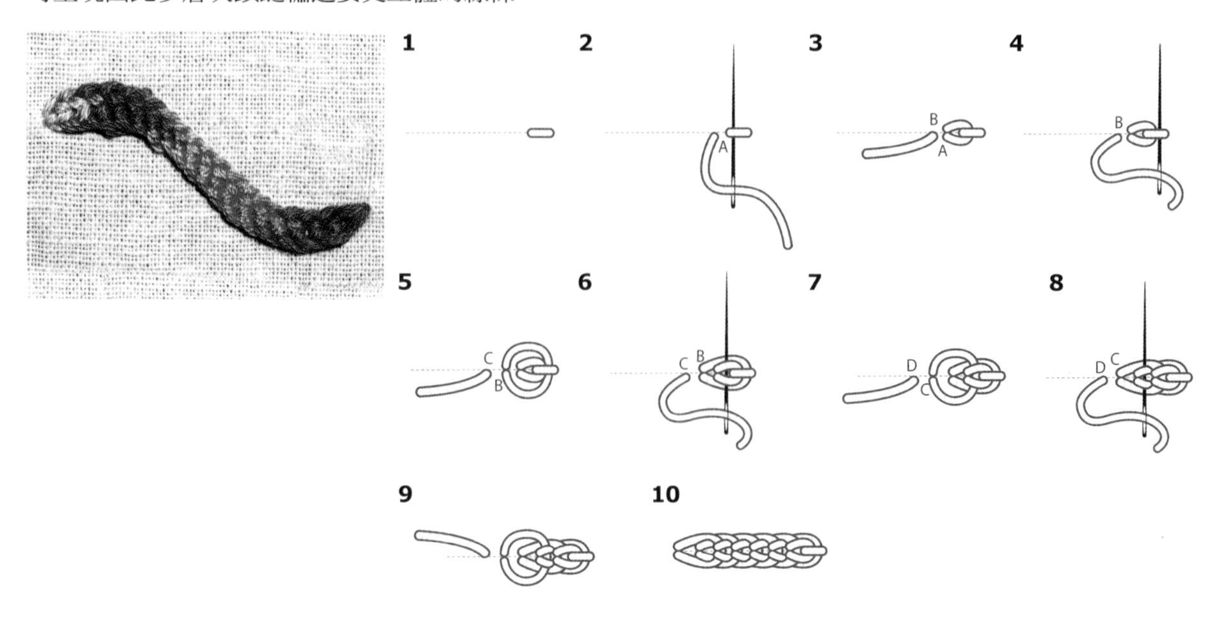

1 完成一個短直針繡。
2 從位置A出針後，針不穿過布面，再將針穿過直針繡下方。
3 將針穿入位置A，完成鎖鏈繡後再從位置B出針。
4 針從位置B穿出來後，再次穿過繡線下方。
5 如圖所示，繞出一個大圈圈後，將針穿入位置B，然後再從位置C出針。
6 針從位置C穿出來後，只穿過第一層鎖鏈繡的下方，同樣繞出一個大圈圈。
7 再次將針穿入位置C，從位置D出針。
8 針從位置D穿出來後，只穿過第二層鎖鏈繡的下方，然後再繞出一個大圈圈。
9~10 重複步驟**5~7**，完成。

053 玫瑰花形鎖鍊繡 Rosette Chain Stitch

★★★

Rosette意指「玫瑰造型的裝飾」。此針法多用來裝飾有立體感的線條。繡線請勿拉得過緊，這樣才能完成漂亮的玫瑰花形鎖鍊繡。拉近刺繡的間隔也可以增加線條的立體感。

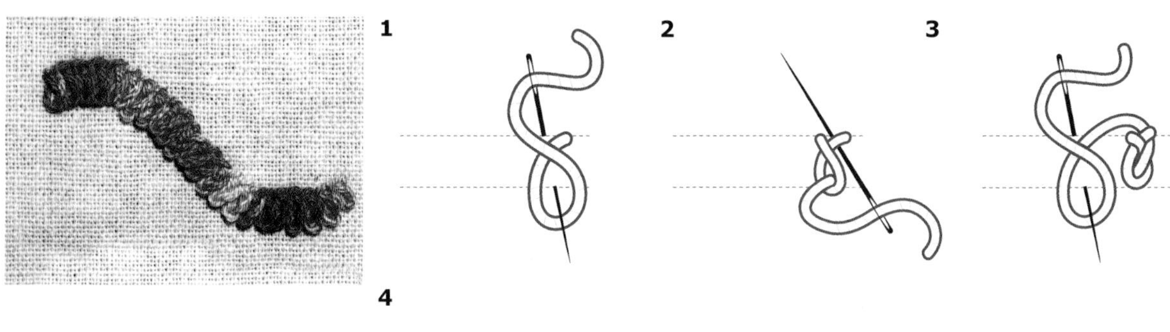

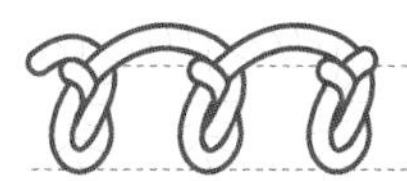

054 結粒鎖鏈繡 Knotted Chain Stitch ★★☆

於圈圈間的連結處打結的鎖鏈造型，適用於呈現圓形設計的鎖鏈繡。

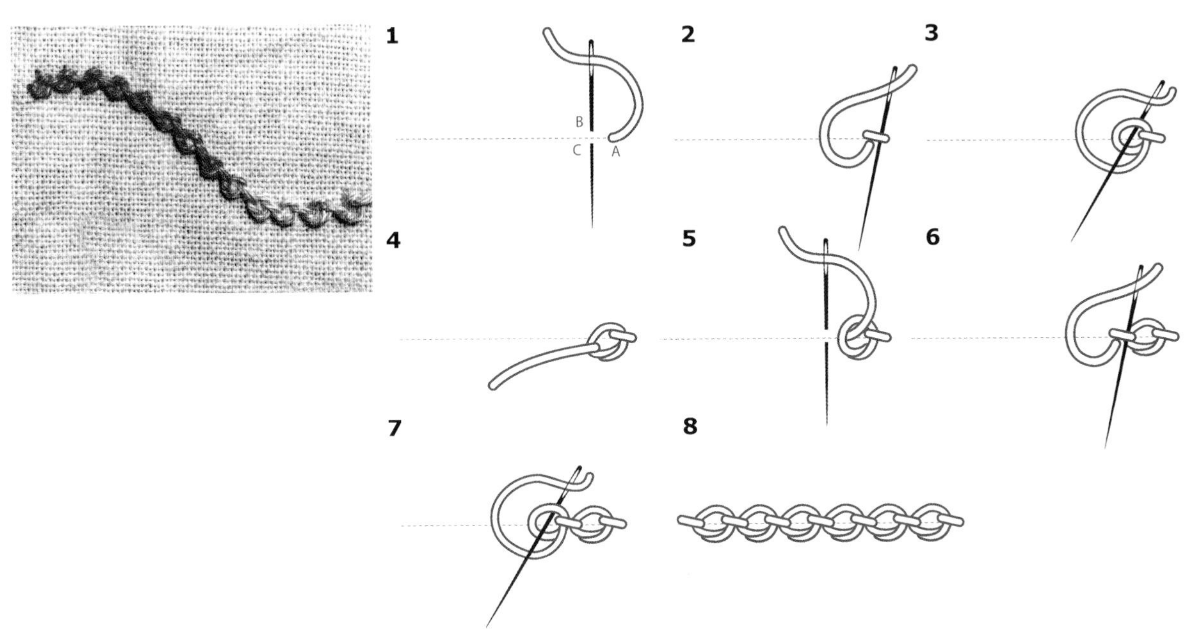

1 從位置A出針，再將針穿入位置B，然後於位置C穿出。
2 如圖所示，拉緊繡線後繞出一個圈圈，再將針穿過繡線下方。
3 如圖所示，用繡線再繞出一個圈圈，接著將針穿入較小圈圈裡面。
4 拉緊繡線。
5~8 重複步驟**1~4**即完成。

055 鎖鏈羽毛繡 Chained Feather Stitch ★★☆

此針法可創造出羽毛造型的鎖鏈繡。

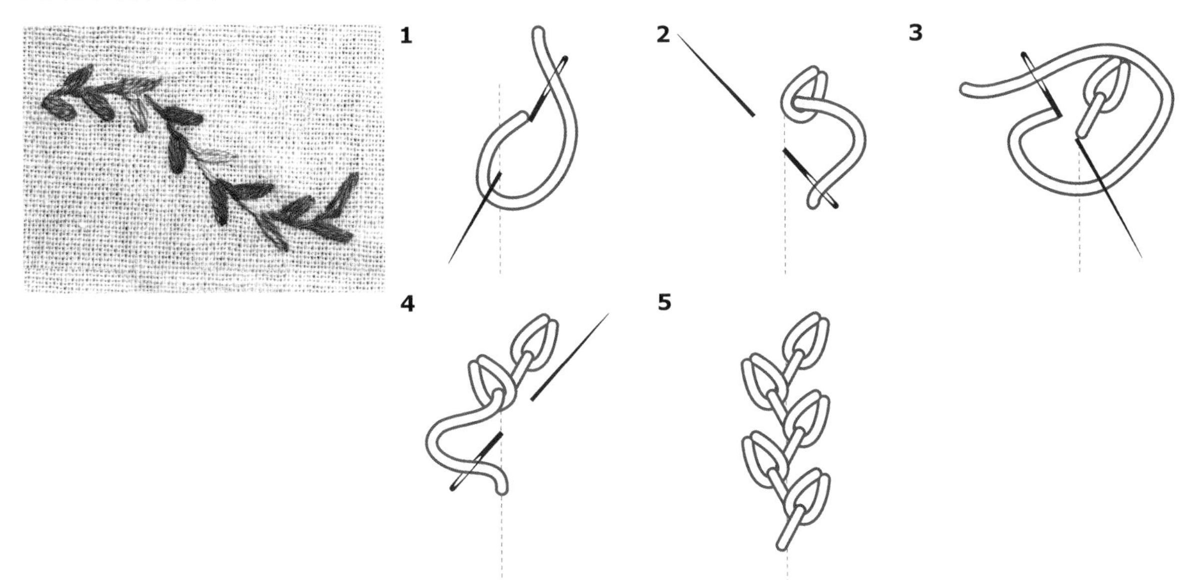

056 鋸齒繡 Zigzag Stitch

★☆☆

又稱為「波浪繡」。此針法可呈現出鋸齒造型。

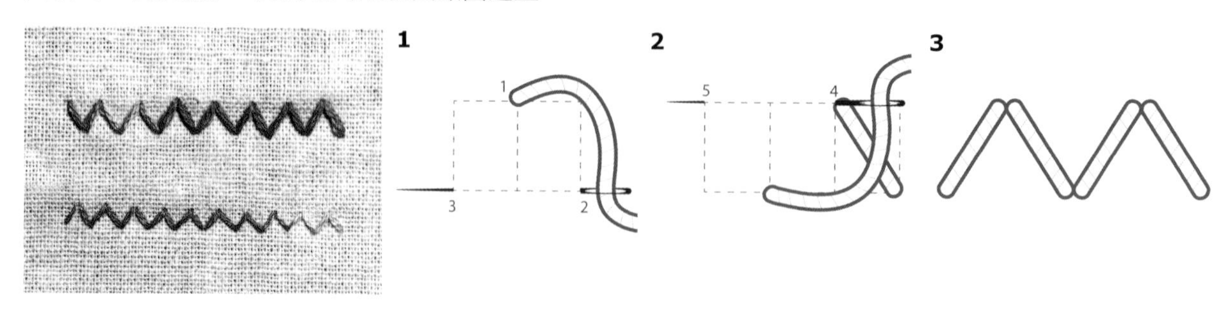

057 箭頭繡 Arrowhead Stitch

★☆☆

Arrowhead意指「箭頭」。以左右兩側交替完成直針繡，塑造出多個箭頭造型。

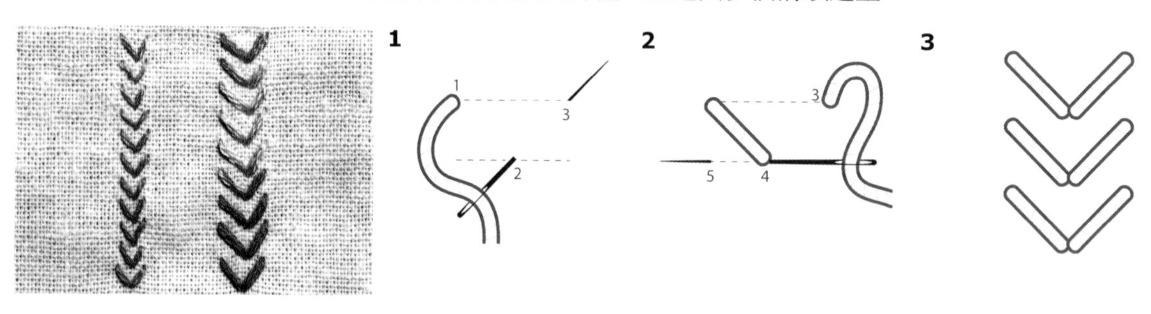

058 手套收邊繡 Glove Stitch

★☆☆

此針法原本用於手套的縫紉。造型為傾斜的鋸齒狀。

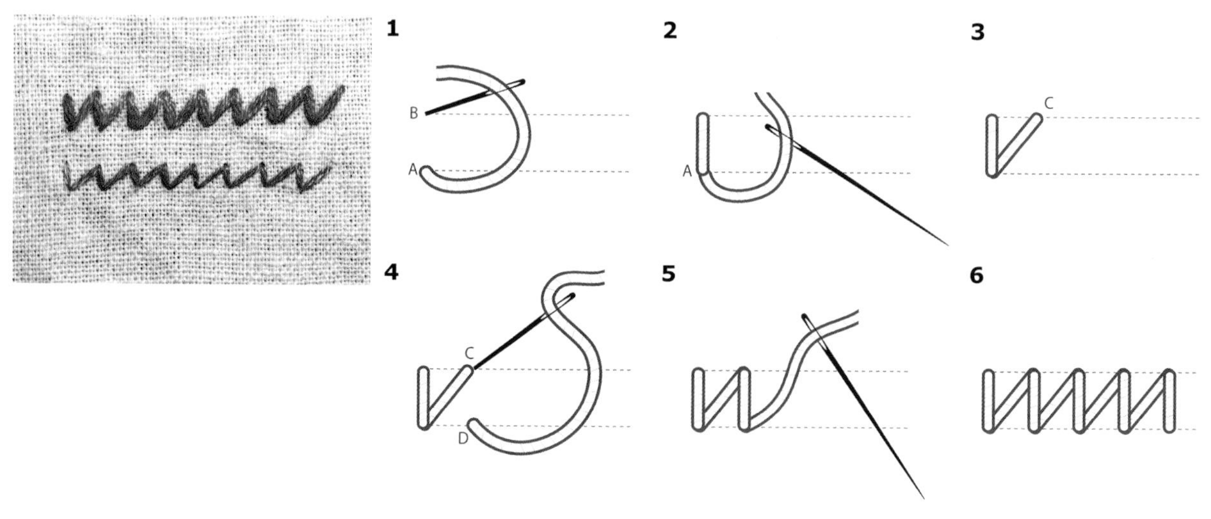

1~2 從位置A出針、B入針，完成一直線繡後，再從位置A出針。
3~5 從C入針，形成斜線。再從位置D出針後，穿入位置C。
6 重複步驟**3~5**，完成。

059 羊齒繡 Fern Stitch

★☆☆

Fern意指「蕨類」，蕨類植物又稱為「羊齒植物」。此針法使用直針繡來呈現出蕨類植物樹葉的造型。

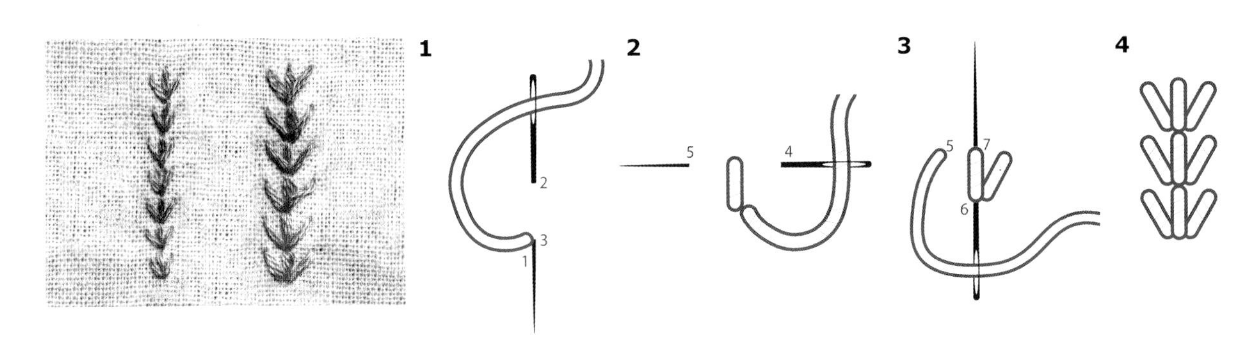

060 飛鳥繡 Fly Stitch

★☆☆

又稱為「Y字繡」。可自行決定最後收針的直針繡長度，繡出Y字或V字造型。

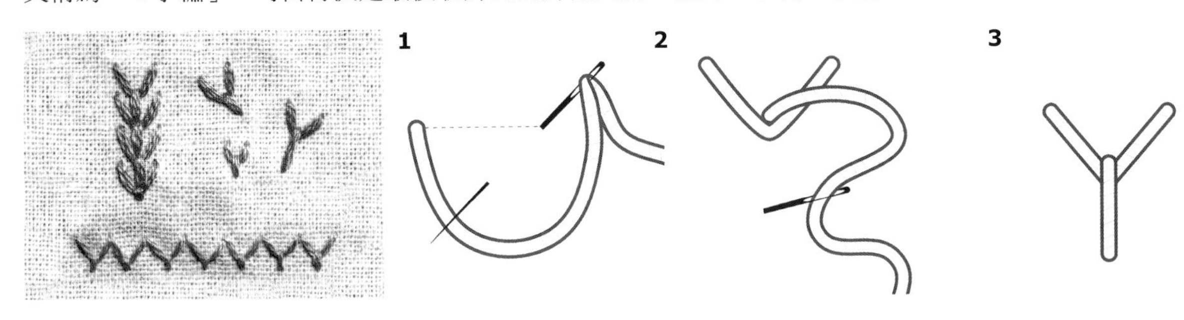

061 鎖鏈飛鳥繡 Chain and Fly Stitch

★☆☆

此針法結合了鎖鏈繡和飛鳥繡。

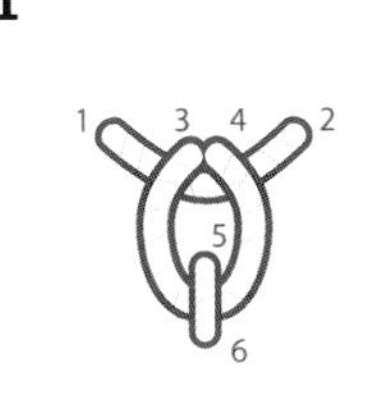

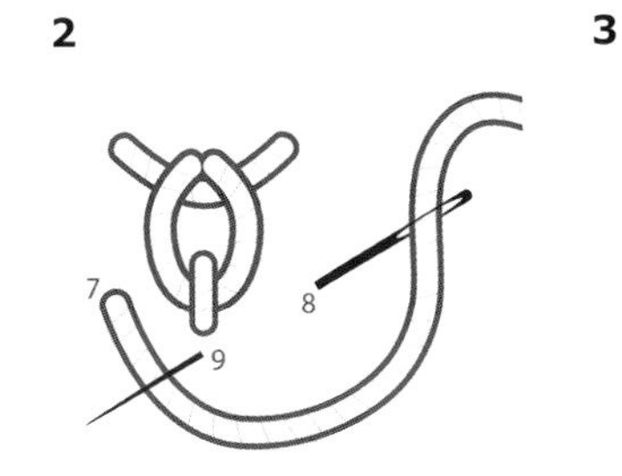

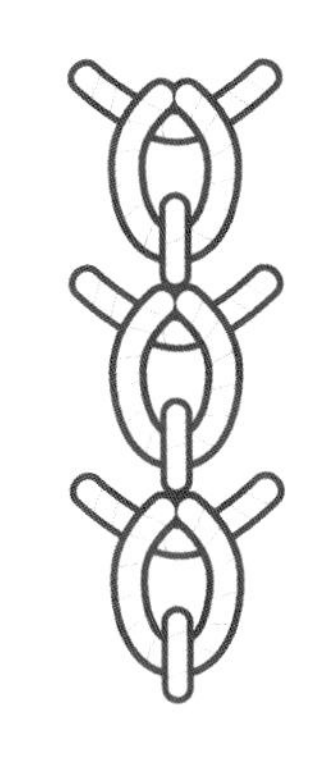

羊齒繡（43頁）vs 飛鳥繡（43頁）比較

雖然繡出來的成品極為相似，但兩款針法和表現圖樣並不同。羊齒繡使用直針繡技法，一針針完成。當圖樣是直排時，羊齒繡為由下往上繡出；飛鳥繡則是由上往下繡出。

062 扭轉飛鳥繡 Twisted Fly Stitch

★★☆

呈扭曲貌。可以用來製作漂亮的花萼造型。

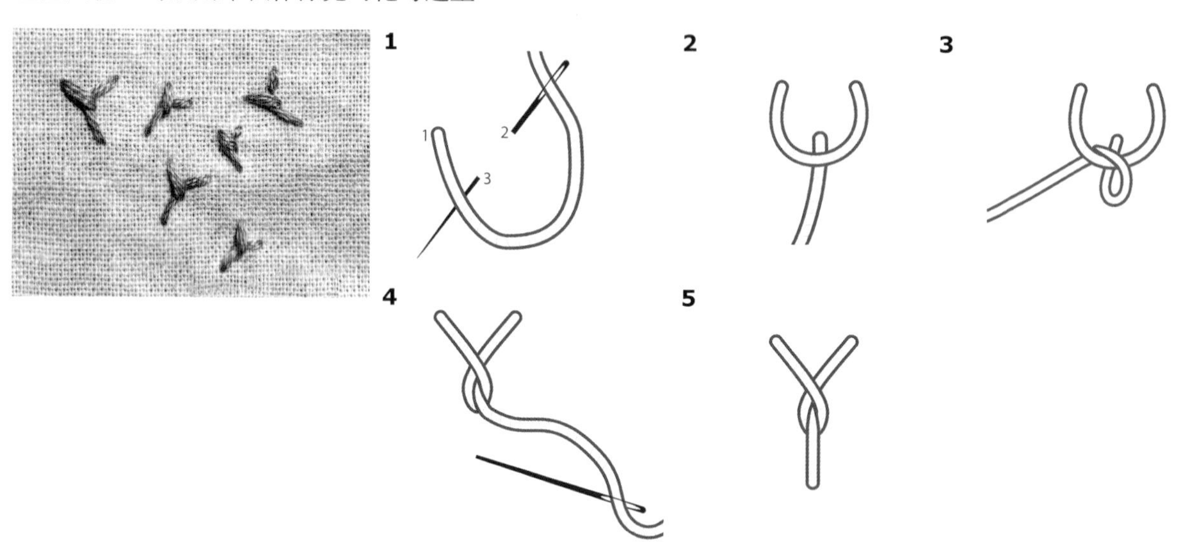

1~4 從1出針、2入針，再從3出針，接著將繡線繞環一圈後穿出，拉緊。
5 取適當針距穿入布面收針固定，完成。

063 法國結粒飛鳥繡 French Knotted Fly Stitch

★☆☆

在飛鳥繡的V字型部位繡上法國結粒繡（第59頁）。

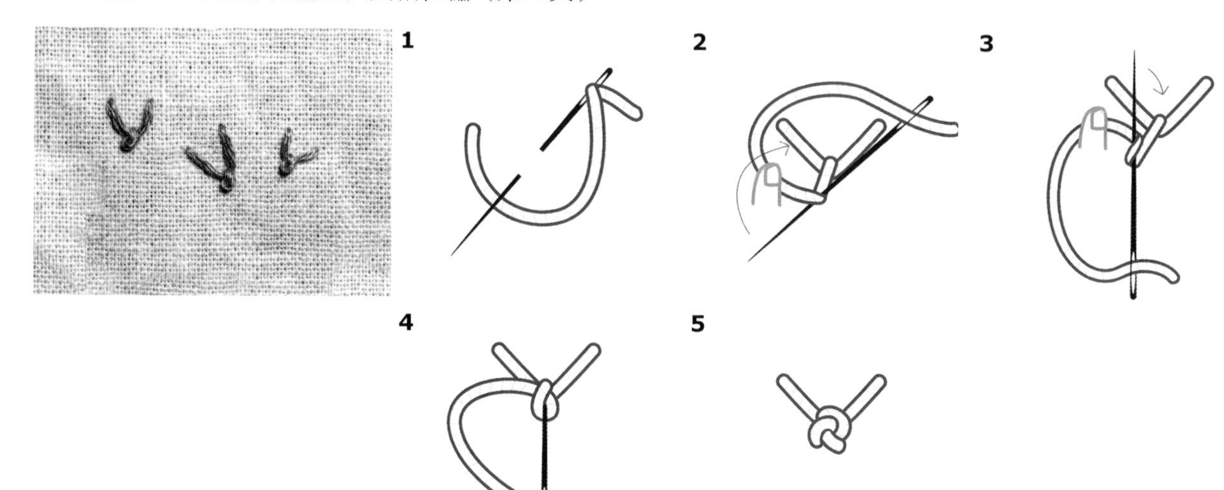

064 脊骨繡 Backbone Stitch

★☆☆

不同於羽毛繡的筆直，脊骨繡中心位置像人的脊椎一般，整體向下繡成「1」字形。

1

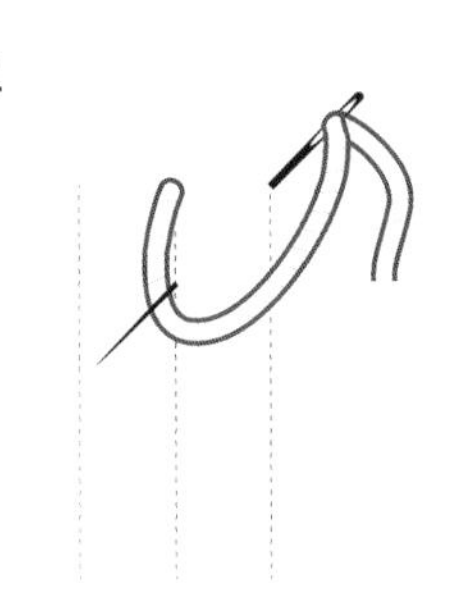

2

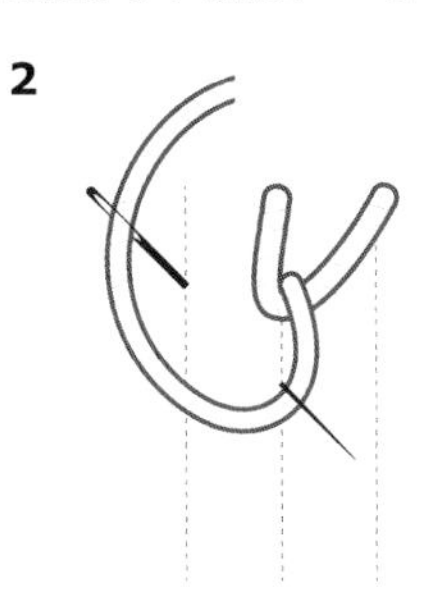

3

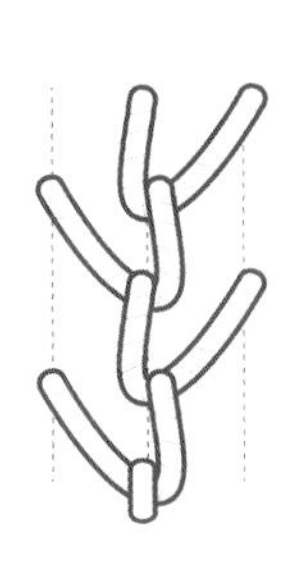

065 羽毛繡 Feather Stitch

★★☆

使用飛鳥繡朝向兩側交錯繡出羽毛造型。

1

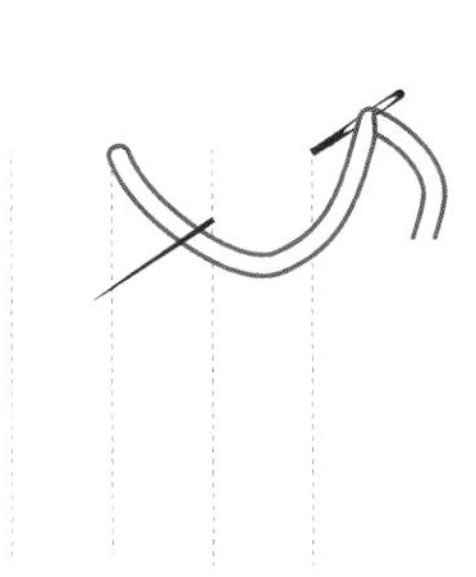

2

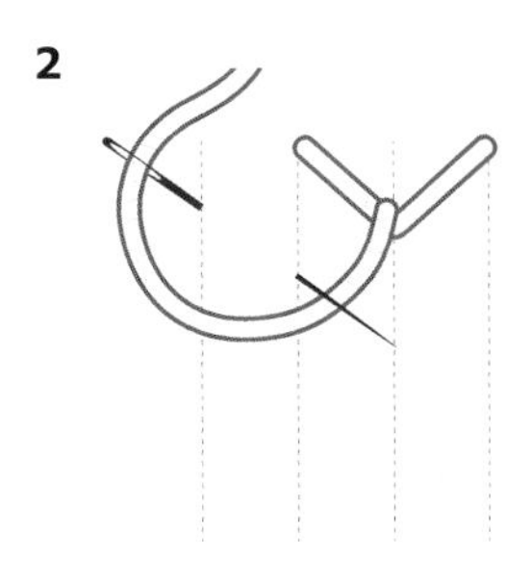

3

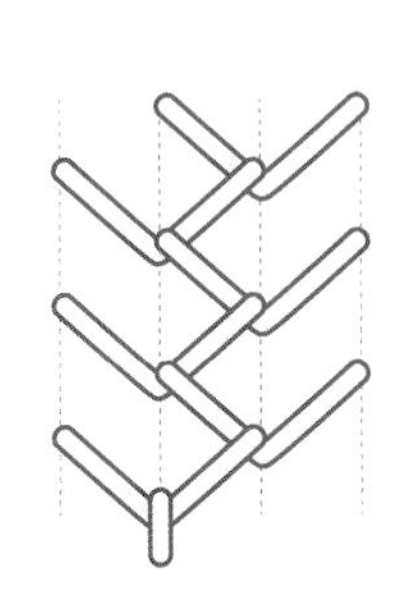

066 雙羽毛繡 Double Feather Stitch

★★☆

使用羽毛繡的技法，於同一側繡兩個飛鳥繡，再換繡另一側。

1

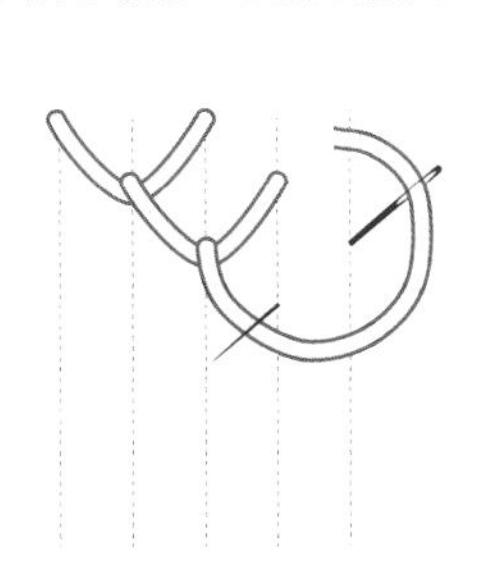

2

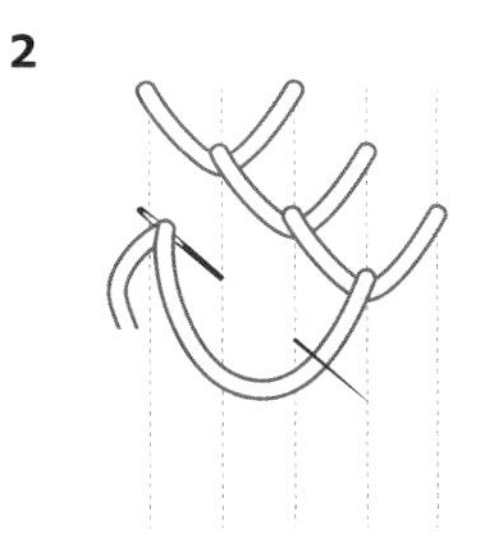

3

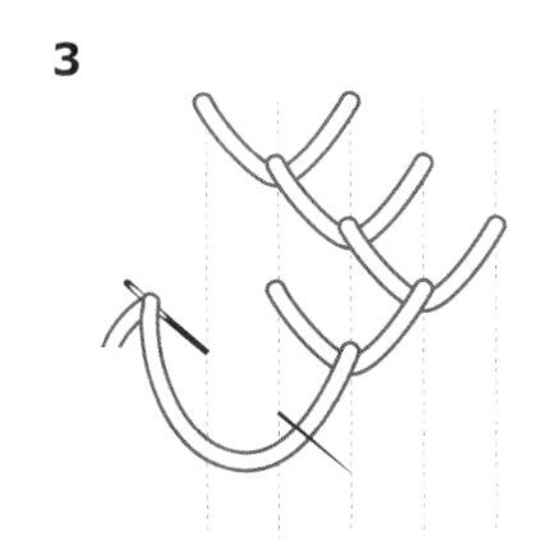

4

脊骨繡（45頁）vs 羽毛繡（45頁）

脊骨繡（45頁）vs 羽毛繡（45頁）

脊骨繡的中心為往下延伸的「1」字形，針腳和傾斜角度較為自然。羽毛繡的傾斜角度則維持一致。

067 結粒羽毛繡 Knotted Feather Stitch

★★☆

在羽毛繡的中央打結的針法。

1

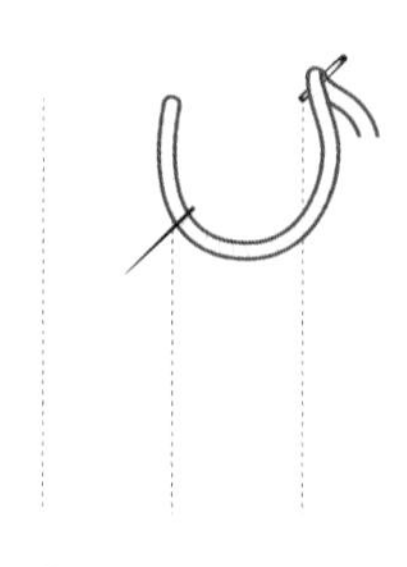

2

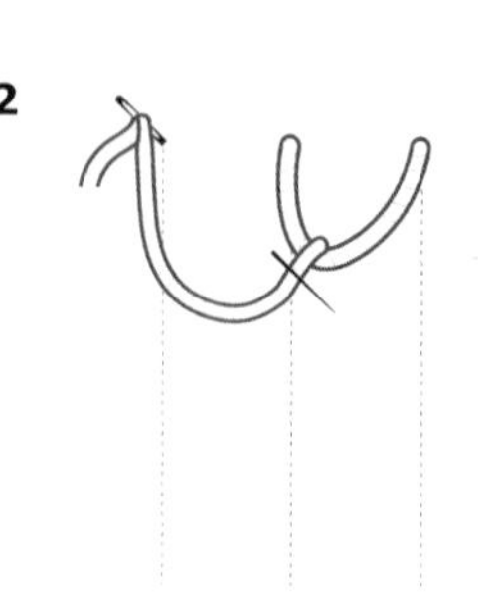

3

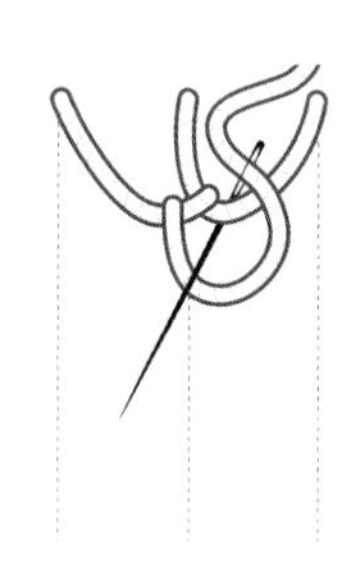

4

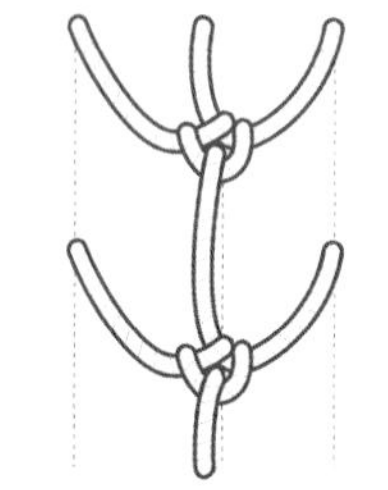

068 開放克里特繡 Open Cretan Stitch

★★☆

一般克里特繡（第56頁）適合用於填滿，而此種刻意取出間隔完成的克里特繡會形成另一種特別的圖樣。

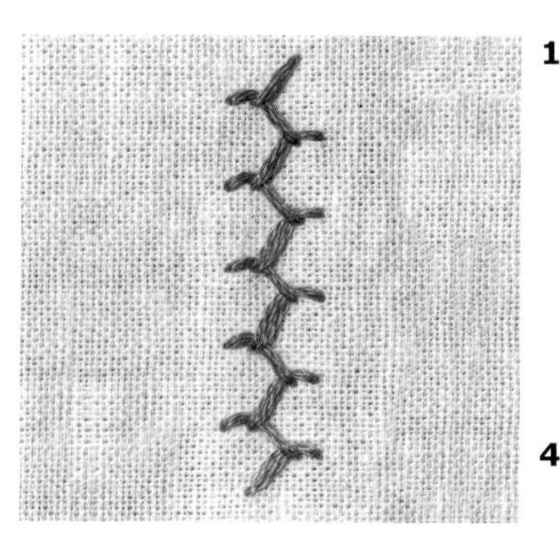

1

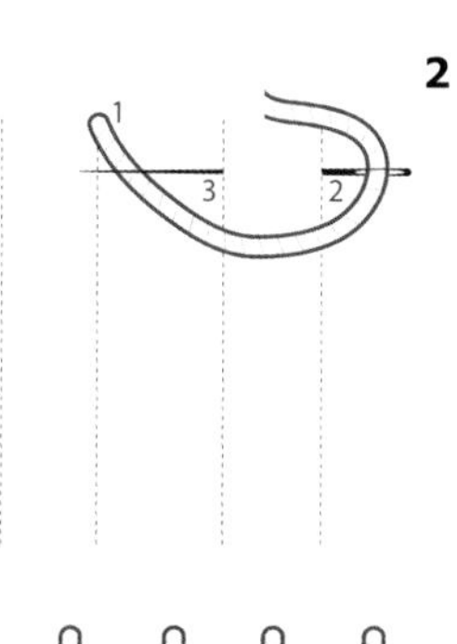

2

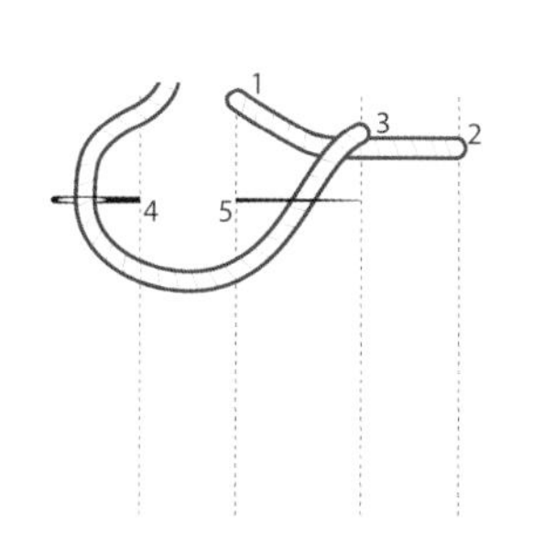

3

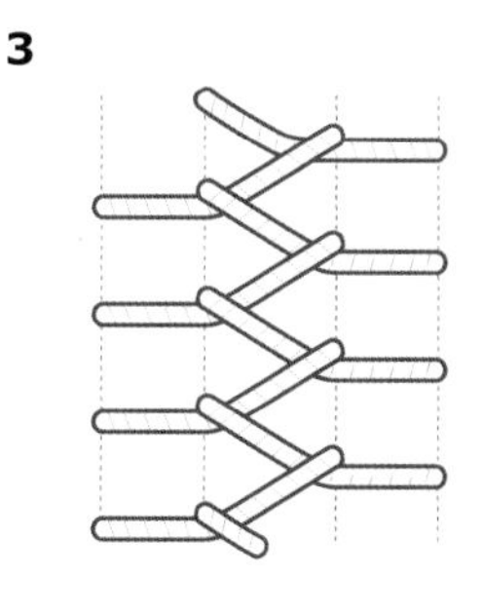

4

069 封閉型羽毛繡 Closed Feather Stitch

★★☆

Closed意指「繡線緊密的」。需將羽毛繡的間隔連接起來完成此針法。名稱包含「封閉（Closed）」一詞的針法，都需採用將間隔縫得緊密的技法。

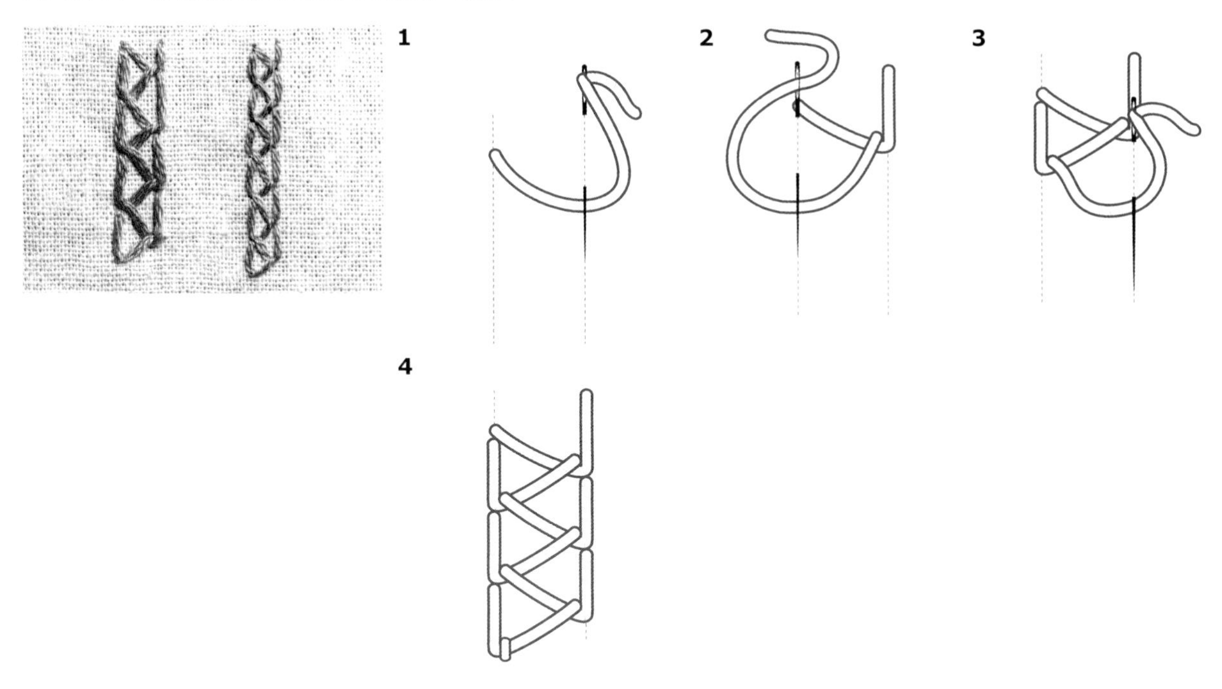

070 雙層鎖鏈繡 Double Chain Stitch

★★☆

完成相連的兩層鎖鏈繡的針法。

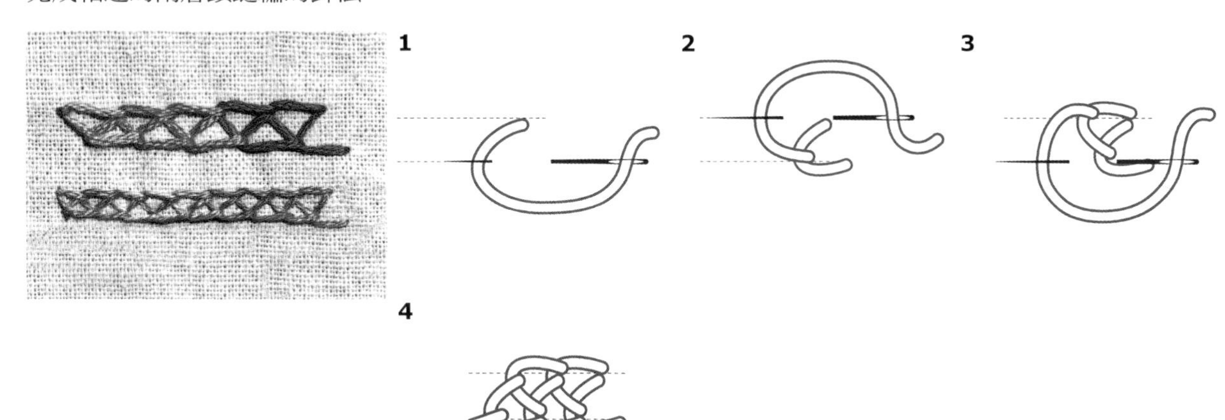

TIP

封閉型羽毛繡 vs 雙層鎖鏈繡

雖然兩者造型相似，但使用封閉型羽毛繡時，針是從中間的勾勾外圍來連接每一個羽毛繡，而雙層鎖鏈繡則是將針穿入勾勾內側來連接。

071 棘刺繡 Thorn Stitch

★☆☆

Thorn意指「刺」。此針法適用於呈現蕨類植物的葉子等造型。使用不同色彩的繡線可提升造型的質感。

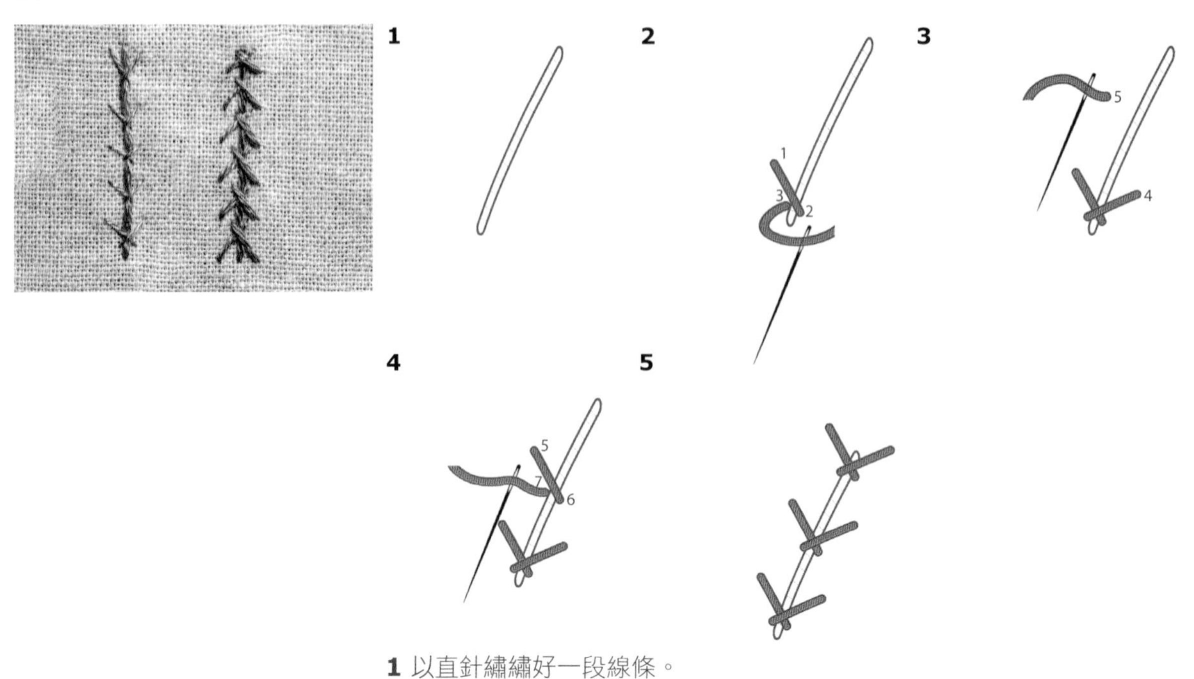

1 以直針繡繡好一段線條。

2~5 使用另一條較細（股數較少）的繡線，同樣以直針繡方式繡出多個斜線即完成。

072 麥穗繡 Wheatear Stitch

★★☆

Wheatear意指「麥穗」。越是成功繡出Ｖ字傾斜的角度，越能創造出美麗的麥穗繡。

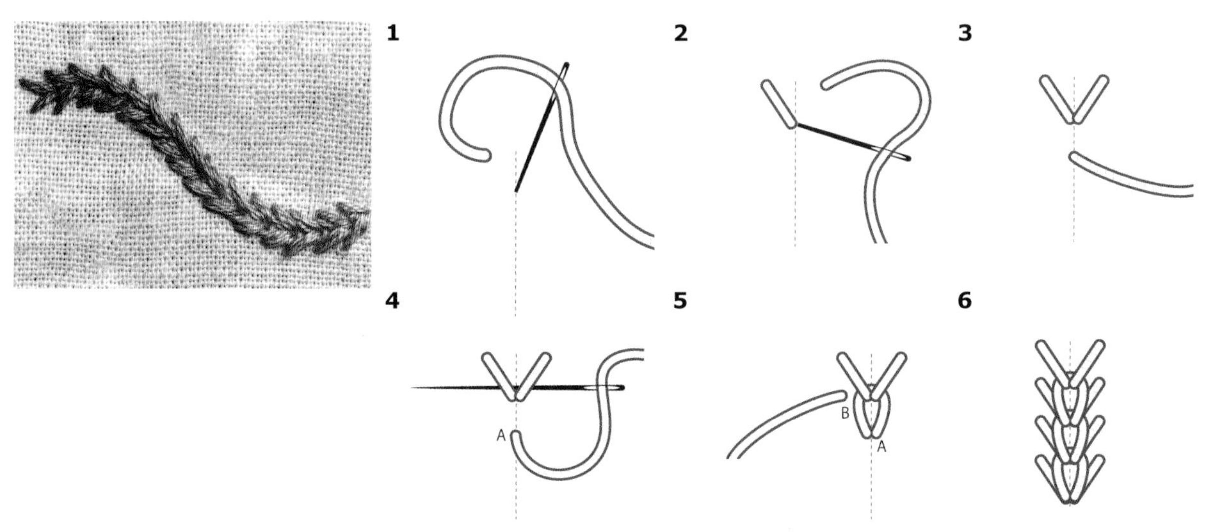

1~3 以直針繡繡出兩斜線呈V字狀。

4~5 從位置A出針後，將針從Ｖ字造型的繡線下繞過，再從位置B出針。

6 重複步驟**1~5**，完成。

073 范戴克繡 Vandyke Stitch

★★☆

此針法的造型相似於荷蘭畫家范戴克的抽象畫中裝飾邊緣的圖紋。隨著橫幅寬度的不同，無論繡線粗細，都能營造出厚實感。

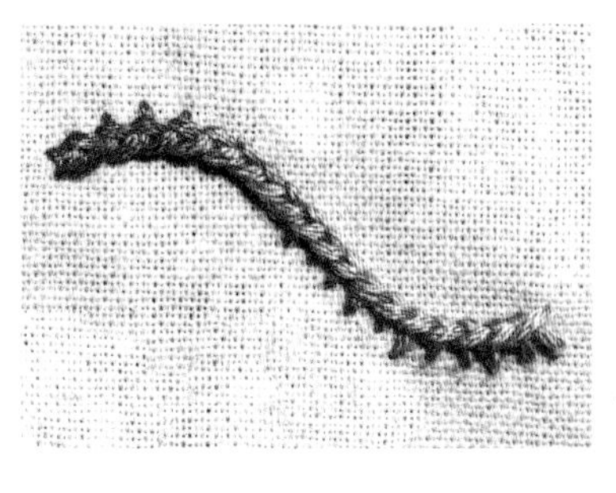

1

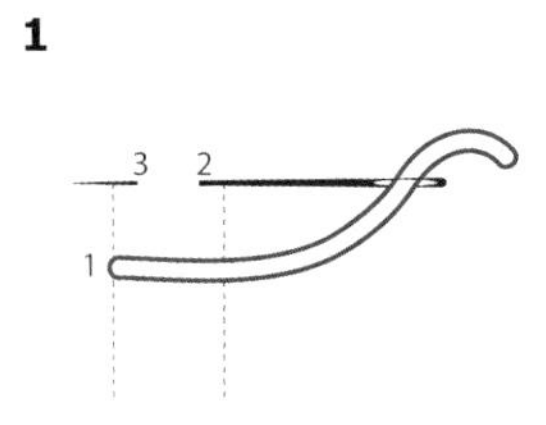

2

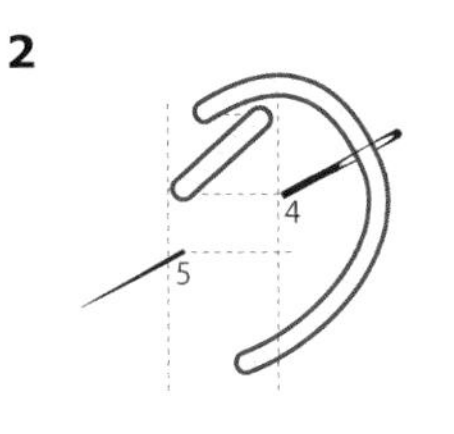

3

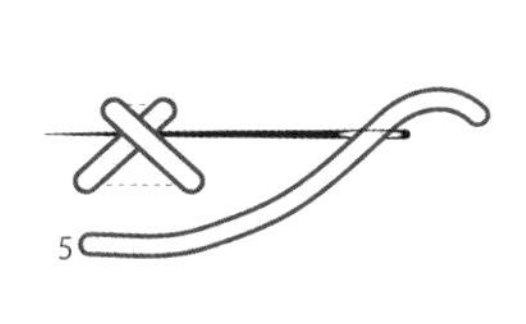

4

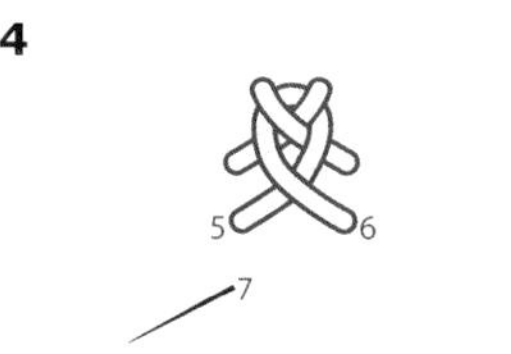

5

1~2 如圖繡出一個交叉形狀的圖樣。

3 接著將針從交叉圖樣下繞過，製造出一個圓弧。

4 從位置6入針、位置7出針。

5 重複步驟**2~4**，逐步完成。

074 珊瑚繡 Coral Stitch

★★☆

Coral意指「珊瑚」。此針法是在繡線上打結，營造出具有珊瑚輪廓的線條。

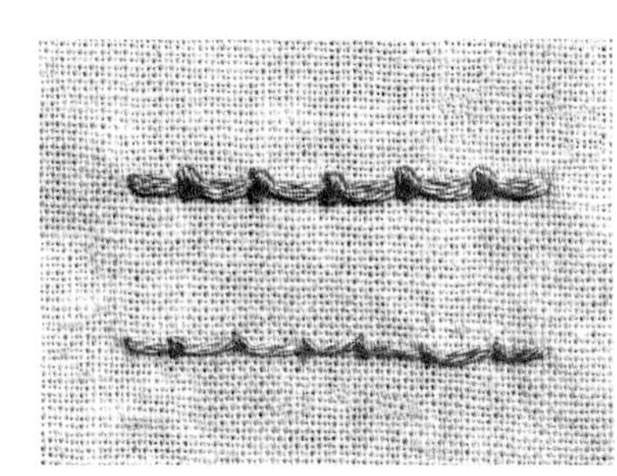

1

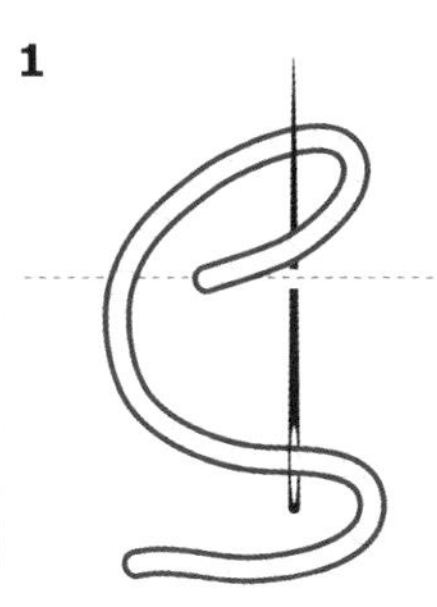

2

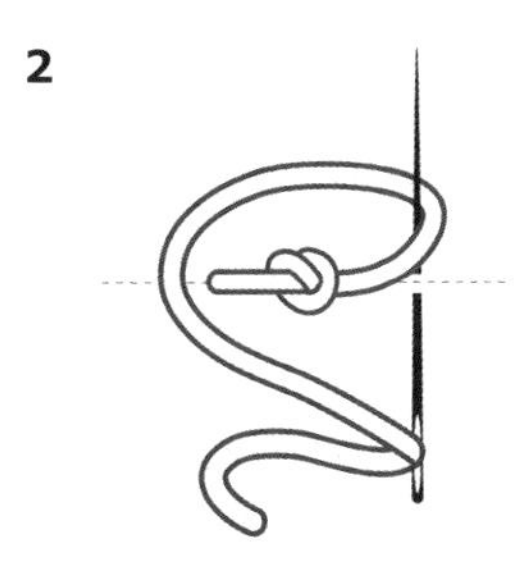

3

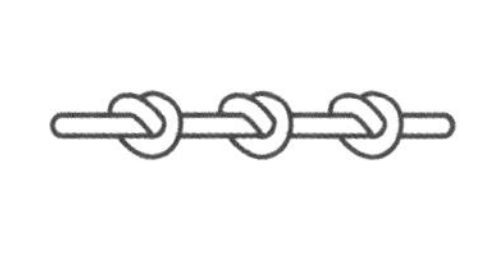

1 如圖所示，出針後抓適當距離，將針沿著直線穿過布面後，再將繡線纏繞於針上並拉直，然後將針從上方抽出。

2~3 重複同一個動作，依序完成。

075 鋸齒珊瑚繡 Zigzag Coral Stitch

★★☆

繡出鋸齒狀的珊瑚繡。

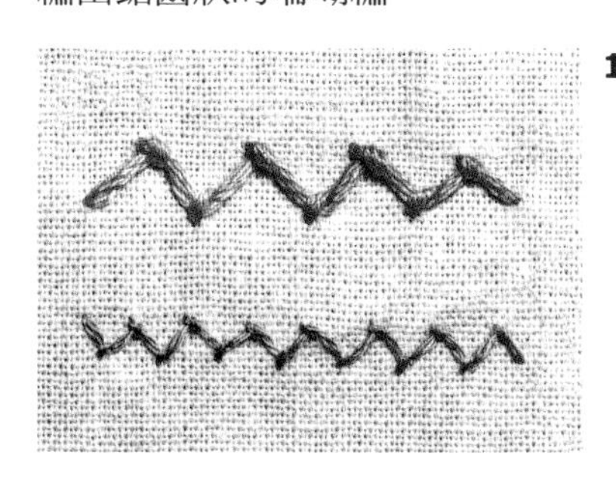

1

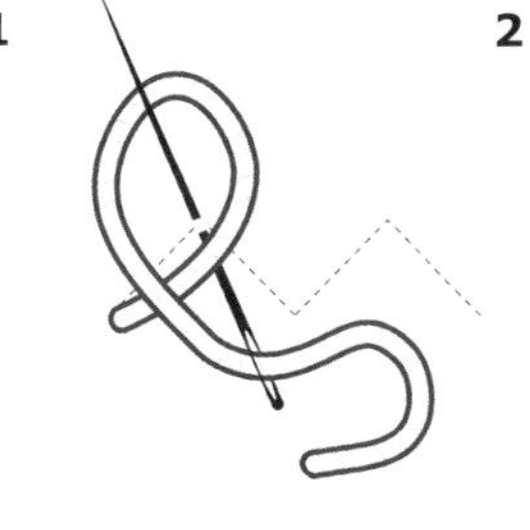

2

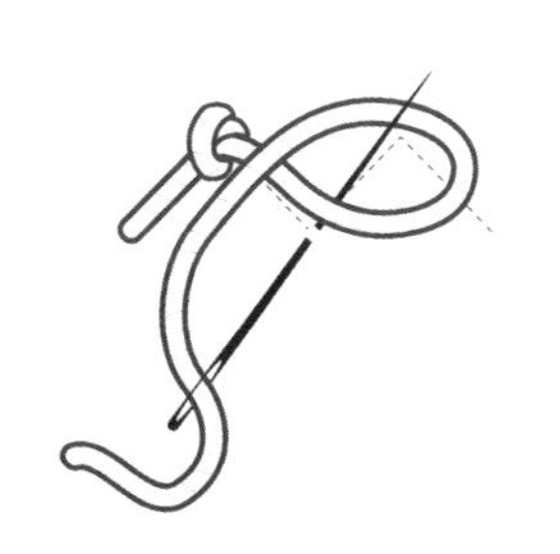

3

076 雙色珊瑚繡 Corded Coral Stitch

★★☆

使用兩種不同顏色的繡線，可以呈現出裝飾效果更佳的珊瑚繡。

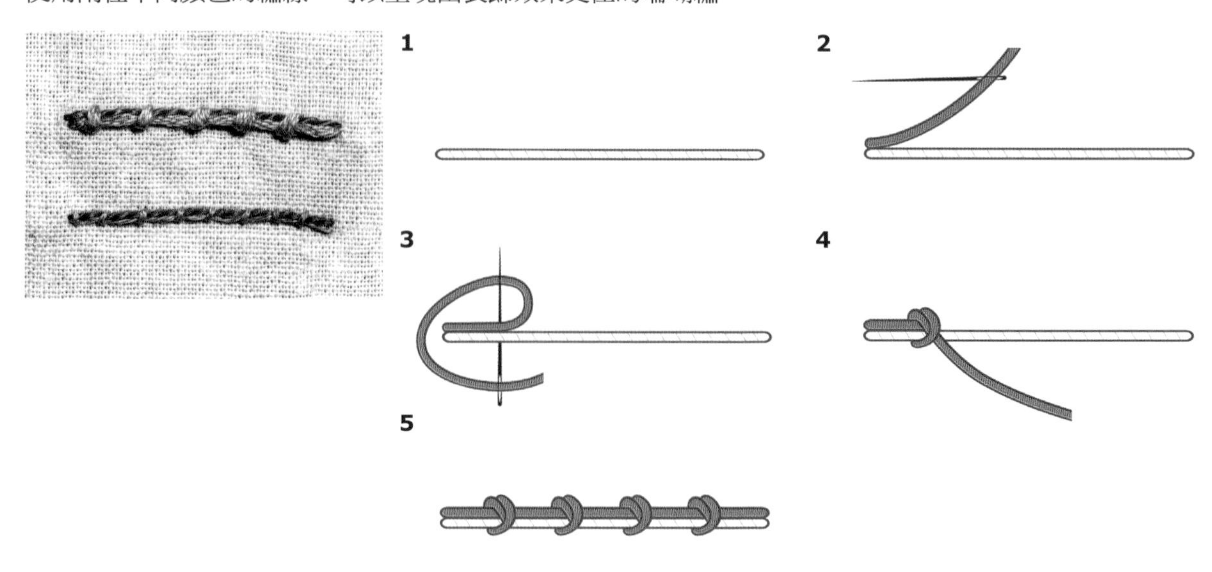

1~2 用直針繡繡好一個線段後，在布面下收針。接著準備另一色的繡線。

3~4 將另一色繡線以珊瑚繡技法，從兩層繡線下方穿入布面，再從兩層繡線上方穿出，接著將繡線繞針一圈，抽出，拉緊繡線。

5 重複步驟**3~4**多次即可完成。

077 漩渦繡 Scroll Stitch

★★☆

Scroll意指「漩渦的紋路」。這個針法要先將繡線纏繞於針上，才開始刺繡。

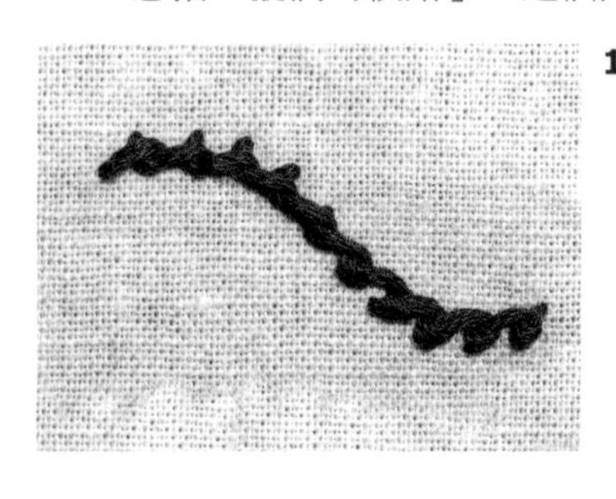

1

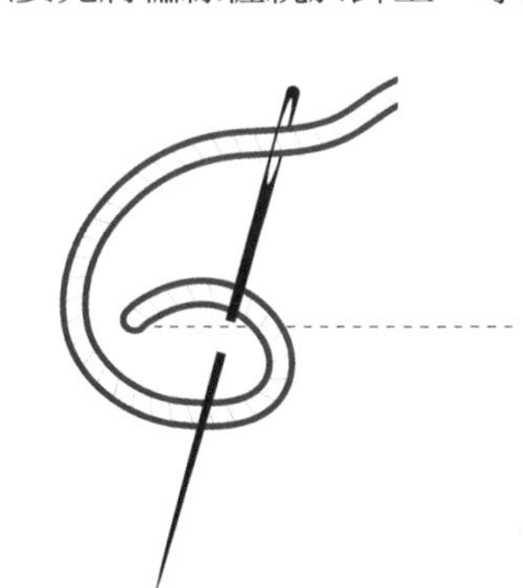

2

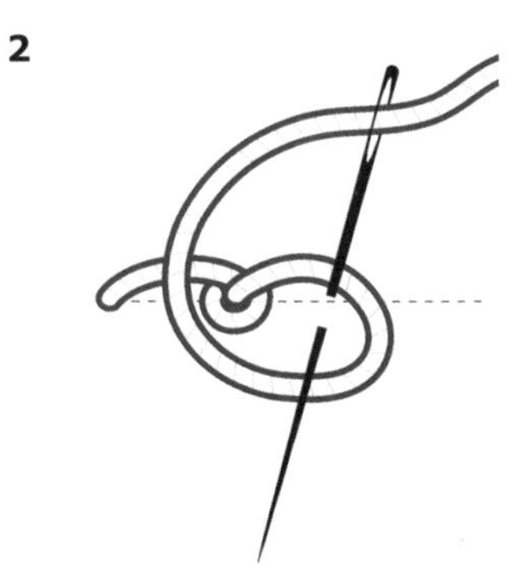

3

1~2 將繡線緊緊纏繞於針上後，再從下方出針。

3 重複步驟**1~2**多次即完成。

078 纜繩繡 Cable Stitch

★★☆

Cable意指「粗繩」。此針法又稱「英式結粒繡（Palestrina Stitch）」，適用於呈現立體的線條。

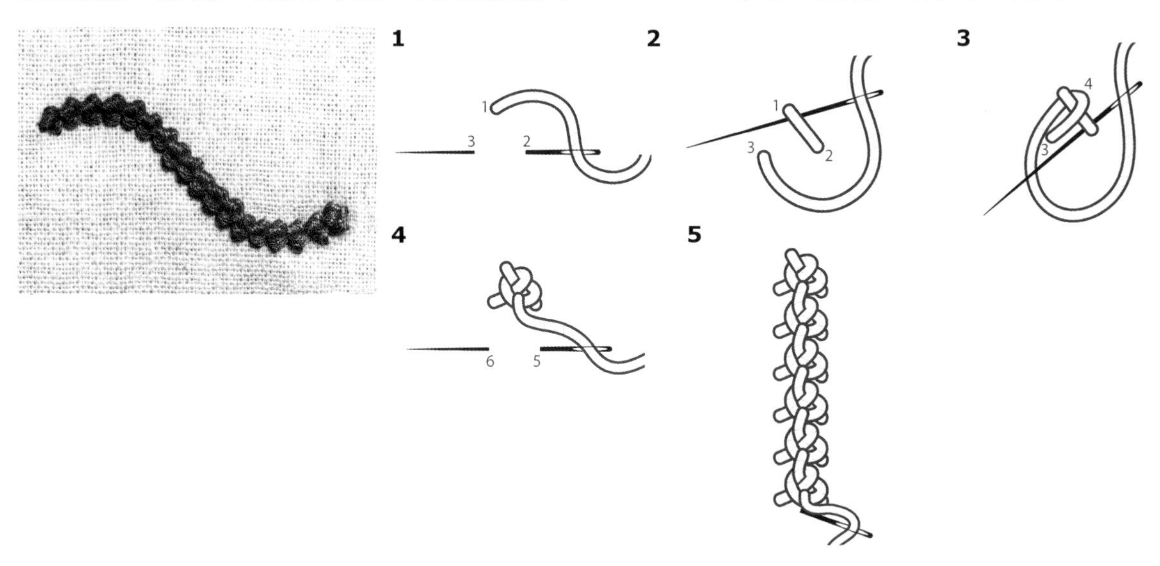

1~4 如圖所示，位置1到2的距離，和位置3到4的線段長度越一致，越能把造型繡得工整好看，位置5、6如同步驟**1**的位置2、3。

5 持續重複步驟**1~4**即可完成。

079 髮辮繡 Braid Stitch

★★☆

Braid意指「辮」。此針法的造型具有立體感與蕾絲的質感。

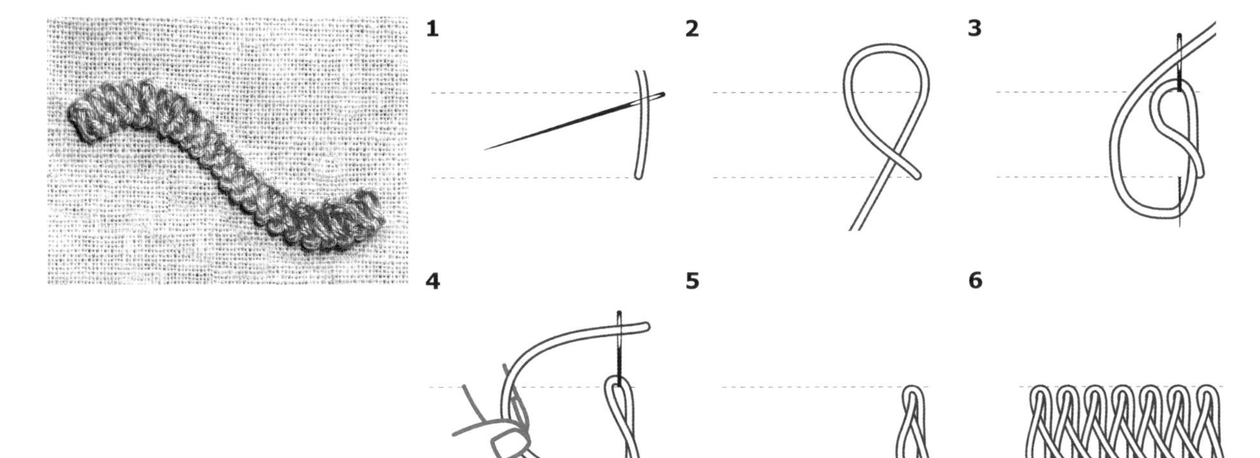

1 用消失筆畫好兩條平行線後，從下方的平行線出針。

2 如圖，用繡線繞出一個圈圈形狀。

3~4 如圖，將針從上方平行線穿到下方平行線的相對位置，將繡線繞捲於針的下方後，拉直繡線、將針抽出。

5~6 重複步驟**2~4**多次，即可完成蕾絲質感的立體圖樣。

080 裂線繡 Split Stitch

★★☆

Split意指「分裂」，此針法就是將多股繡線分為兩份。使用兩股繡線時，採用較粗的線效果較好；使用大於兩股的繡線時，可以製造出近似鎖鏈繡的造型，適用於填滿圖面。下方的實品圖為多個裂線繡並排而成的圖樣。

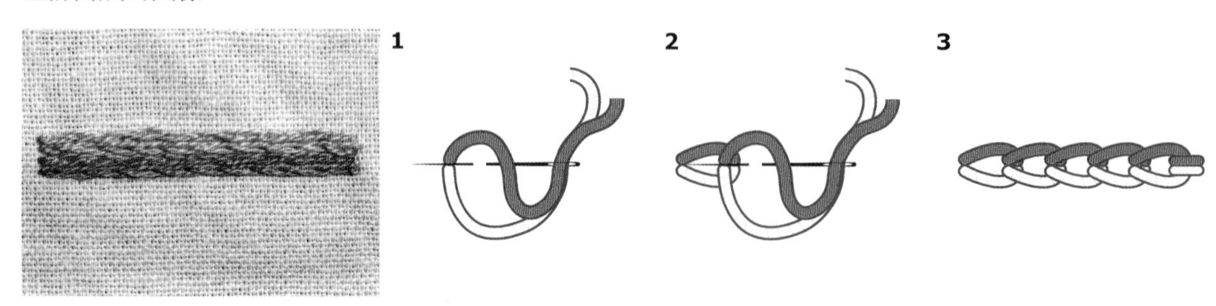

081 裂線回針繡 Split Back Stitch

★★☆

與順著線條的方向刺繡的裂線繡不同，裂線回針繡採反方向往回繡的技法，針往回穿入布面時是從繡線的中間穿入。

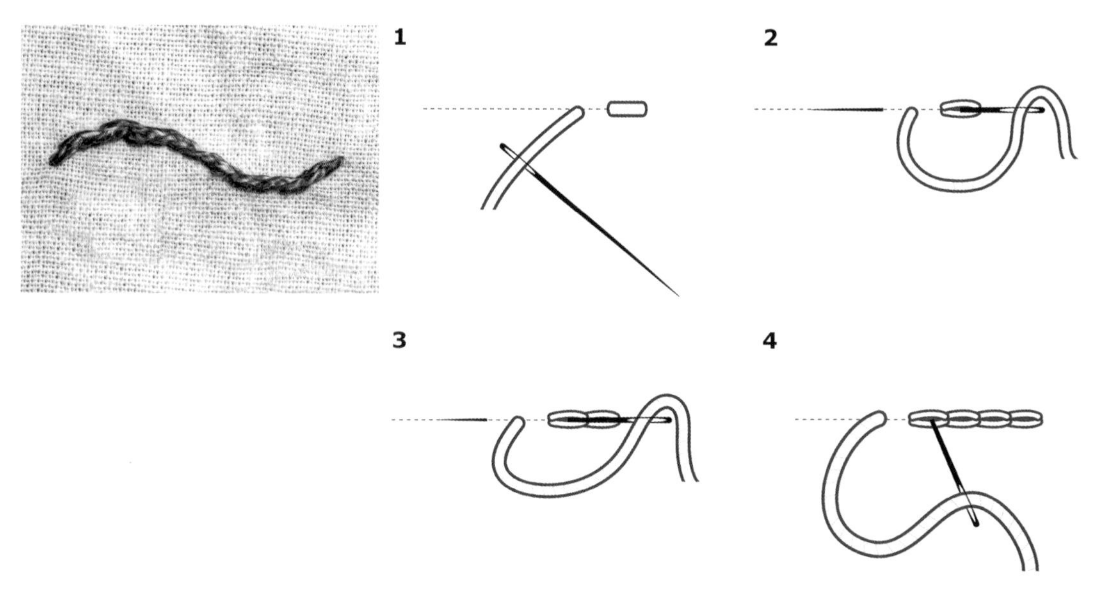

1~2 先用一股較粗的繡線繡出一直針繡，再將針往回穿入直針繡的繡線中間，接著以適當距離穿出布面。

3~4 重複步驟**1~2**即可完成。

TIP

裂線繡 vs 裂線回針繡

裂線繡的針法適用於兩股以上的繡線，裂線回針繡較適用於一股較粗的繡線。

082 蒙美利克繡 Mountmellick Stitch ★★★

蒙美利克繡為一種愛爾蘭白色刺繡，此針法的造型雖和纜繩繡相似，但適合呈現更厚實的線條。

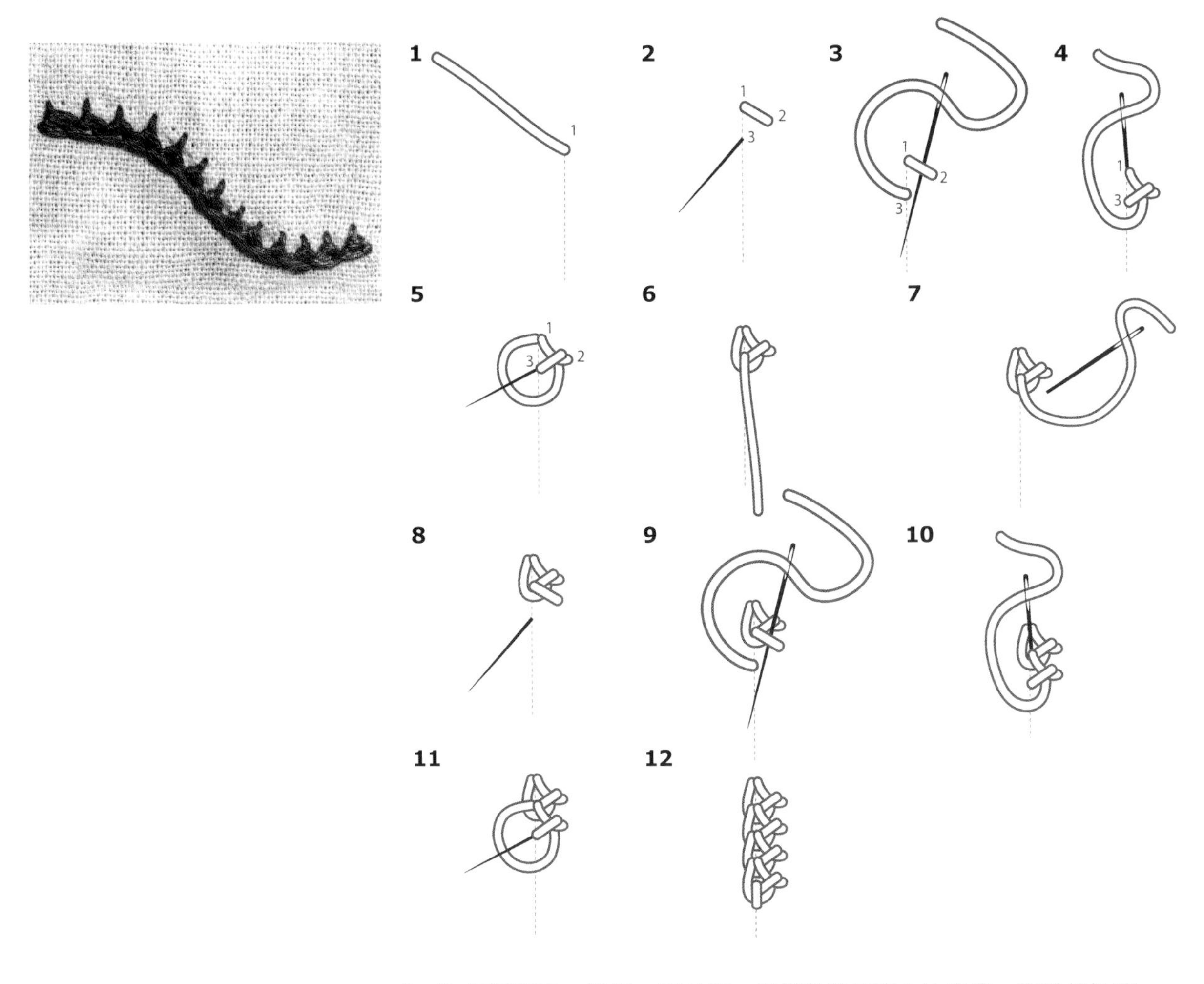

1~3 如圖所示，繡出一直針繡，針從該線段下方抽出後，將繡線拉緊。
4 預留一段繡線繞出左側的圈圈，接著從位置1入針。
5~6 從圈圈內的位置3出針後，拉緊繡線。
7~12 重複步驟**3~6**，依序完成。

083 釘線繡 Couching Stitch ★☆☆

使用其他繡線來固定一條粗的繡線，或是數條一般粗細的繡線。

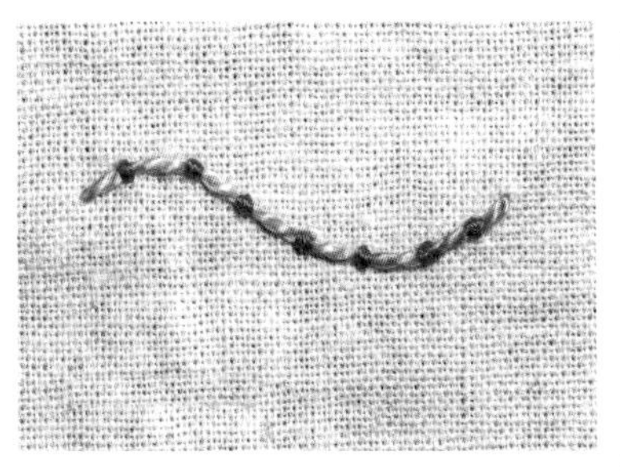

1

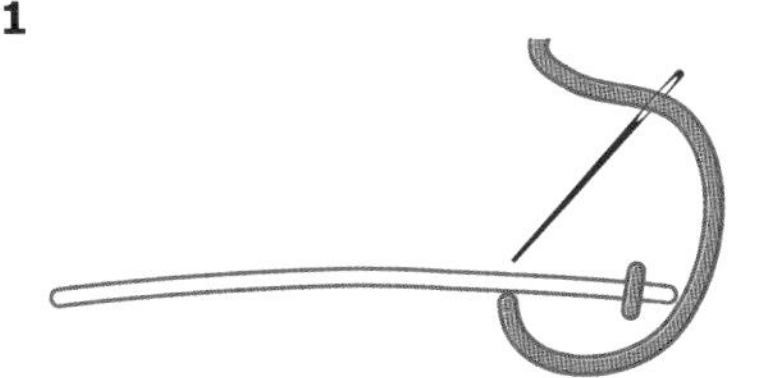

2

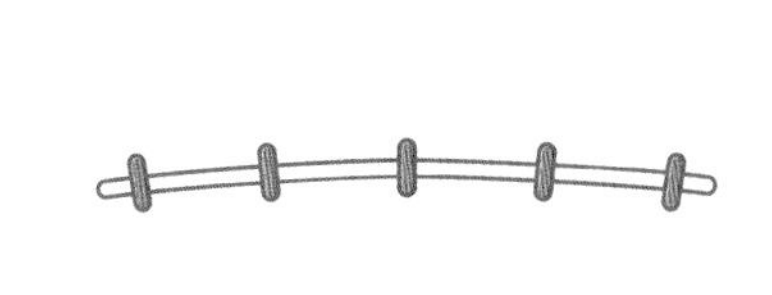

1~2 使用直針繡完成一長針後，再使用其他繡線以同樣的間隔來固定。

084 繞線釘線繡 Whipped Couching Stitch

★☆☆

在釘線繡上再用其他繡線纏繞的針法，可補足基礎釘線繡較缺乏的立體感。

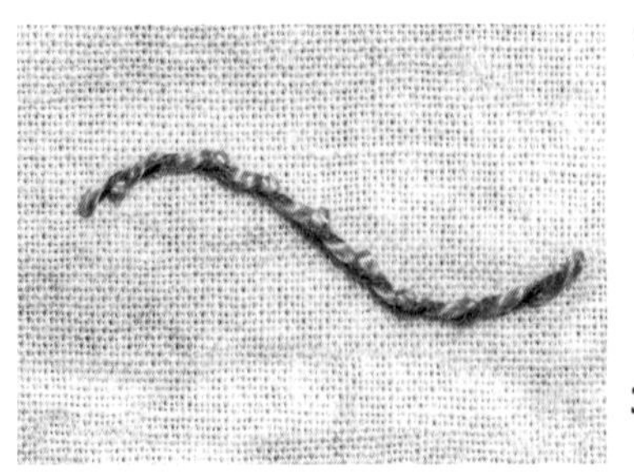

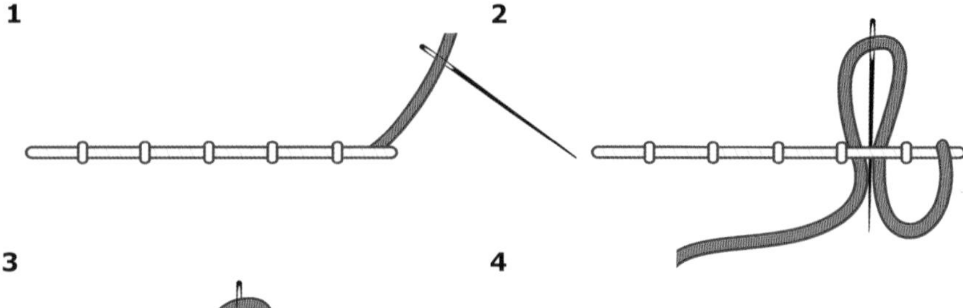

1 完成釘線繡後，從右側底端的繡線上方出針。

2~4 在兩個釘點間，以不穿過布面的方式不斷進行纏繞即完成。

085 珍珠繡 Pearl Stitch

★★★

在繡線上打出像珍珠般的圓形扭結。若使用較粗且密度緊實的繡線，可呈現出更好的效果。

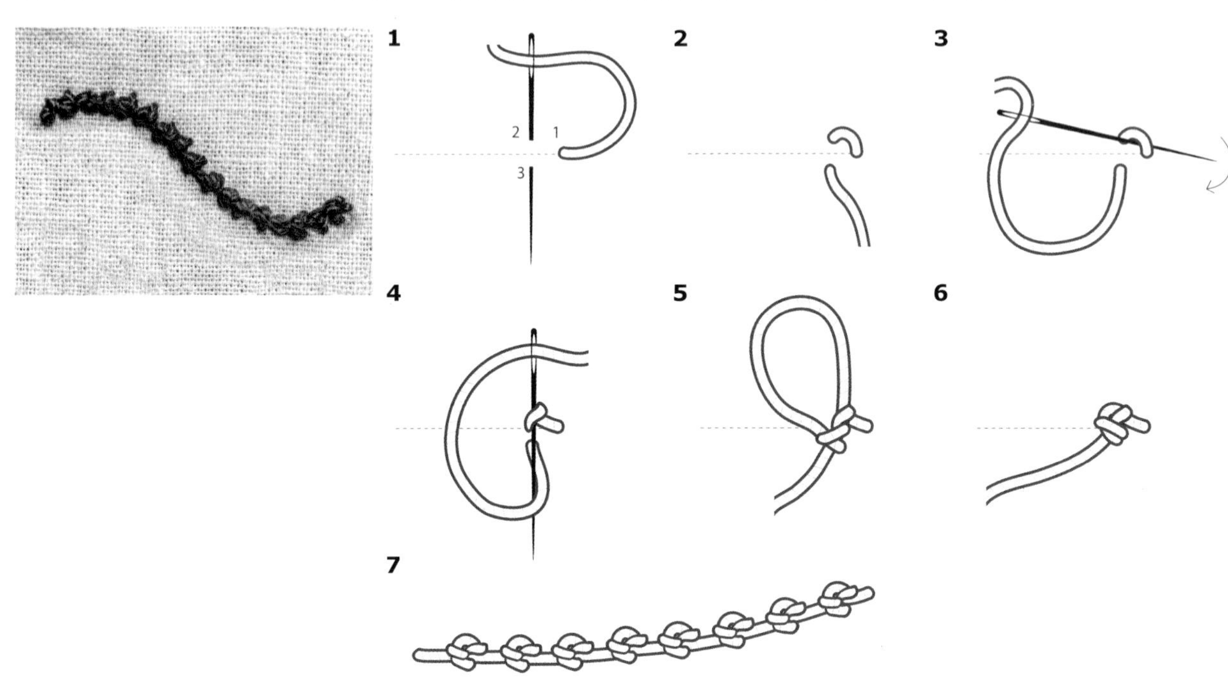

1~3 出針後往畫好的直線兩側穿進再穿出，接著將針繞進圈圈中間，接著將布面往右側旋轉。

4 如圖所示，將針穿過繡線下方。

5~6 如圖所示，將繡線往下慢慢拉緊，直到大圈圈變成扭結。

7 重複步驟**1~6**的動作。

086 蓬鬆釘線繡 Puffy Couching Stitch

★★☆

用來固定整串繡線的針法。特別適用於裝飾或呈現立體感的造型。

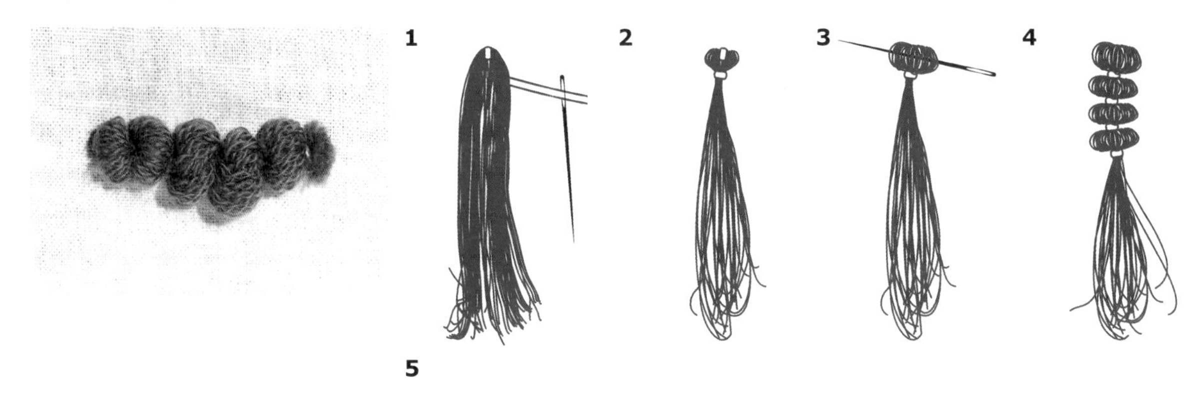

1 將整串繡線折半並固定好對折處，再將用來固定的繡線從下方抽出。
2 如圖所示，運用從下方抽出來的繡線，以釘線繡的技法綁住整串繡線。
3 如圖所示，用針將被綁起來的繡線弄得蓬鬆。
4 繼續重複同樣的動作。使用釘線繡固定後，再用針將繡線弄鬆。
5 可將針從繡線尾端的下方穿入布面來收尾，或是以剪刀俐落地剪裁後收尾。

087 飛鳥葉形繡 Fly Leaf Stitch

★★☆

將飛鳥繡弄得很緊實，以此呈現葉子的造型，又稱為「葉形繡」。

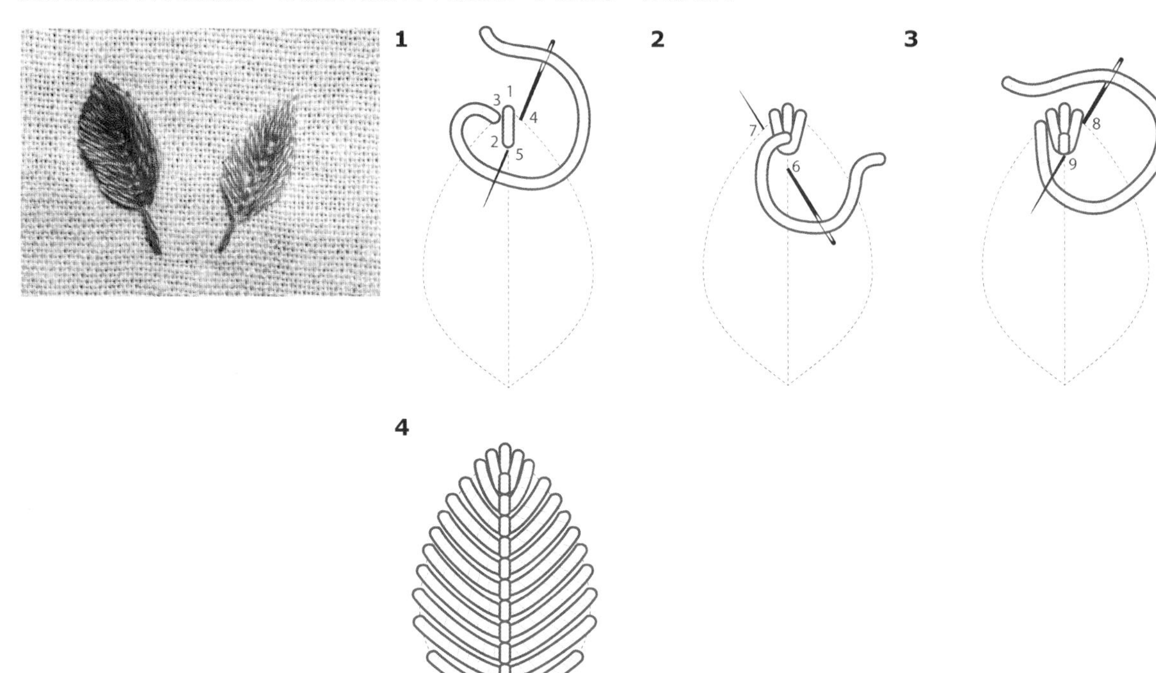

088 克里特繡 Cretan Stitch

★★☆

取名源自希臘的「克里特島」，原是用來將蕾絲固定於布面上的技法。此種交織纏繞的方式，特別適合用來緊密填滿葉子造型的圖面。

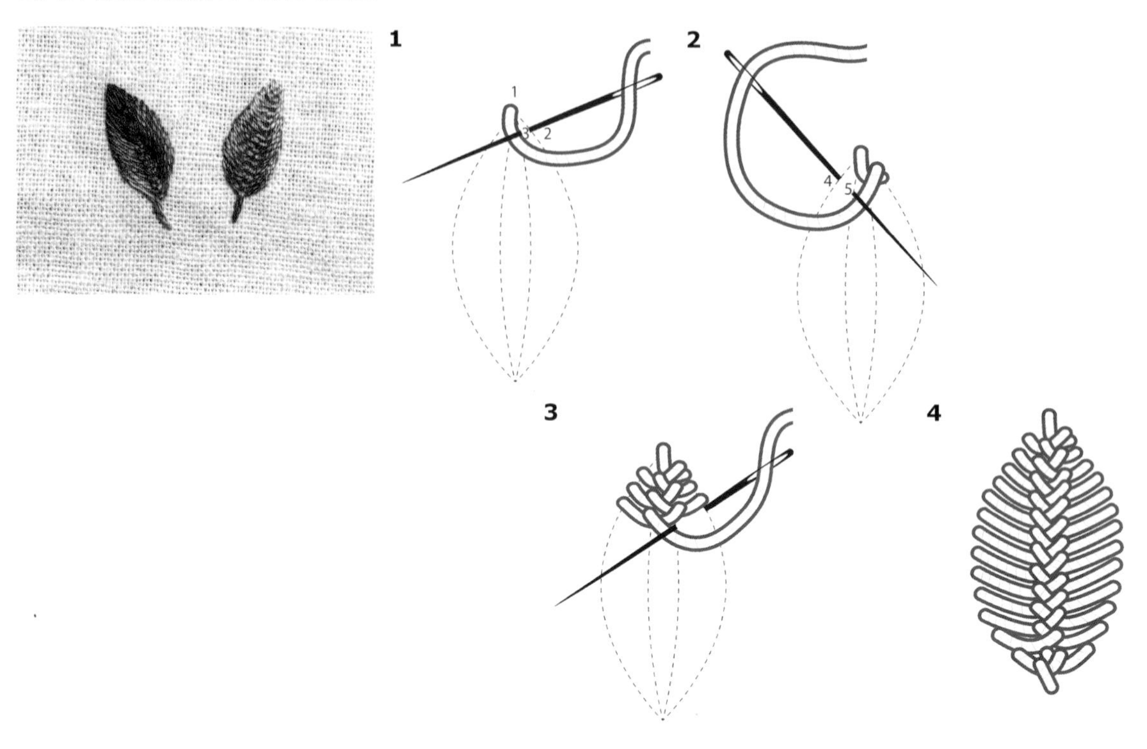

089 魚骨繡 Fishbone Stitch

★★☆

使用魚骨造型完成葉子的圖樣。如果葉脈之間的間隔較大，即為開放魚骨繡（Open Fishbone Stitch）。

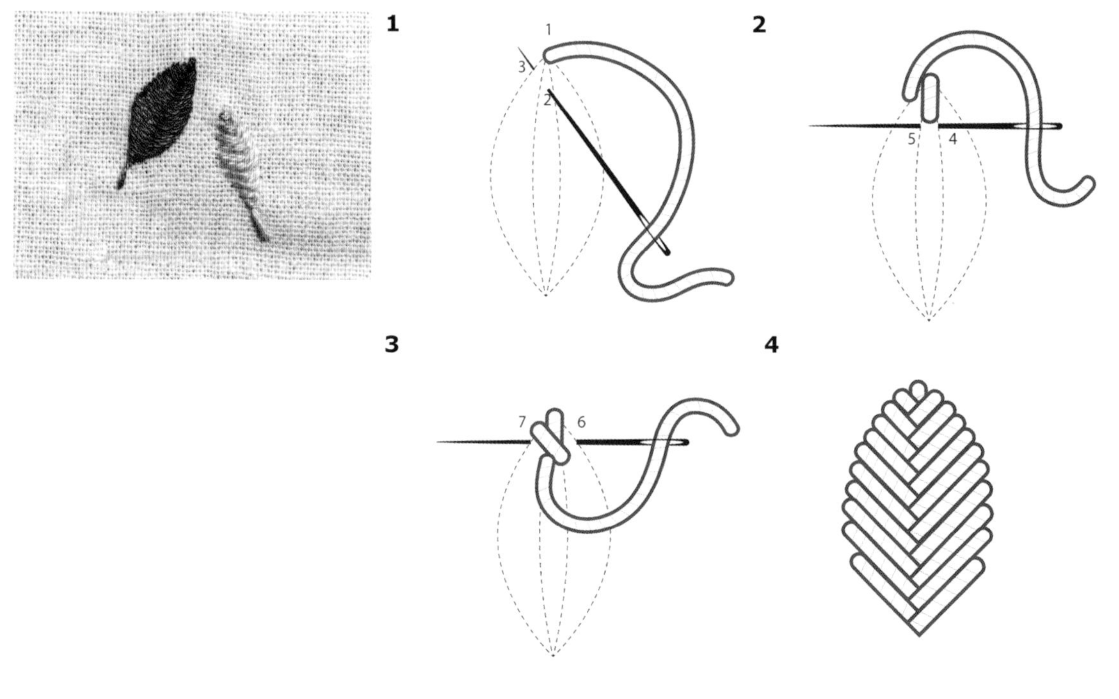

090 立體魚骨繡 Raised Fishbone Stitch ★★☆

從圖案中央交替穿插來完成刺繡，可以塑造出具有立體感的葉子圖樣。

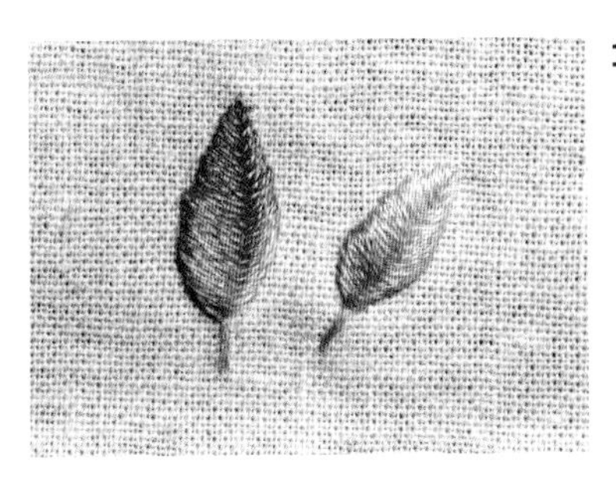

1

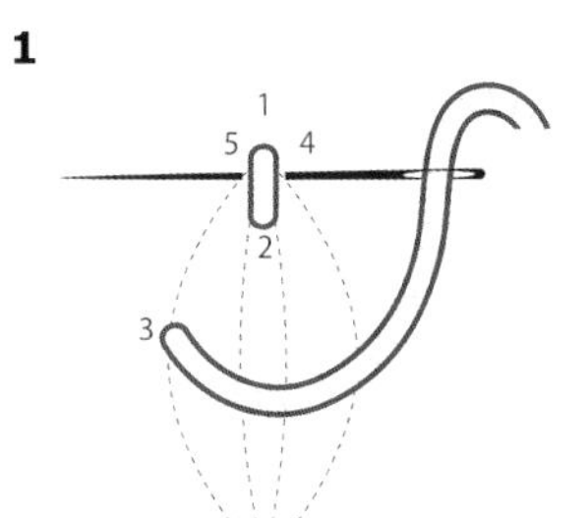

2

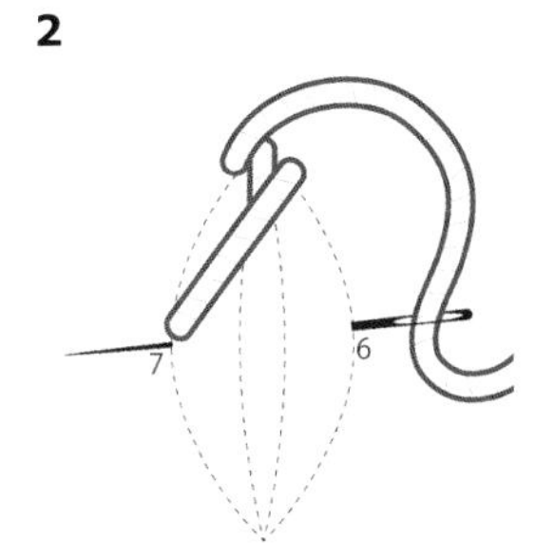

3

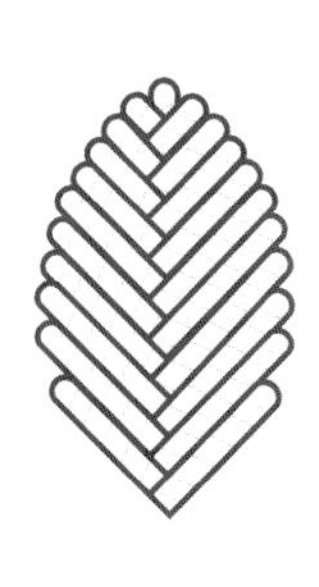

091 平面繡 Flat Stitch ★★☆

此針法可呈現出質感近似緞面繡的葉子圖樣。

1

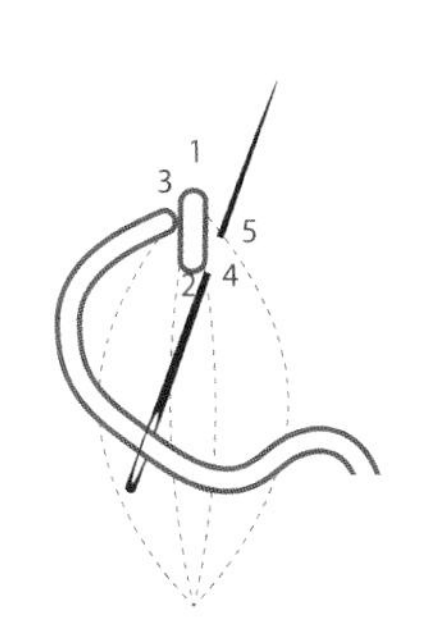

2

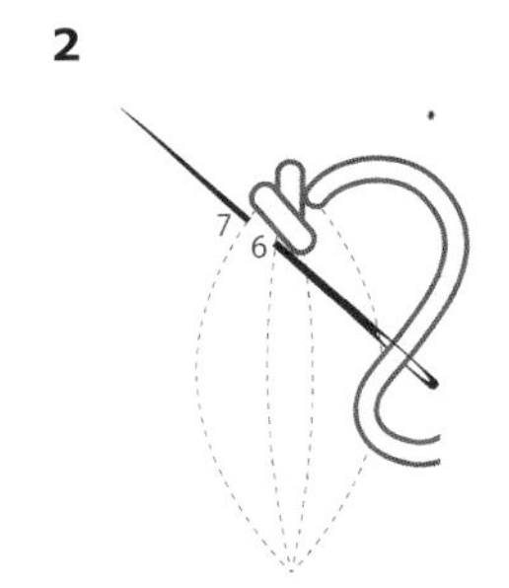

3

092 立體封閉型人字繡 Raised Close Herringbone Stitch ★★☆

先繡好一段直針繡後，再將繡線纏繞於直針繡上，如同掛置在上面一般，藉此呈現出厚實立體的葉子圖樣。

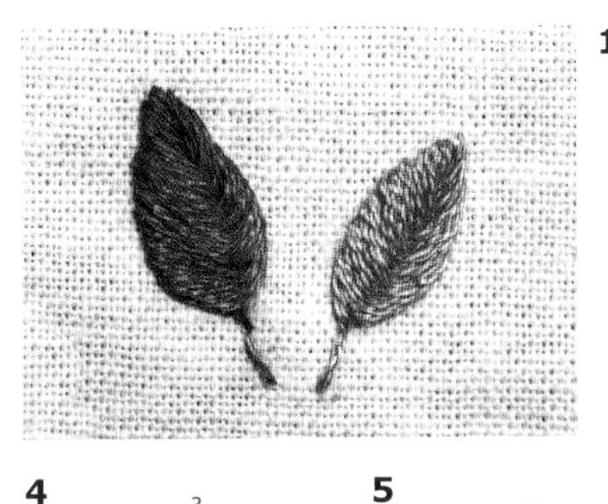

1

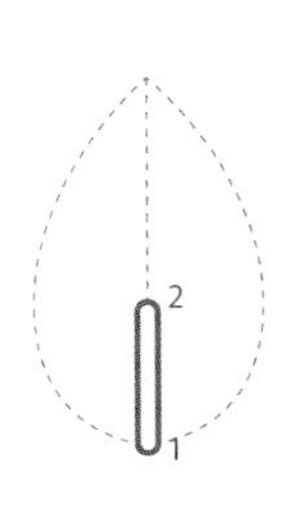

2

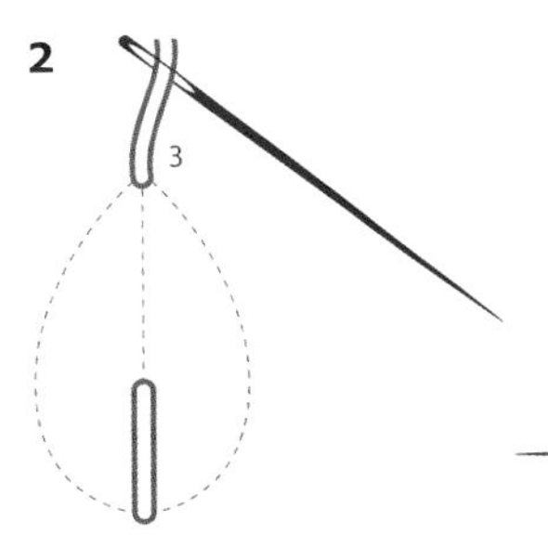

3

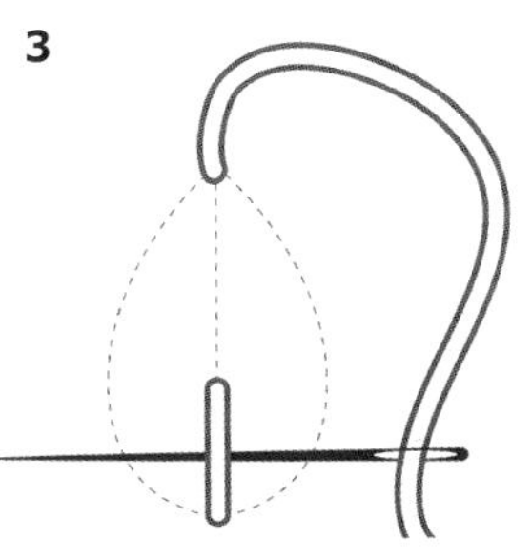

4

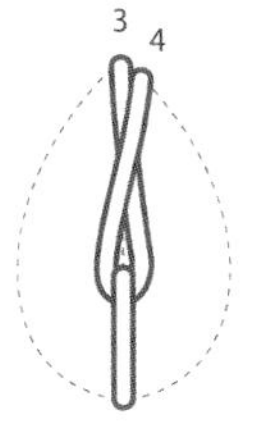

5

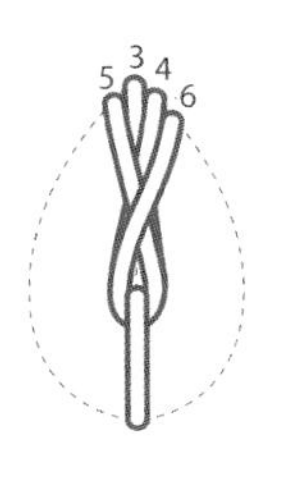

6

1 於葉柄中間處先繡一段直針繡，長度約為整個圖案的三分之一。

2 從位置3出針。

3 針不穿過布面，而是從繡線下方繞出。

4 將繡線往上拉，於位置4入針。

5~6 接著從位置5出針後，繞過底部的直針繡線段，再將針穿入位置6，重複此步驟，完成。

093 葉形繡 Leaf Stitch

★★☆

此針法就是以呈現「樹葉」的造型而命名。

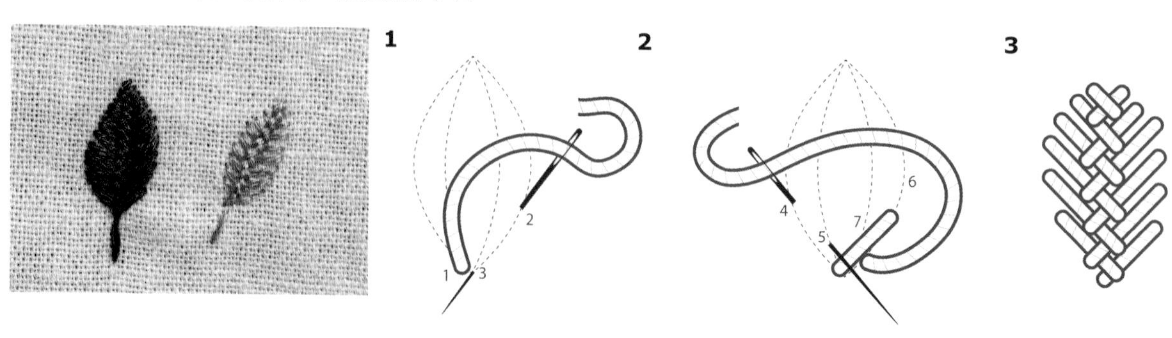

094 織補繡 Darning Stitch

★☆☆

用於填滿圖面，針法造型類似於縫紉技巧中的疏縫，看起來像是繡了好幾段不規則排列的平針繡。

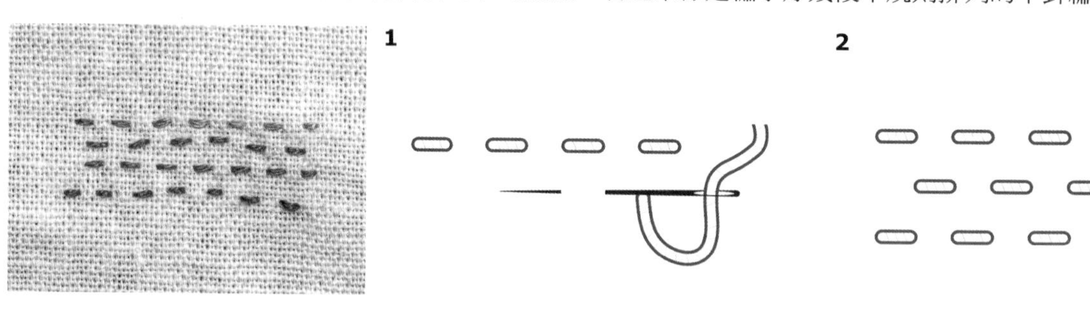

095 種籽繡 Seed Stitch

★☆☆

Seed意指「種籽」。此針法就像是隨意撒下種籽的模樣，以不規則排列的方式刺繡，呈現隨性自然的感覺，可以用於表現光芒感。

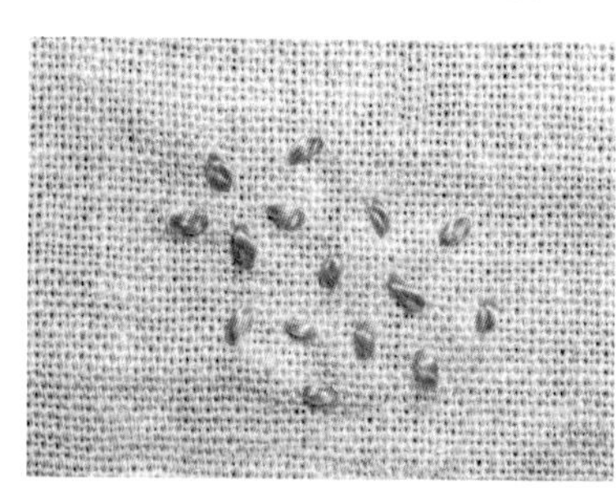

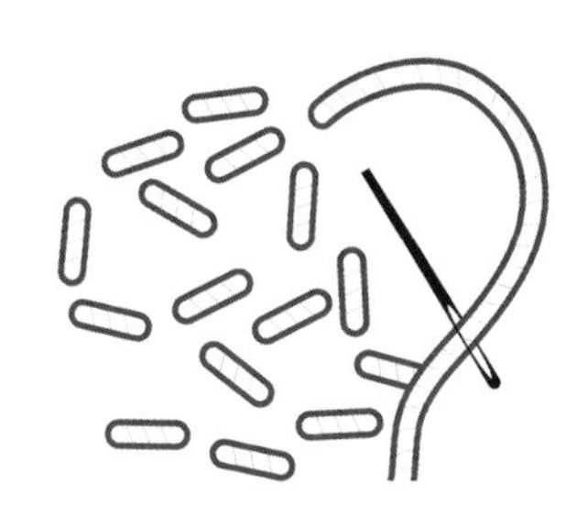

096 點狀繡 Dot Stitch

★☆☆

以「點狀」呈現圖樣的針法。於同一位置重複繡兩針直針繡。適合用不規則散布方式填滿圖面，或繡成直線以呈現線條本身的花紋。

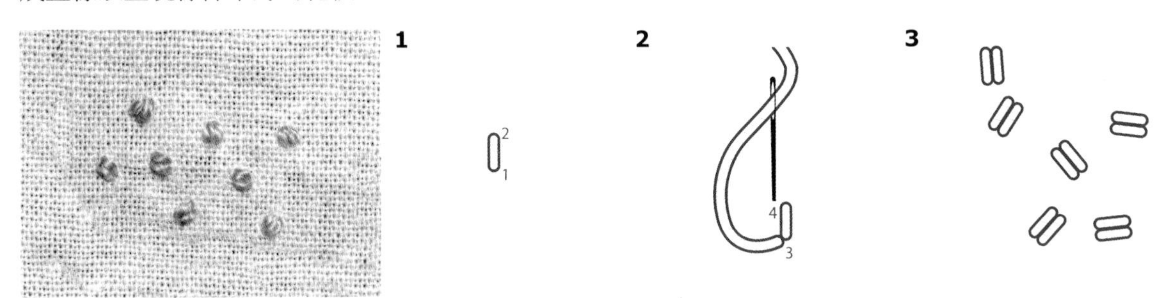

097 自由米粒繡 Free Rice Stitch

★☆☆

採用直針繡的針法，不規則且自由地交叉刺繡，藉此呈現出如米粒散開般自然的感覺。

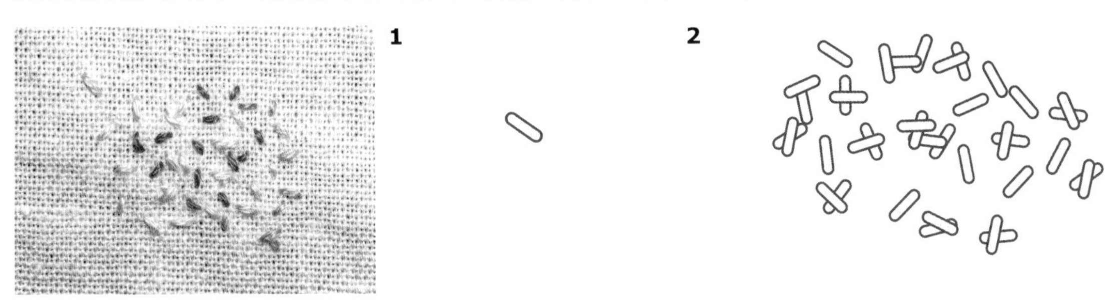

098 法國結粒繡 French Knot Stitch

★★☆

將繡線纏繞於針上，弄出像珠粒般的扭結造型。

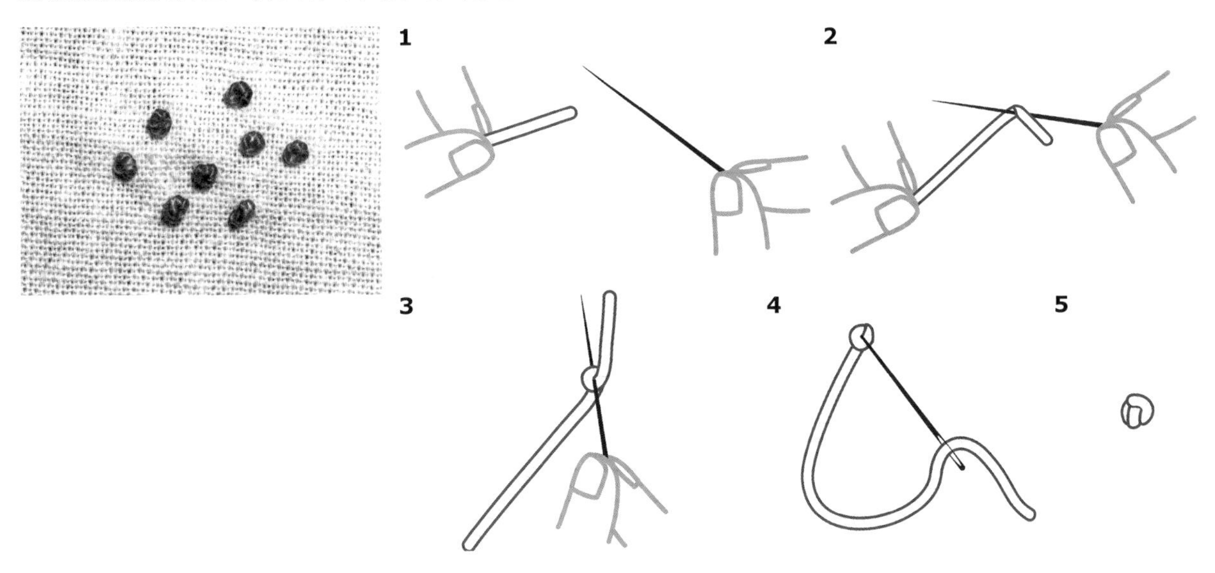

1~4 在擬定的位置出針後，如圖用針纏繞繡線一圈（兩圈亦可），接著將纏繞處往布面推送，順勢將針穿過布面，纏繞後出現的結粒造型就會留在布面上。

5 結粒繡完成的模樣。

099 殖民結粒繡 Colonial Knot Stitch

★★☆

雖然與法國結粒繡的造型相似，但此針法完成後的扭結會比法國結粒繡更大、更結實立體。

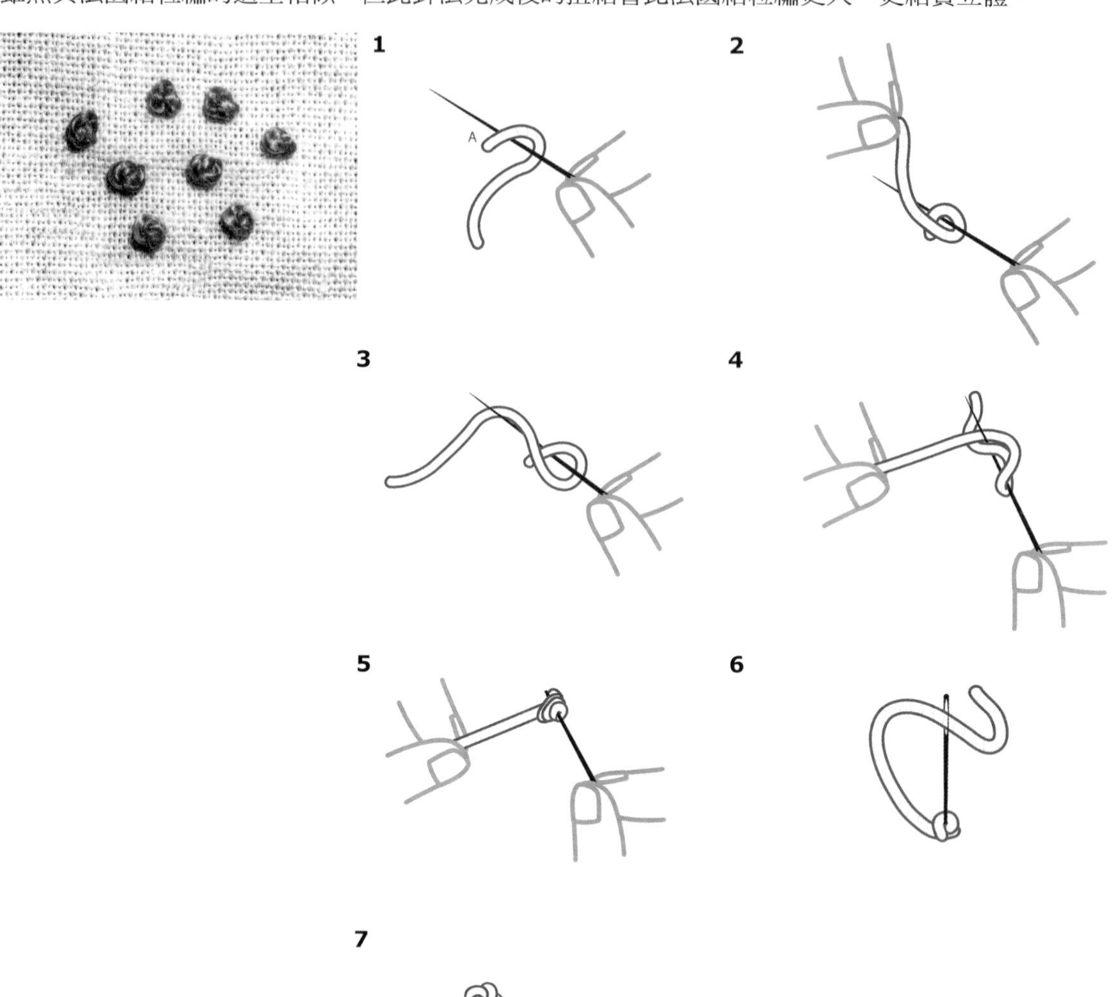

1 從位置A出針後，將繡線纏繞於針上，如圖所示。
2 一手抓住繡線，將繡線往上捲住針。
3~4 將往上捲的繡線下拉，弄出數字8的模樣後，輕拉繡線。
5 一手抓住繡線，將針插入一開始出針的位置旁邊。
6~7 將繡線拉緊後，再把針往下抽出，完成。

TIP

法國結粒繡（59頁）vs 殖民結粒繡

將繡線繞捲於針上一圈可以繡出法國結粒繡，而殖民結粒繡則須繞捲兩圈，因此殖民結粒繡的扭結較法國結粒繡更大且立體。不過，法國結粒繡也可繞捲兩到三次，相較之下更能自由地調節扭結的大小。

100 德國結粒繡 German Knot Stitch

★★☆

扭結造型相似於德國結餅乾而得名。

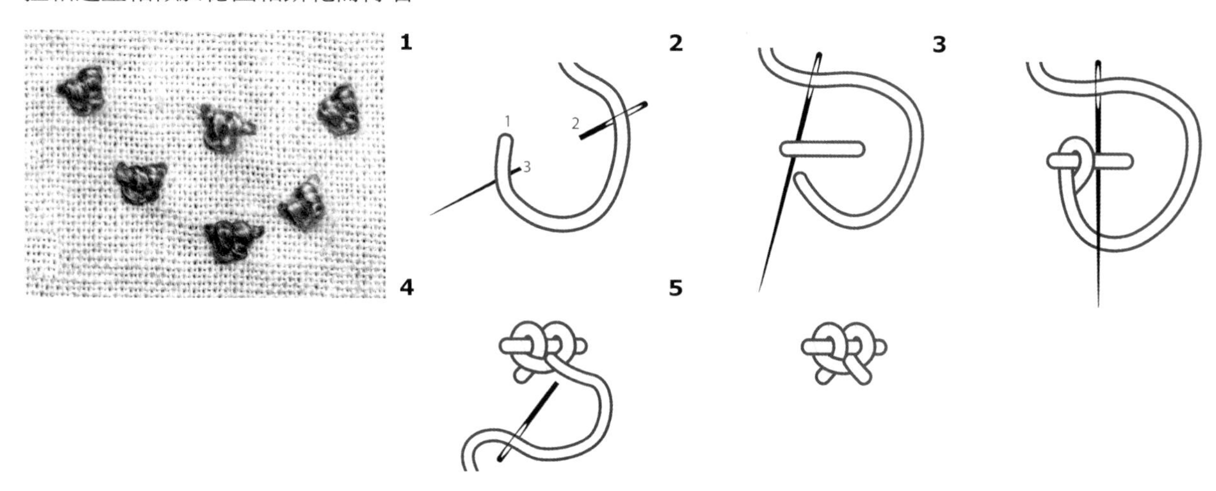

101 雌蕊繡 Pistil Stitch

★★☆

在針法的莖幹造型上弄出法國結粒繡，又被稱作「長型法國結粒繡（Long French Knot Stitch）」。

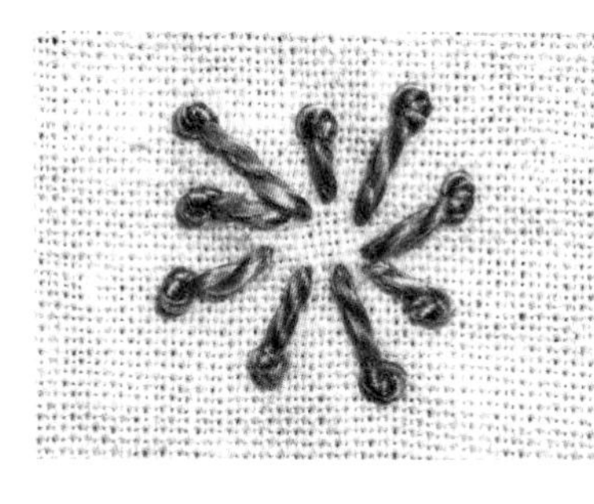

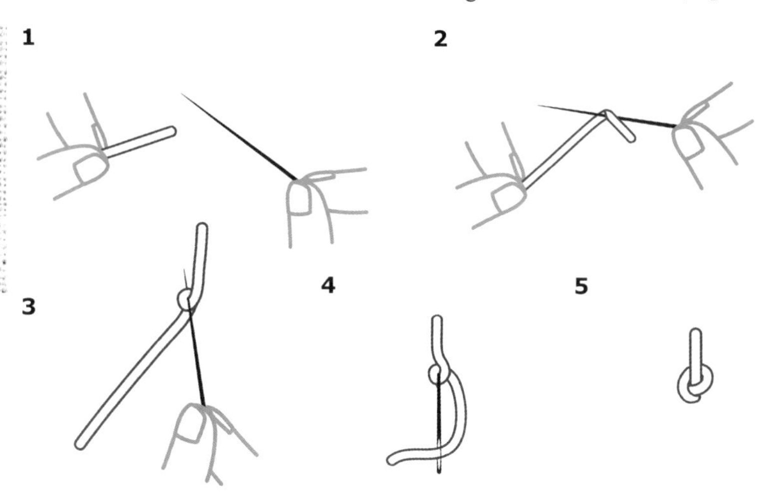

1~3 出針後，將繡線纏繞於針上。

4 抓出想要的長度，將針插進布面該位置，把繡線拉緊，接著將針往布面下抽出，即完成。

102 指環繡 Ring Stitch

★★☆

弄出一個寬鬆的圈圈後，於尾端固定，完成指環的造型。

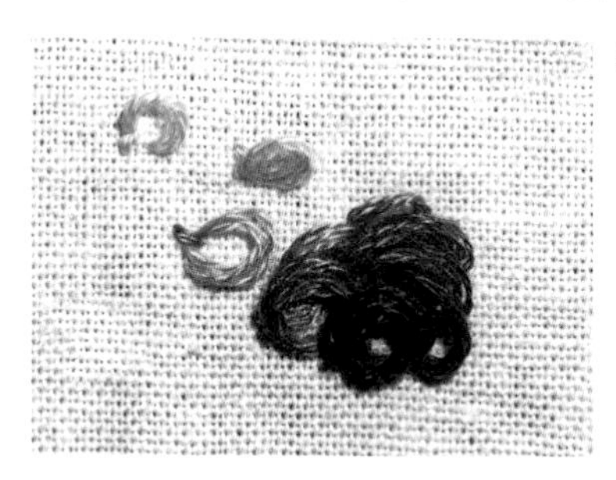

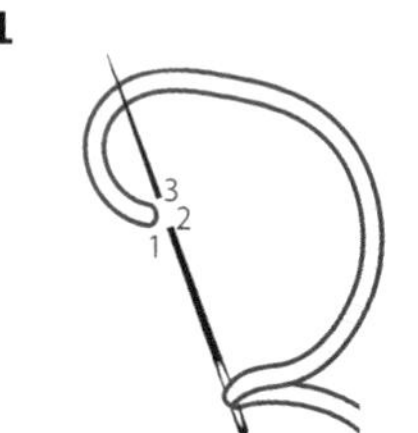

103 雛菊繡 Lazydaisy Stitch

★☆☆

此針法特別適合用來呈現小花或葉子的圖樣。

1

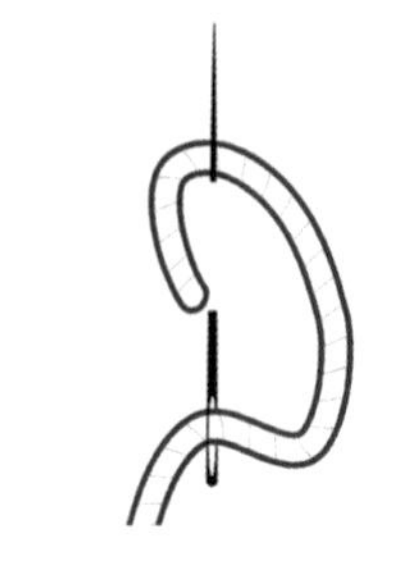

2

3

4

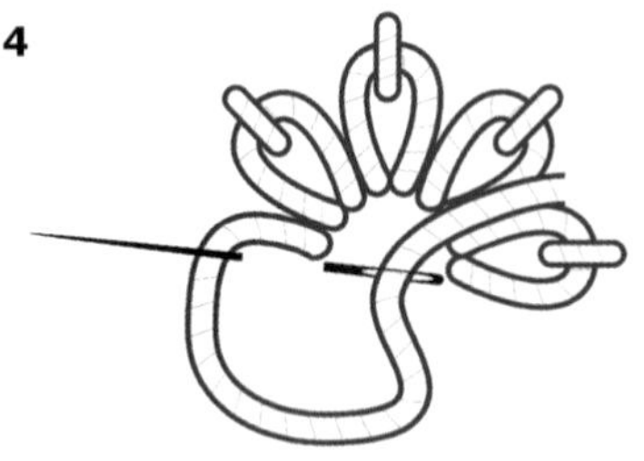

104 雙重雛菊繡 Double Lazydaisy Stitch

★☆☆

完成雙層的雛菊繡，以不同顏色的繡線更能展現美麗的圖樣。

1

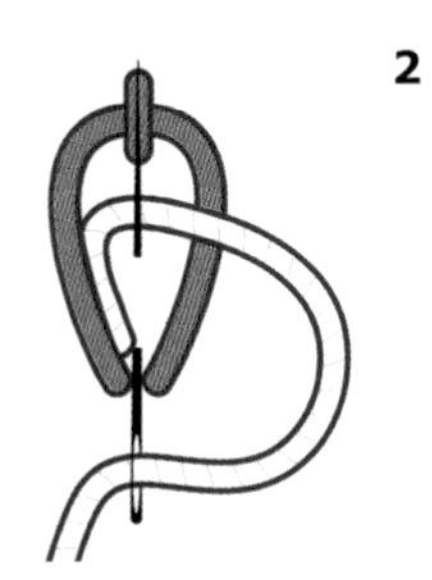

2

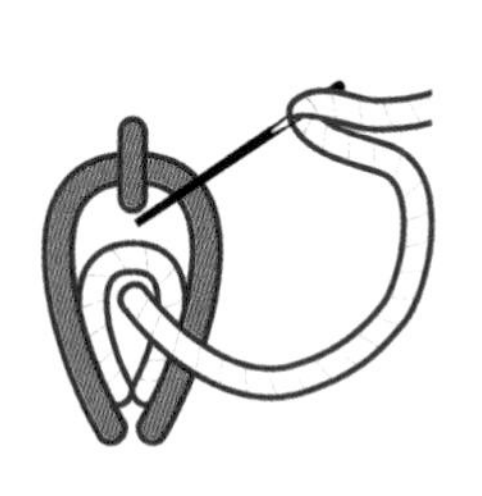

3

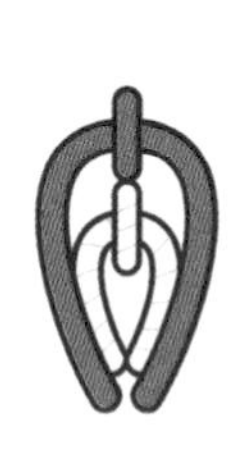

105 扭轉雛菊繡 Twisted Lazydaisy Stitch

★☆☆

將基本雛菊繡的繡線交錯，直向或橫向重複排列而成。

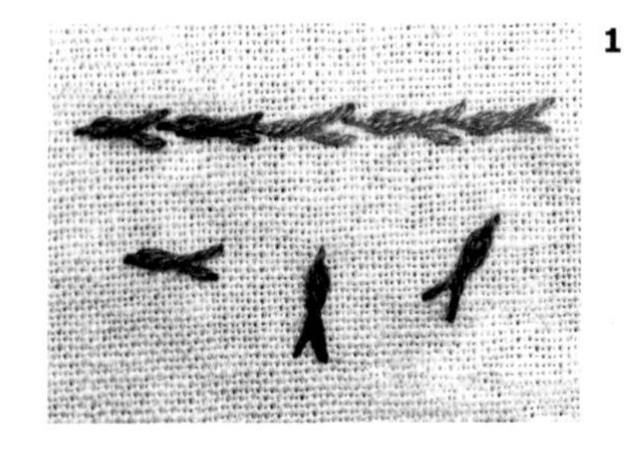

1

2

3

106 法國結粒雛菊繡 French Knotted Lazydaisy Stitch

★★☆

使用法國結粒繡來固定雛菊繡的尾端。

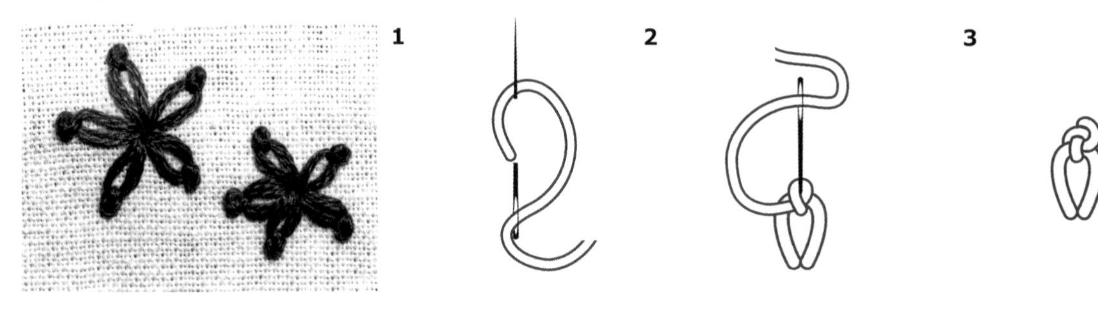

1~3 先做出雛菊繡的形狀，最後用法國結粒繡固定。

107 雛菊結繩繡 Lazy Rope Stitch

★☆☆

使用更小的雛菊繡來固定尾端。

2

3

108 花瓣繡 Petal Stitch

★★☆

Petal意指「花瓣」。一邊以輪廓繡描繪輪廓，一邊接連使用多個雛菊繡來裝飾線條。

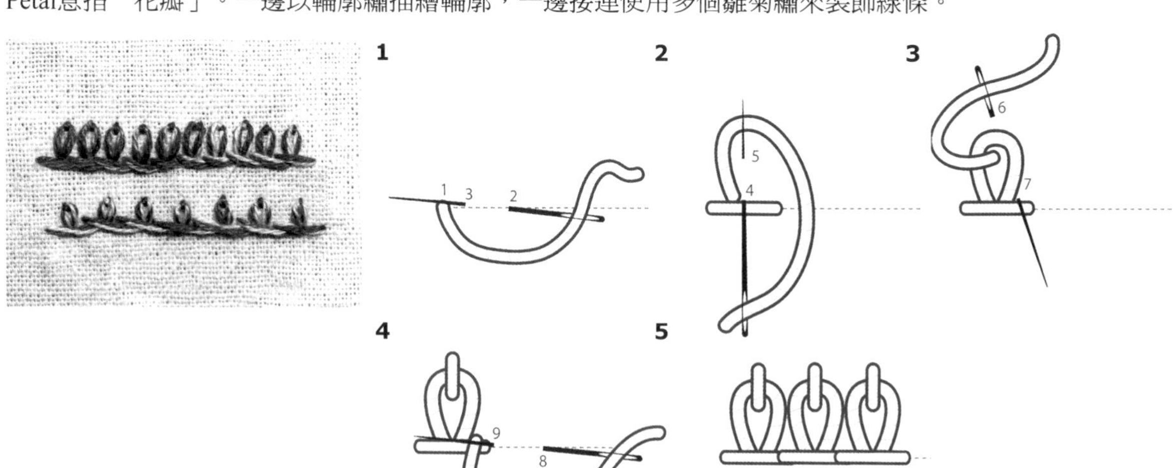

109 牛頭繡 Tête de Boeuf Stitch

★☆☆

Tête de Boeuf在法語中意指「牛頭」。此針法是在飛鳥繡的中心使用雛菊繡來固定，創造出牛頭般的造型。

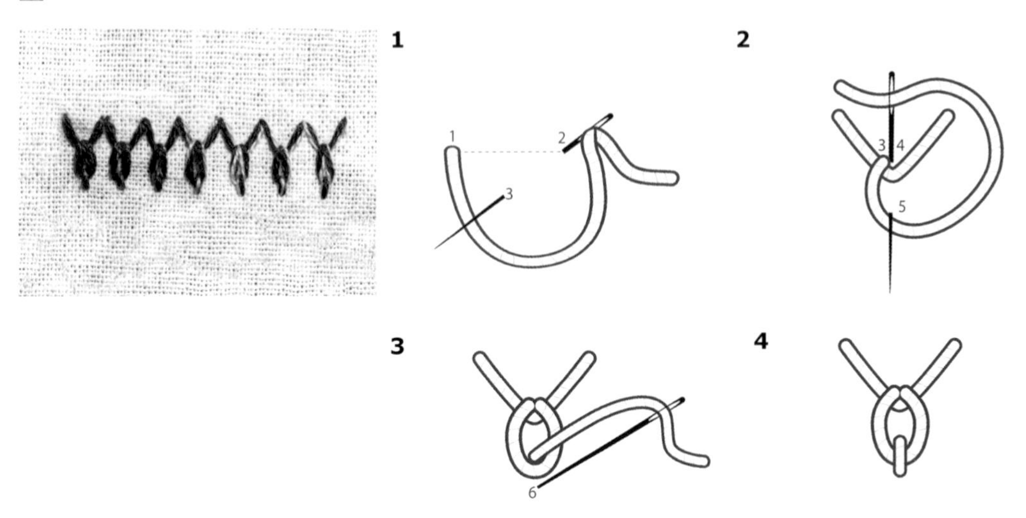

110 人字繡 Herringbone Stitch

★☆☆

Herringbone原指「太平洋鯡魚的骨頭」。此針法以X字形交叉刺繡，使每一段繡線底端相互交錯，由於造型就像好幾個「人」字形的排列而得稱。該技法亦稱為「千鳥繡」。

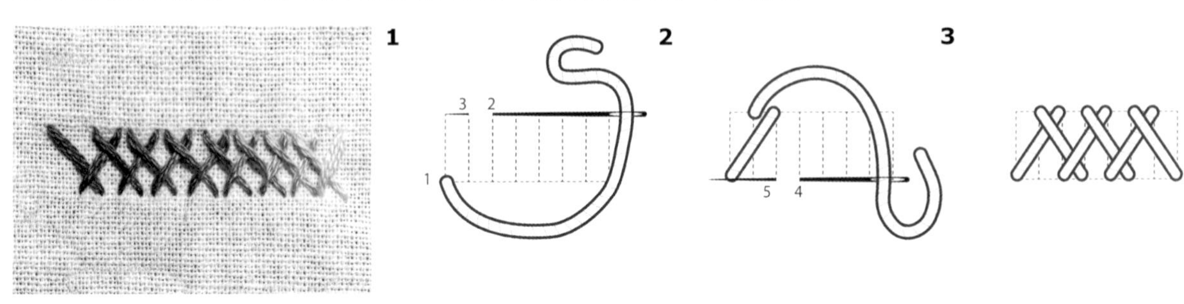

111 回針人字繡 Back Herringbone Stitch

★☆☆

先繡好人字繡後，再用另一繡線以回針繡固定人字繡的上下兩端交錯處。

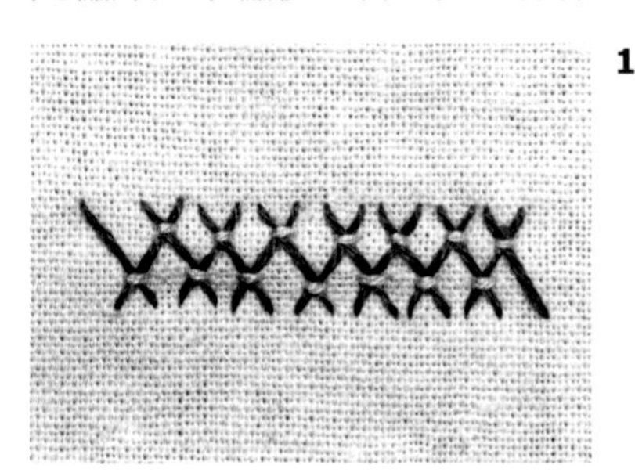

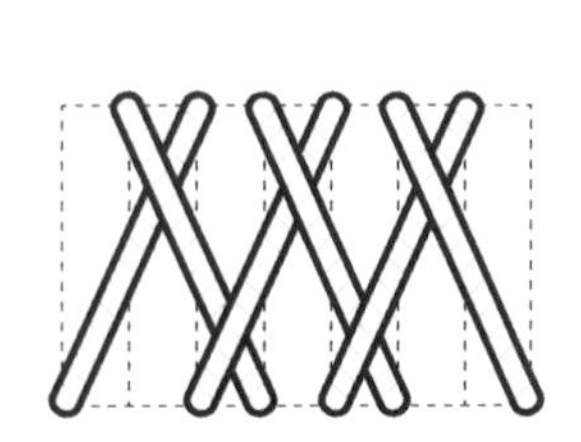

112 雙層人字繡 Double Herringbone Stitch

★★☆

完成人字繡後，於繡線的縫隙間，再以另一條線繡一層人字繡。

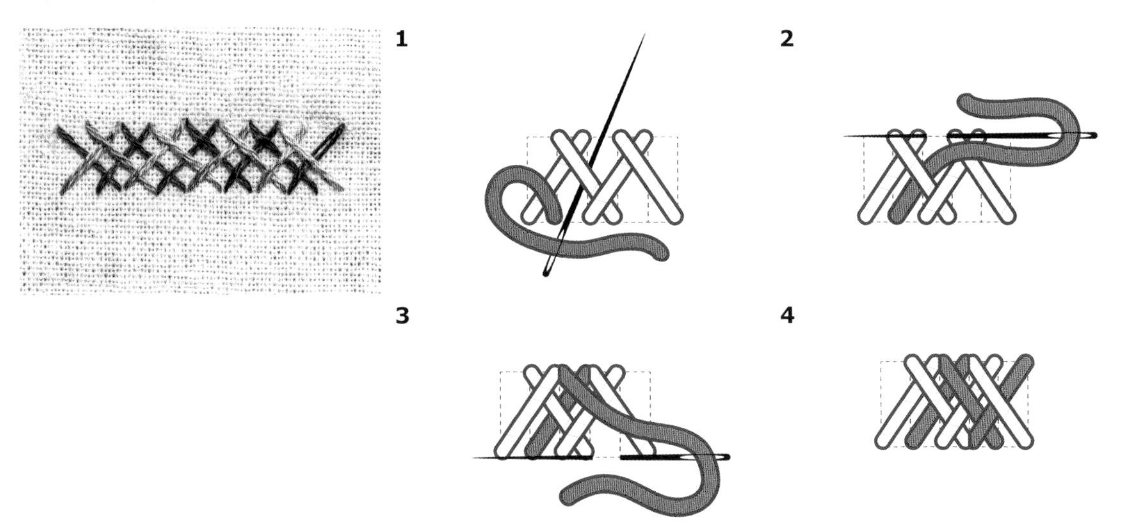

113 封閉型人字繡 Closed Herringbone Stitch

★★☆

間隔刻意縮小，並以較高密度完成的人字繡，藉此呈現出更有整體感的線條。

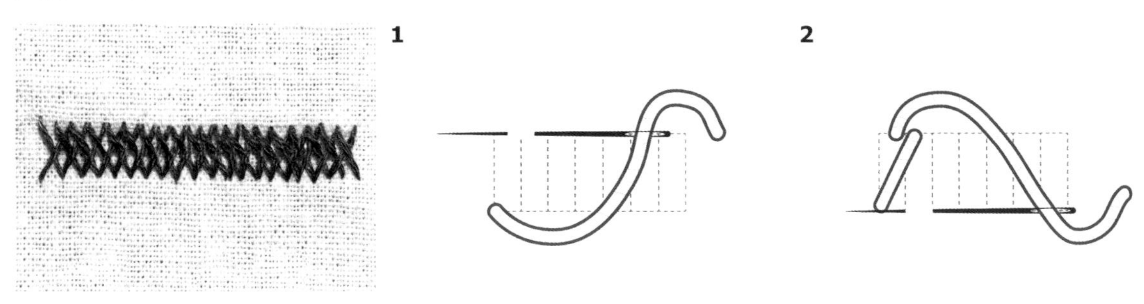

TIP

雙層人字繡 vs 封閉型人字繡

只使用單色繡線時，兩者完成的造型非常接近。但如果使用至少兩種顏色的繡線來完成雙層人字繡時，就能看出明顯差異。

114 縫線人字繡 Tucked Herringbone Stitch

★☆☆

Tucked意指「摺起的、收攏的」。此針法特色是在人字繡的交錯處任意縫上橫線、直線或十字交錯的圖樣。

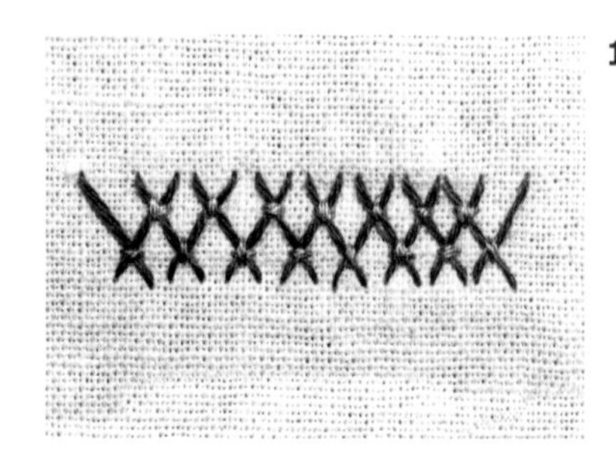

1

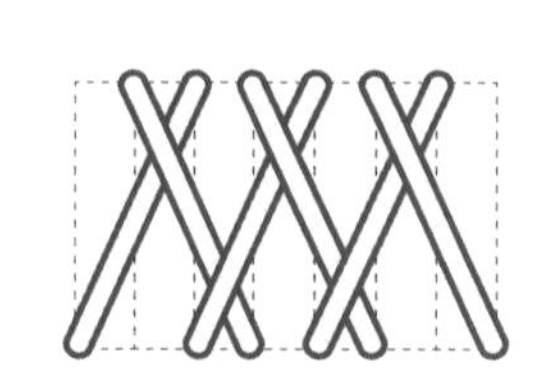

2

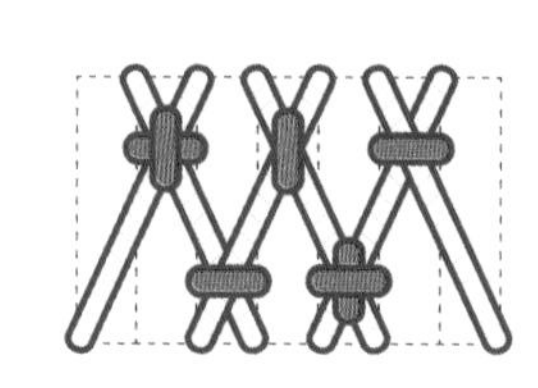

115 穿線人字繡 Threaded Herringbone Stitch

★☆☆

使用另一條繡線以波浪狀、不穿出布面的方式纏繞於人字繡上。

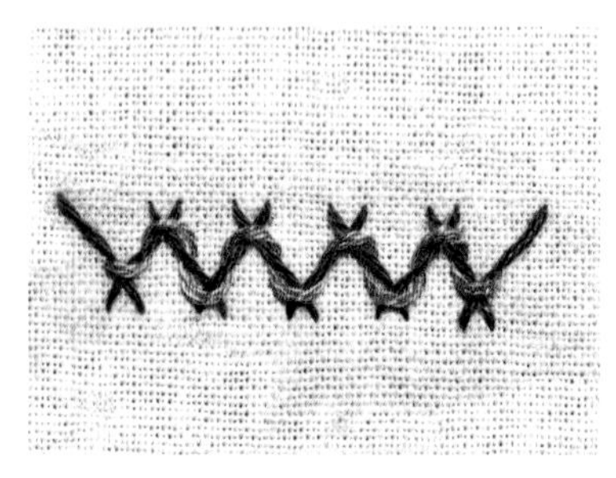

1

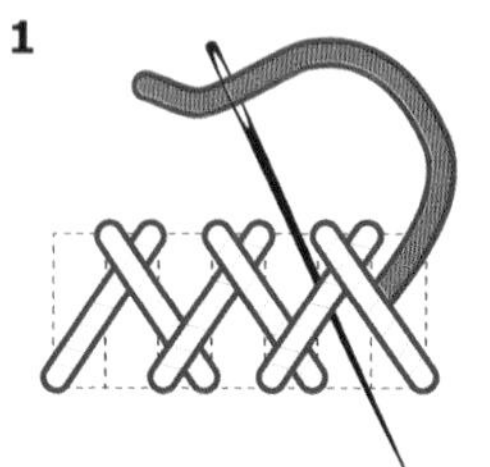

2

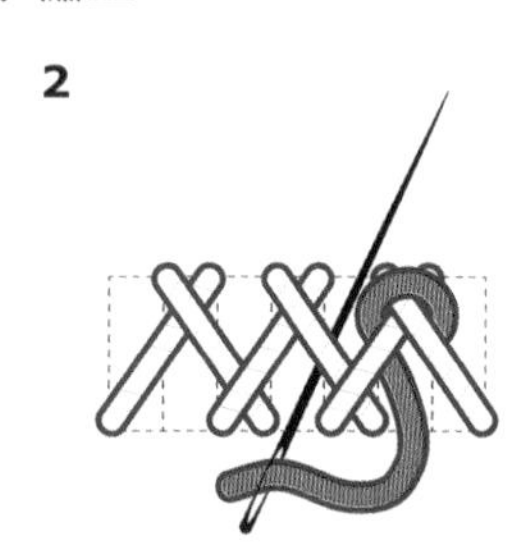

3

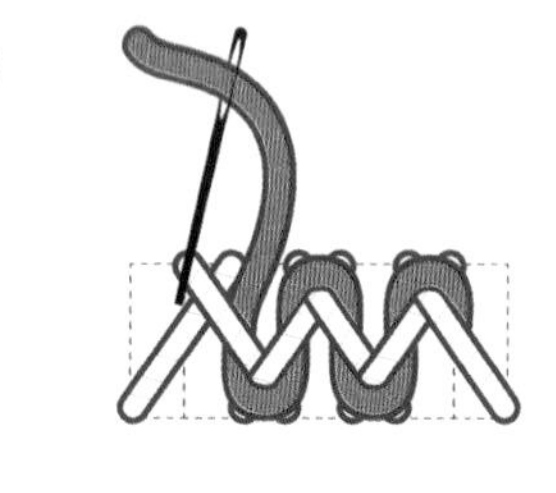

116 交織人字繡 Interlaced herringbone Stitch

★★☆

用來填滿圖面時可明顯呈現出鏤空花紋的質感。

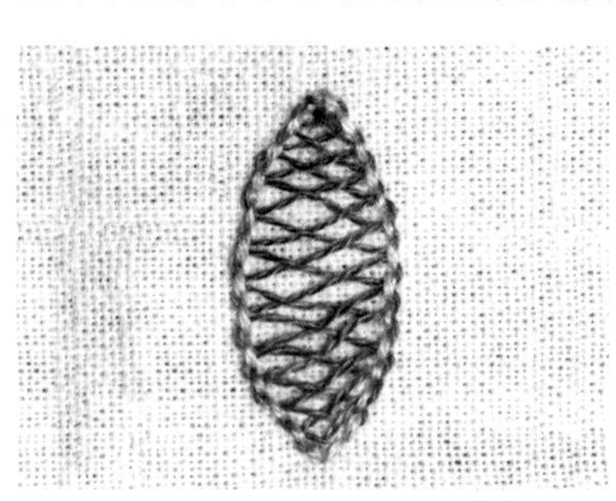

1

2

3

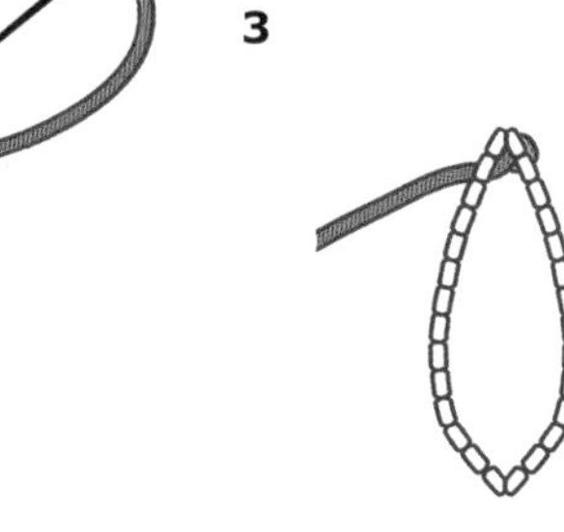

4

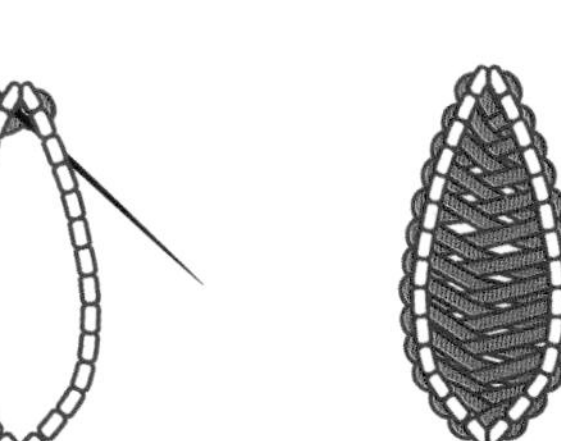

5

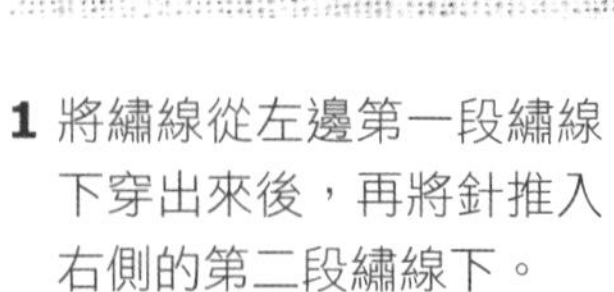

1 將繡線從左邊第一段繡線下穿出來後，再將針推入右側的第二段繡線下。
2 接著從右側第一段繡線下入針。
3 然後從左側第二段繡線下出針。
4 從左側第一段繡線下入針後，再將針推入右側第三段繡線下。
5 依上述步驟的規律：右二到右一、左二到左一、右四到右三、左四到左三的次序，依序完成。

117 人字梯填充繡 Herringbone Ladder Filling Stitch

★★☆

使用霍爾拜因繡（第25頁）或回針繡（第26頁）完成兩條平行的線段，再以繡線編織成網狀的梯子圖樣。可呈現出帶有蕾絲質感的魅力線條。

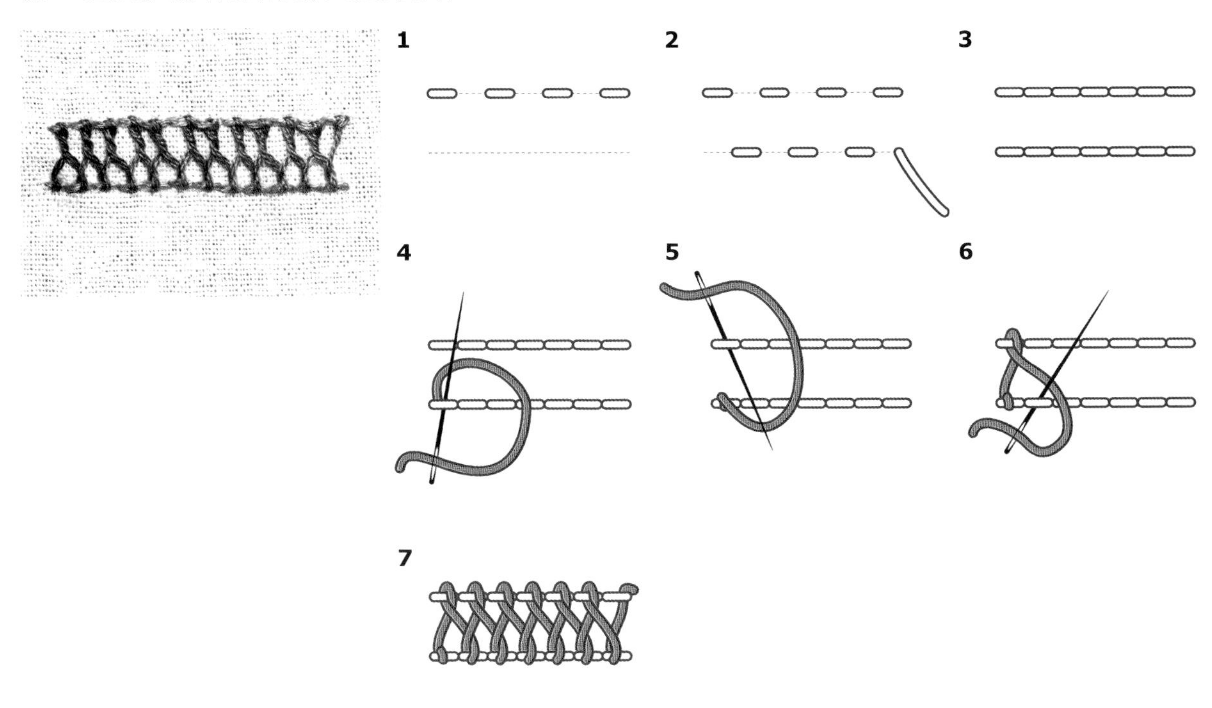

118 布列塔尼繡 Breton Stitch

★★☆

將人字繡扭成麻花捲般的造型。在兩條平行線段間刻意用較寬的間距來刺繡，特別適合用在作品邊緣的裝飾。

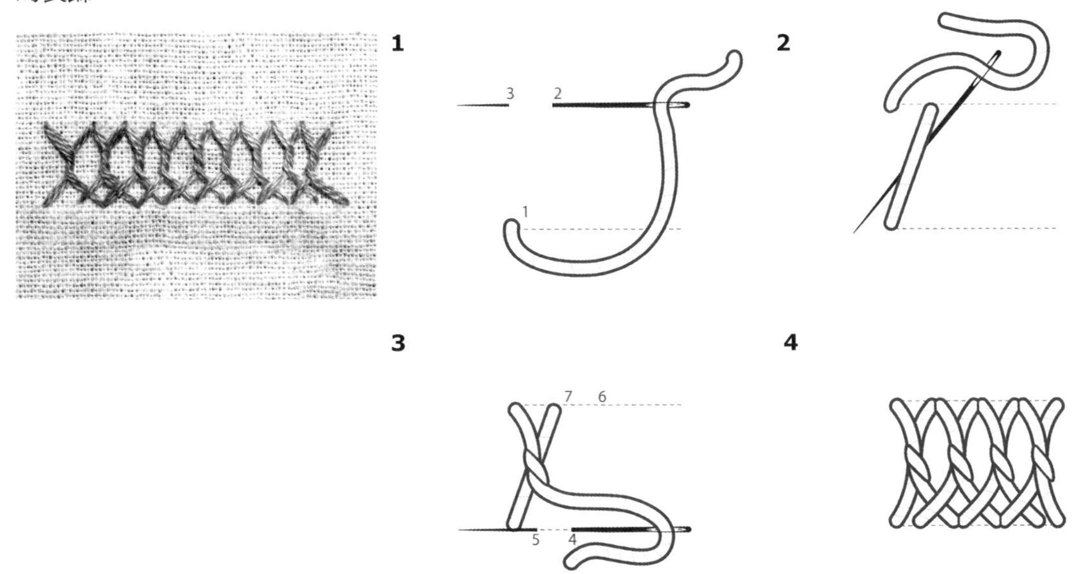

1~4 進行人字繡的一般步驟時，在中間交錯處先扭轉一次再入針，重複此動作即可依序完成。

119 帽緣繡 Bonnet Stitch

★★☆

具蕾絲質感的針法，同樣適合用在裝飾作品邊緣。

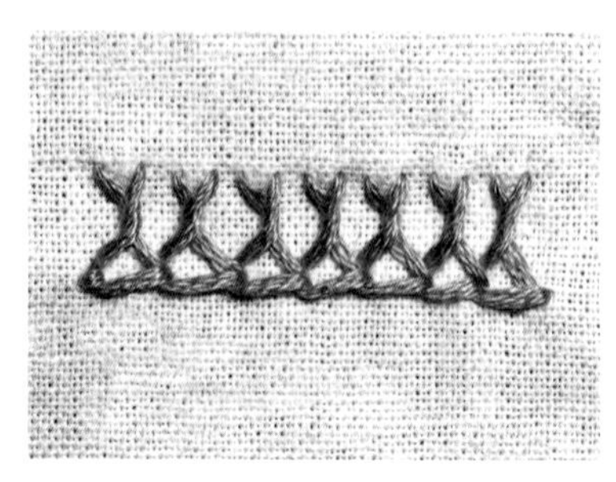

1 2

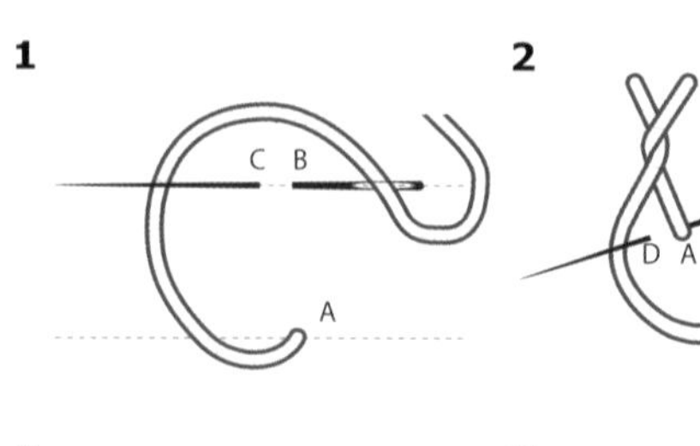

3

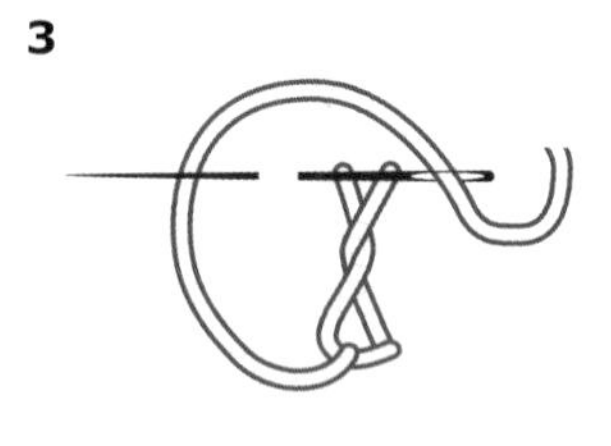

4 5

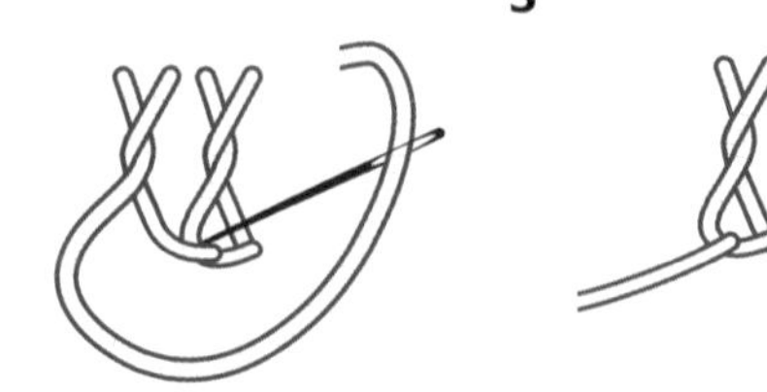

6

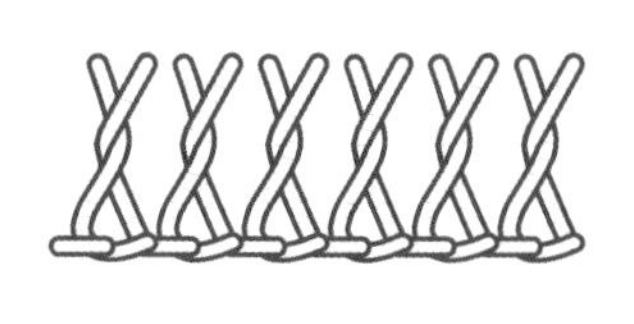

1 從位置A出針後，將針穿入與A相對的位置B，再從位置C出針。

2 拉緊繡線後，從位置A入針，再從位置D出針。

3~6 重複步驟**1~2**。

120 捆線繡 Bundle Stitch

★★☆

Bundle意指「捆成一束」。以相同間隔繡出多條平行的直線繡後，再從中間將多條繡線捆成一束。

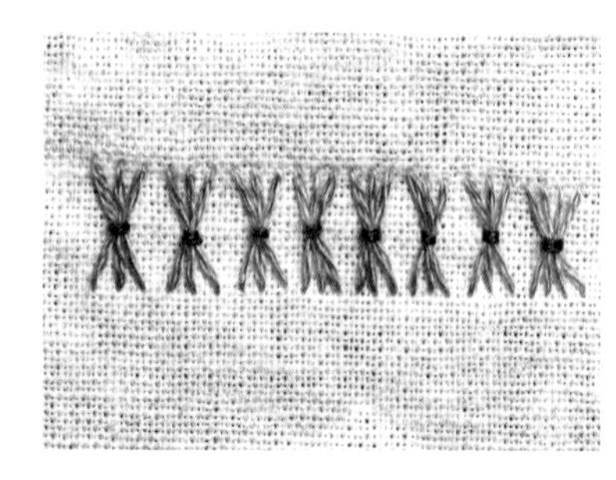

1

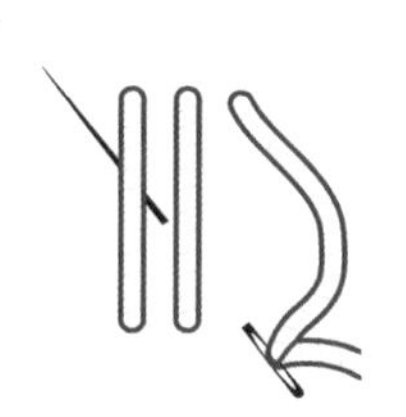

2

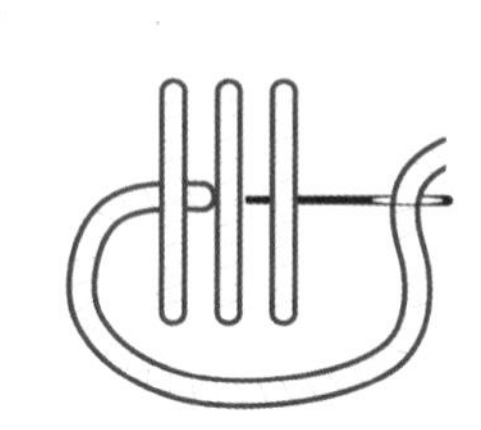

3

1 以相同間隔繡好三條直線，從中間位置出針。

2~3 將針繞三條直線繡一圈後，穿入剛開始出針的位置拉緊即完成。

121 基本捆線填充繡 Base Fagot Filling Stitch

★★☆

Fagot意指「捆線」。完成多個捆線繡後，再使用其他繡線上下交叉穿過捆綁處。

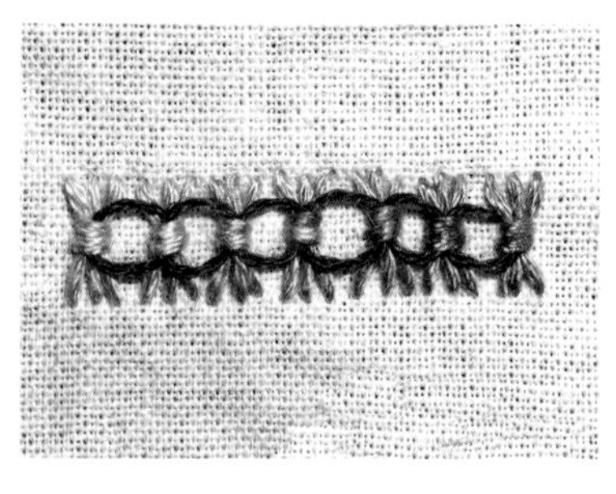

1

2

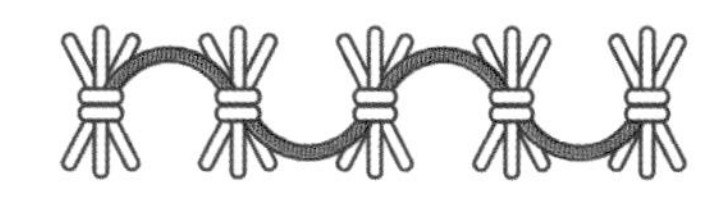

3

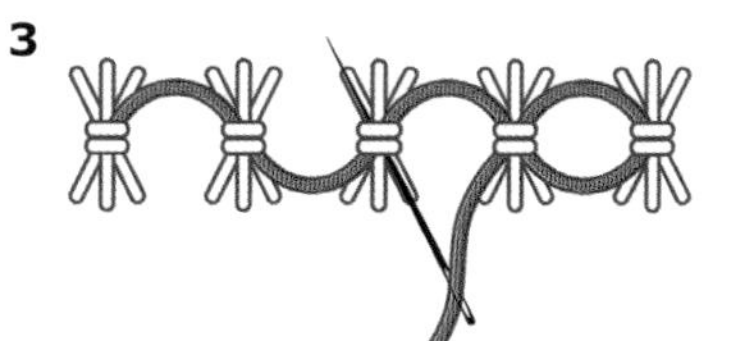

1 以捆線繡繞捆兩次，將繡線三條一束捆住。

2 使用其他繡線穿過捆線的位置，營造出波浪造型。

3 同一條繡線從相反方向再回穿過一次捆綁的位置，完成。

122 結粒捆線繡 Knotted Sheaf Stitch

★★☆

Knotted Sheaf意指「結粒的捆線」。先繡好四條直線繡，再用珊瑚繡從中間將繡線捆綁成束。

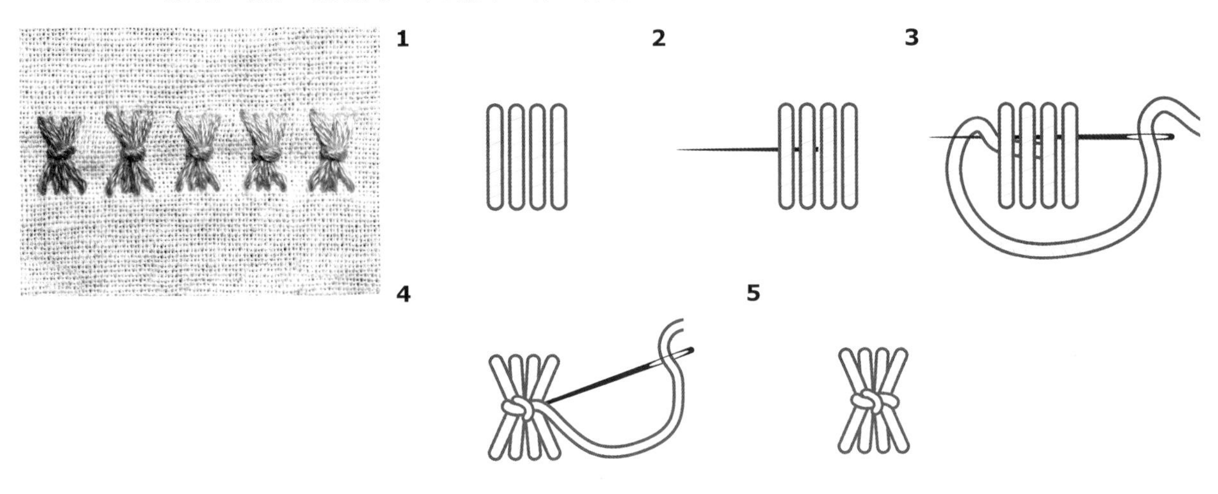

1 繡好四條平行的直線繡。
2 從中間位置出針。
3 如圖所示，將針推入繡線下方，把繡線捲上去後，再將針抽出。
4 拉緊繡線，將針從捆住的繡線下方的中間位置穿入布面收針，完成。

123 捆線填充繡 Sheaf Filling Stitch

★★☆

Sheaf意指「捆線」。繡好三條緊鄰的直針繡，再用其他繡線從中間繞捆兩次，如同捆稻草一般。

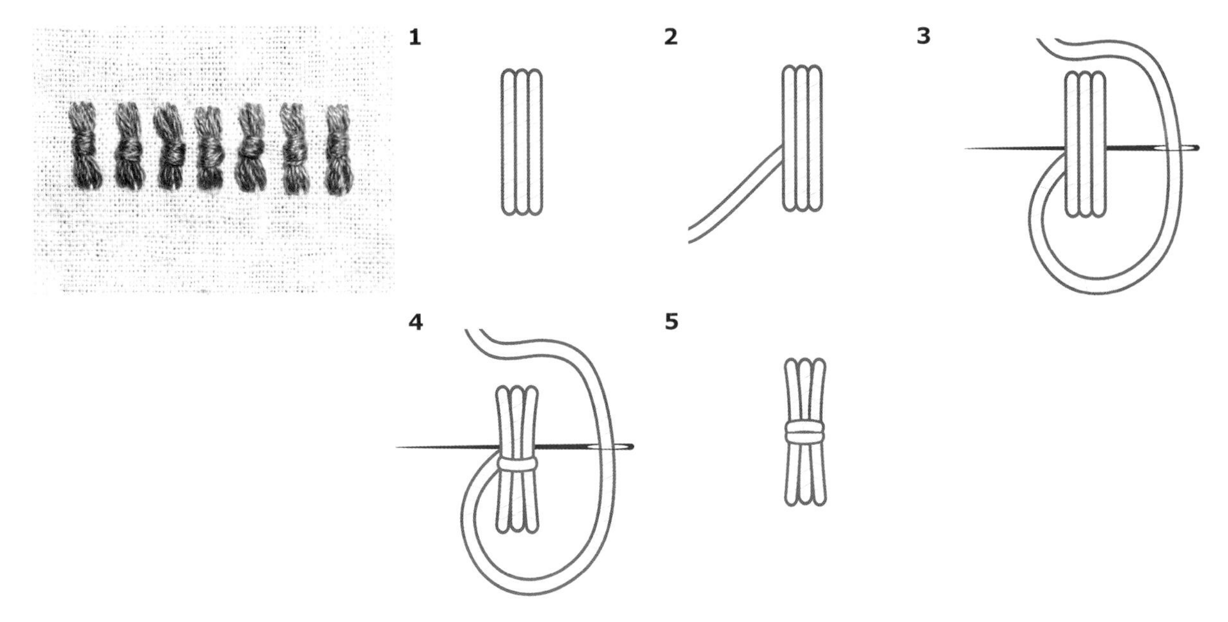

1~2 繡好三條緊鄰的直線繡，接著將針從三條繡線下方中央抽出。
3 針不穿過布面，僅繞捆後推入繡線下方。
4~5 再繞捆一圈，最後將針穿入繡線下方中央處，完成。

124 線圈繡 Guilloche Stitch

★☆☆

Guilloche意指「扭索紋」。以相同間隔繡好三條一組的短橫線，再使用其他繡線穿梭於每組繡線，製造出帶狀的裝飾紋樣。

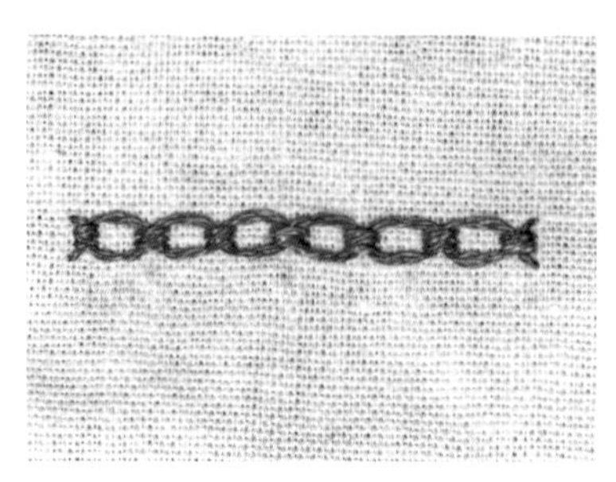

1 2

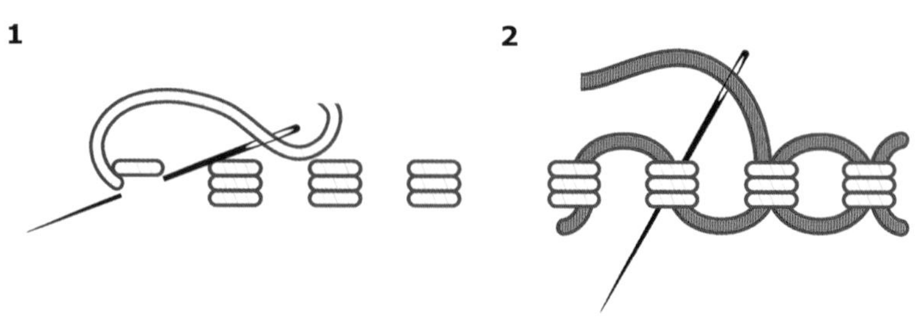

1 使用直針繡做出三條一組的短橫線，每組的間隔相同，如上圖。

2 使用其他繡線從兩側繞進、再繞出於每三條一組的繡線間，針不穿過布面。

125 羅馬繡 Roumanian Stitch

★★☆

適用於呈現較寬的線條。又稱為「羅馬尼亞繡」，若使用漸層色的繡線，更能表現出紋樣的質感。

1

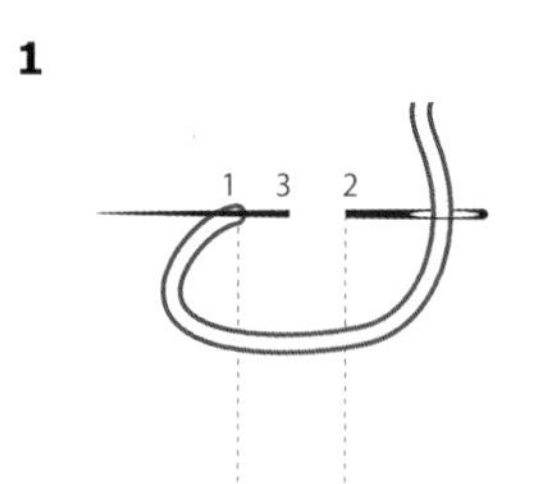

2

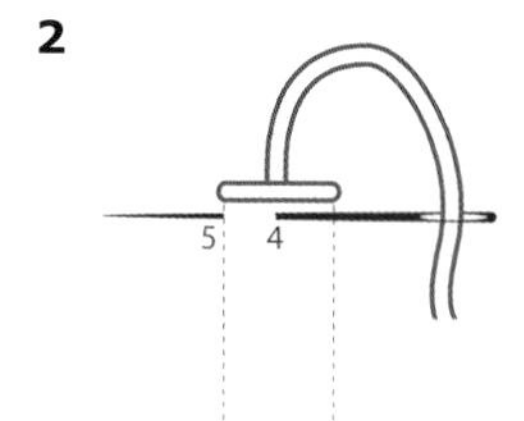

3

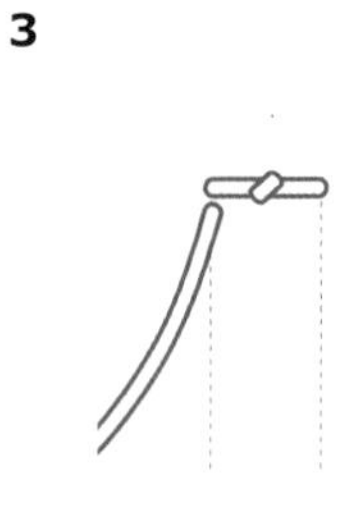

4

7 6

5

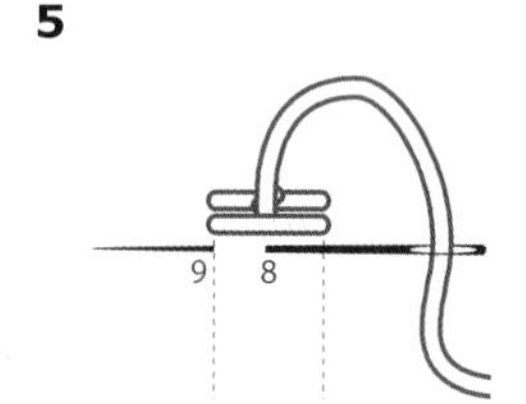

6

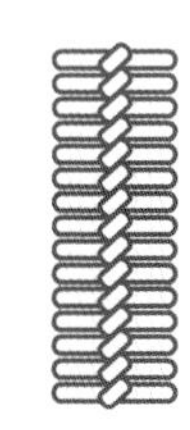

126 十字直線繡 Cross and Straight Stitch

★★☆

連續使用多個十字繡和直針繡，呈現出寬線條的樣式。

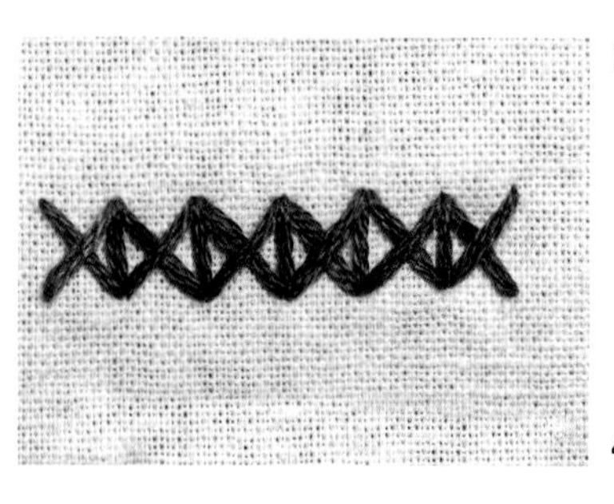

1

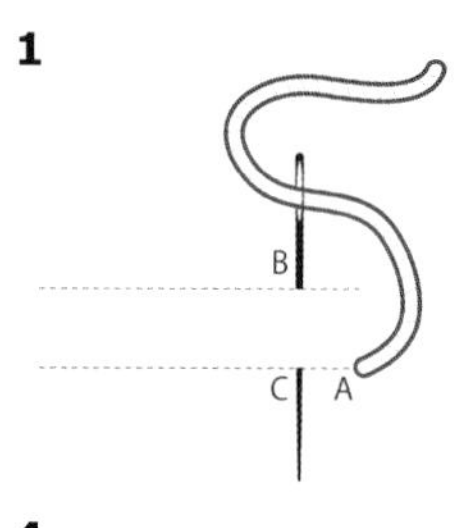

2

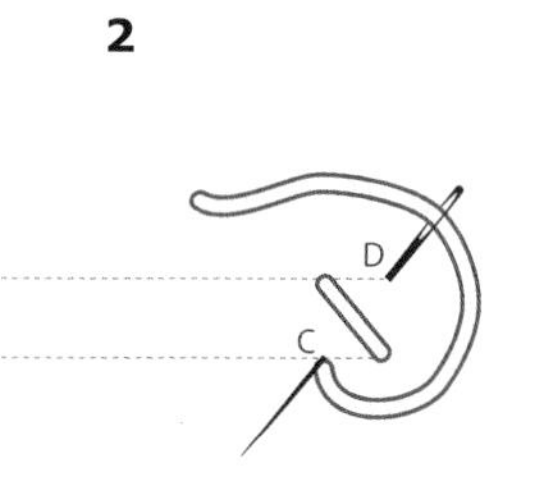

3

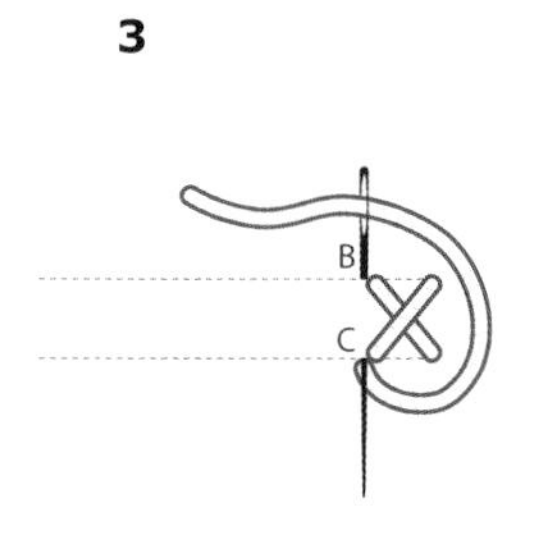

4

127 結粒珍珠繡 Knotted Pearl Stitch ★★☆

適用於呈現華麗的邊緣線條。

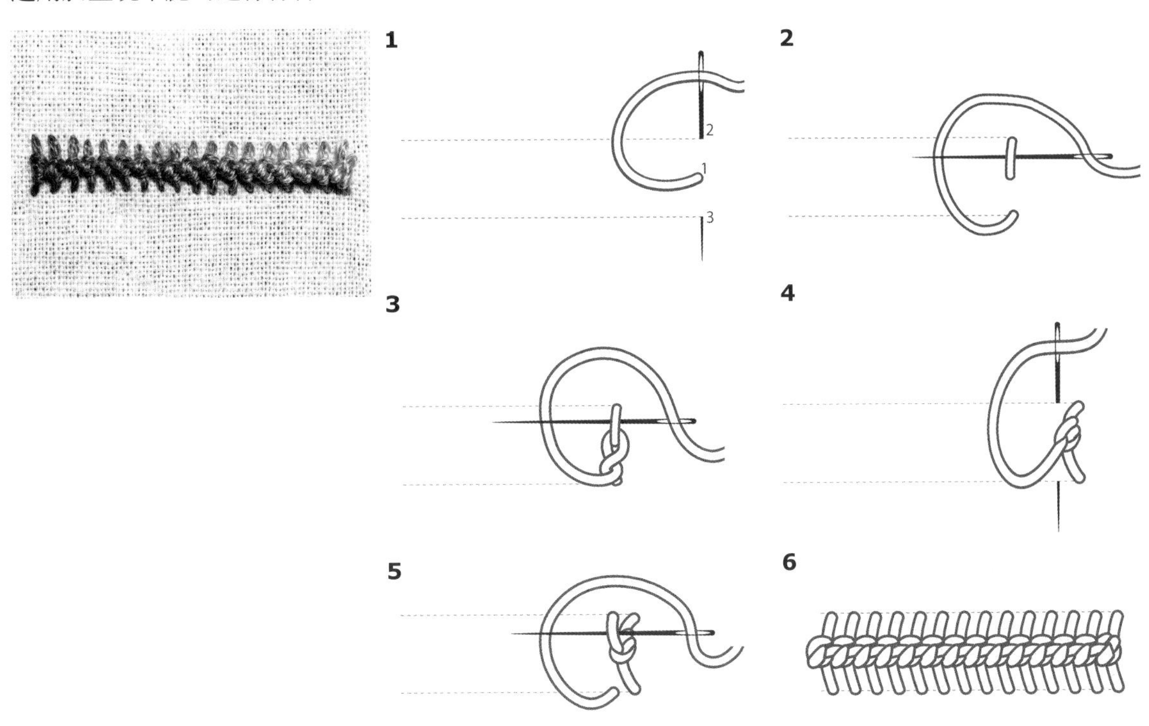

1~2 畫好兩條平行線後，如圖繡出一短線段，再將針從線段下穿出（請注意針、線的上下位置）。

3 如圖，先將線段上的打結處下拉，將針再穿出繡線一次。

4 將繡線往左側拉緊後，以和步驟**1**的位置2、3緊鄰的距離入針、出針。

5~6 接著再將針從如圖的位置穿出，並重複步驟**1~5**即完成。

128 索貝羅繡 Sorbello Stitch ★★☆

將德國結粒繡（第61頁）的扭結造型拉長，製作出可愛的紋樣。此針法為義大利傳統刺繡針法，名稱源自義大利的村莊「索貝羅」。

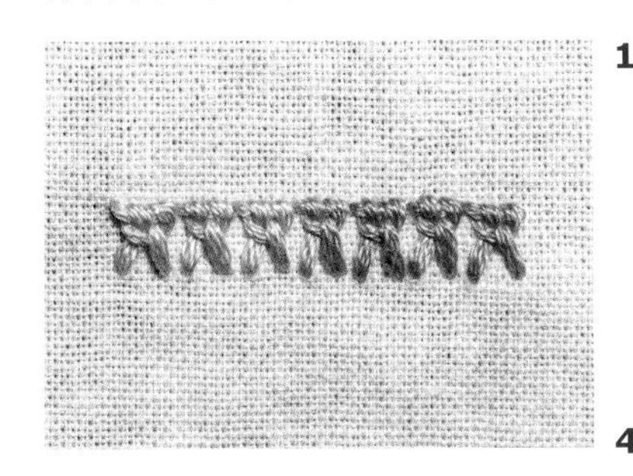

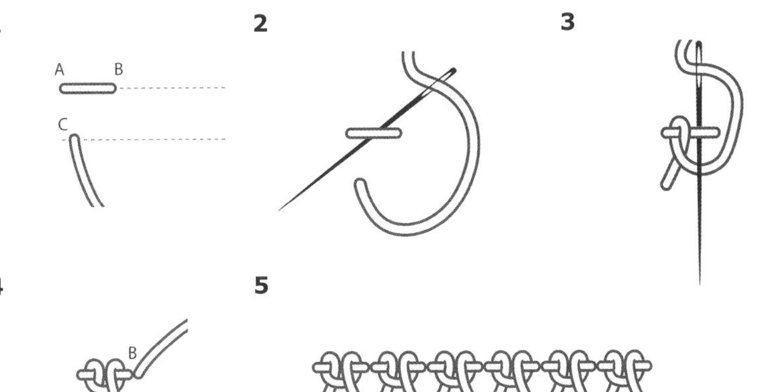

1~4 完成一德國結粒繡後，從步驟**4**位置D入針，再從位置B出針。

5 重複步驟**1~4**即完成索貝羅繡。

129 中國結粒繡 Chinese Knot Stitch

★★☆

源於中式刺繡的針法，適用於呈現有立體感的邊緣紋樣。

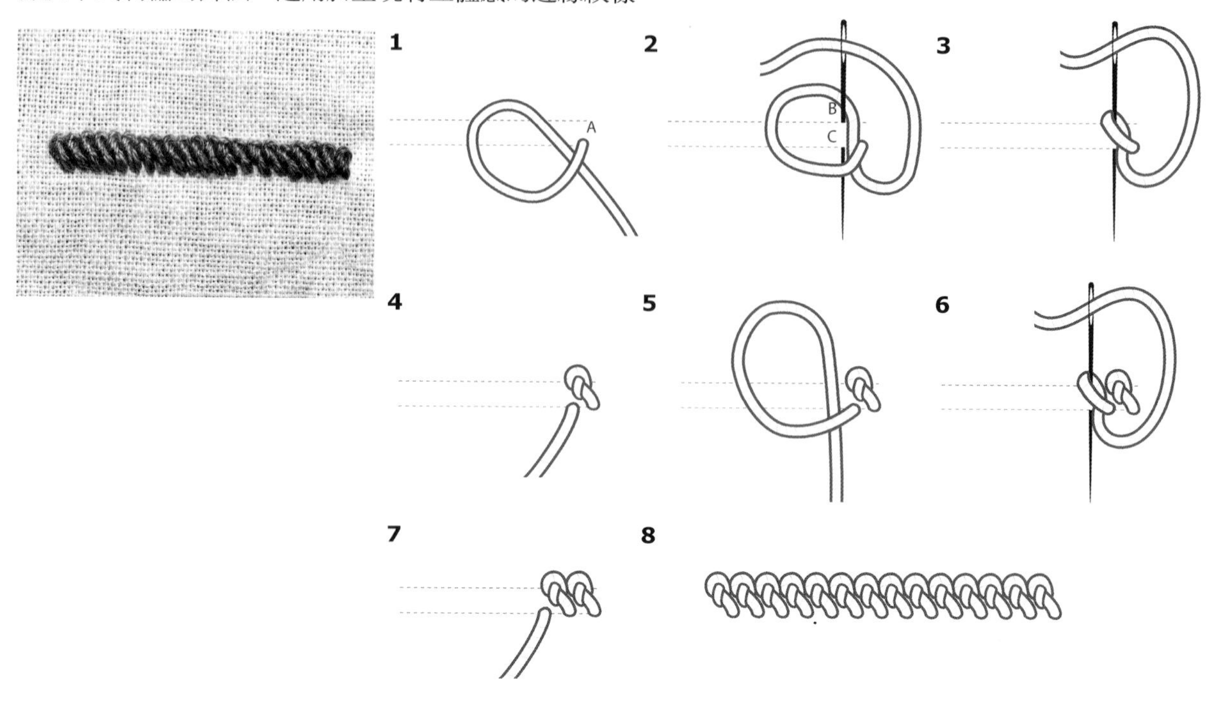

1 如圖所示，從位置A出針後，繞出一個圈圈。

2~3 將針穿入圈圈內的位置B，再從位置C抽出。

4 拉緊繡線，完成一個中國結粒繡。

5~8 重複步驟**1~4**。

130 立體結粒繡 Raised Knot Stitch

★★☆

連續繡出多個十字造型，互相交錯出富有魅力的線條。

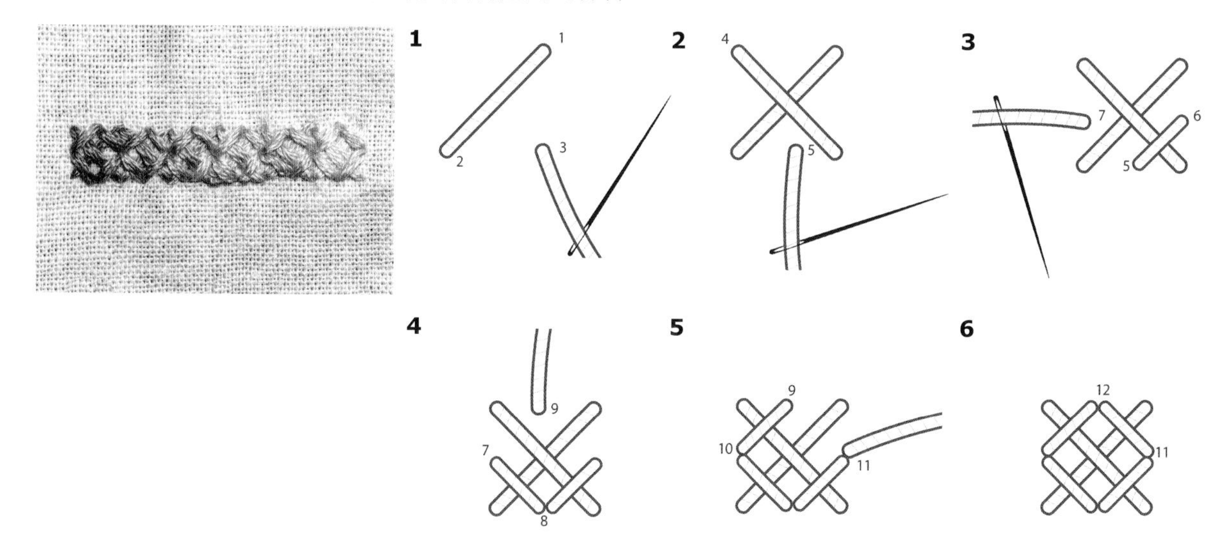

131 鎖鏈十字繡 Chained Cross Stitch ★★☆

以鎖鏈繡完成十字繡的其中一劃，適用於裝飾較寬的線條。

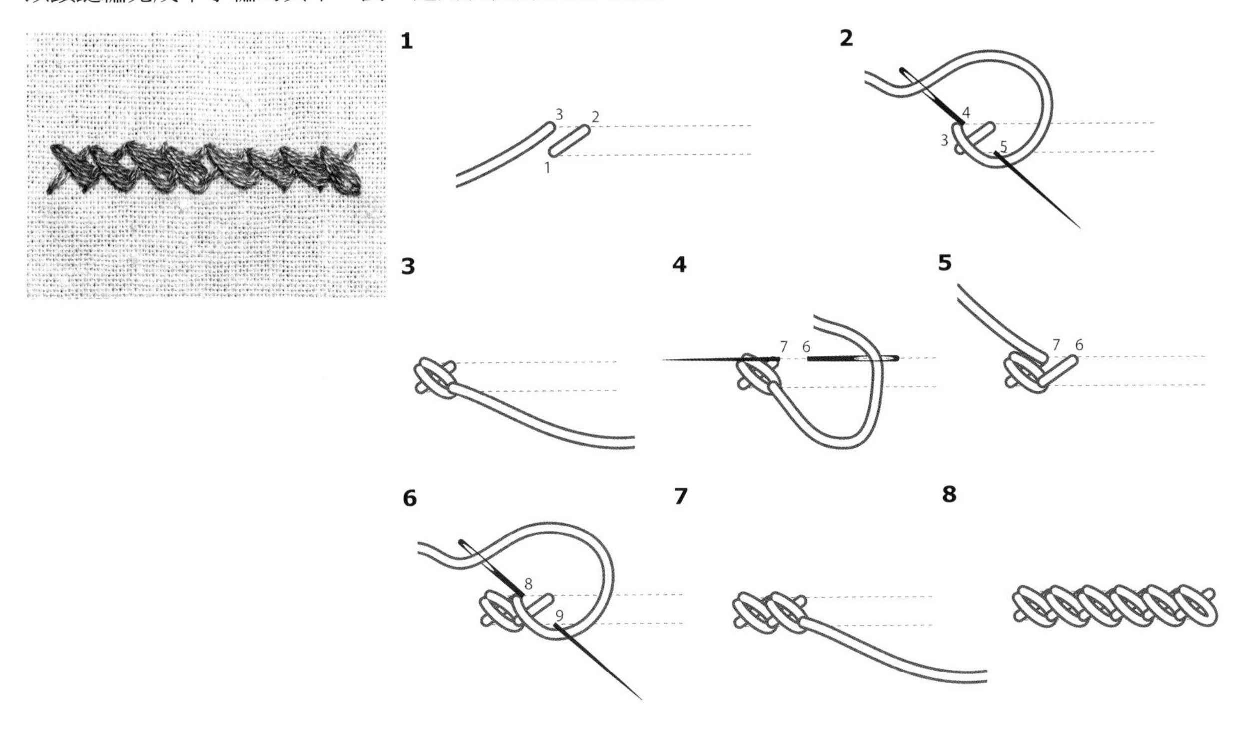

132 山形繡 Chevron Stitch ★★☆

使用多條斜向繡線連結短横向繡線，呈現網狀造型，適合用以填滿圖面。

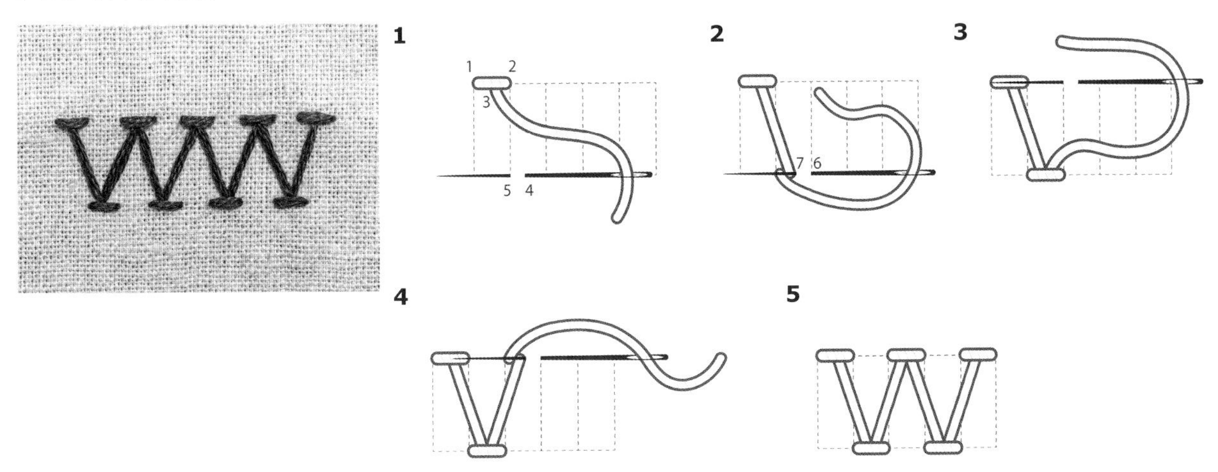

133 半幅山形繡 Half Chevron Stitch

★★☆

僅用山形繡半邊的造型，就能創造出與山形繡截然不同的線條。

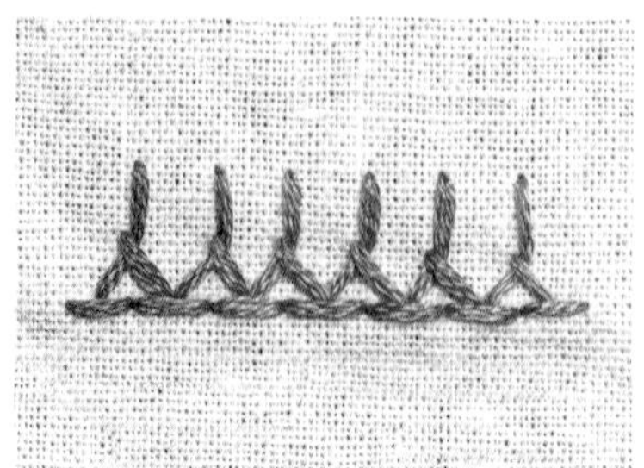

1

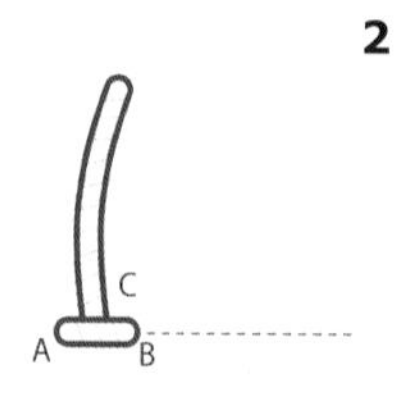

2

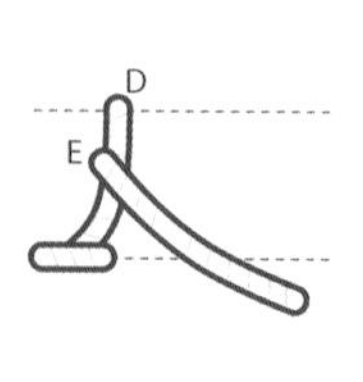

3

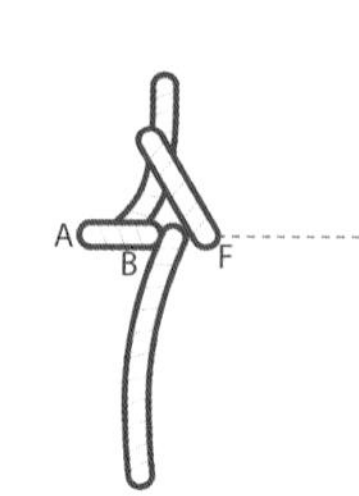

4

5

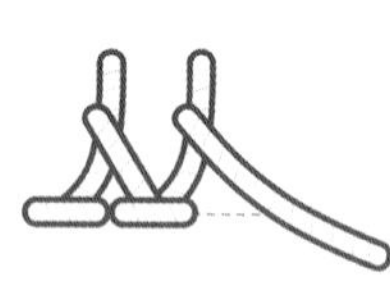

1 從A、B中間正上方的位置C出針。
2 從位置D入針後，再從位置E出針。
3 從位置F入針，再回到位置B出針。注意位置F和位置B的距離為A和B間距的一半。
4 從位置G入針，再從位置F出針。位置F和位置G的距離，為B和G間距的一半。
5 持續重複步驟**1~4**。

134 穿線山形繡 Threaded Chevron Stitch

★★☆

用另一條繡線以波浪狀纏繞於山形繡之上。

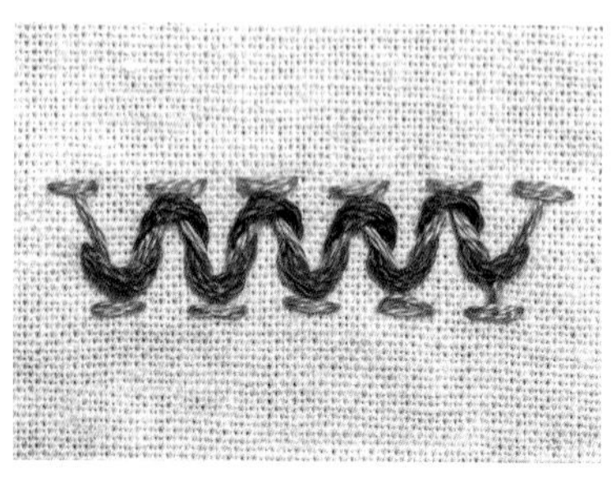

1

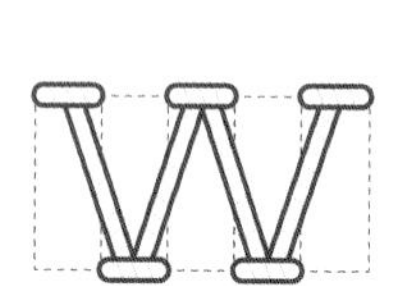

2

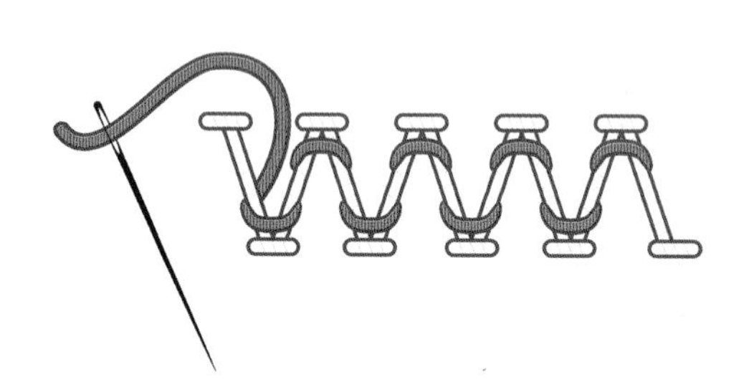

135 雙層山形繡 Double Chevron Stitch

★★☆

交替完成雙層山形繡。

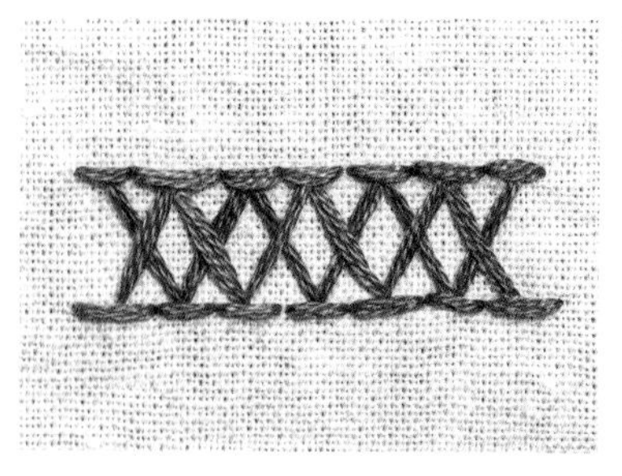

1

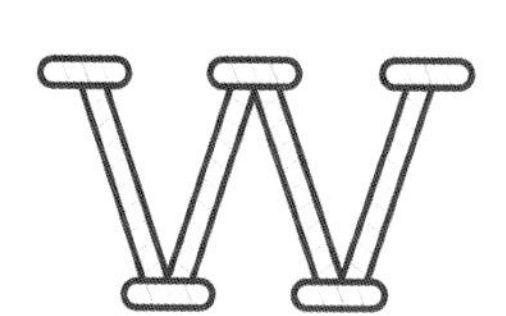

2

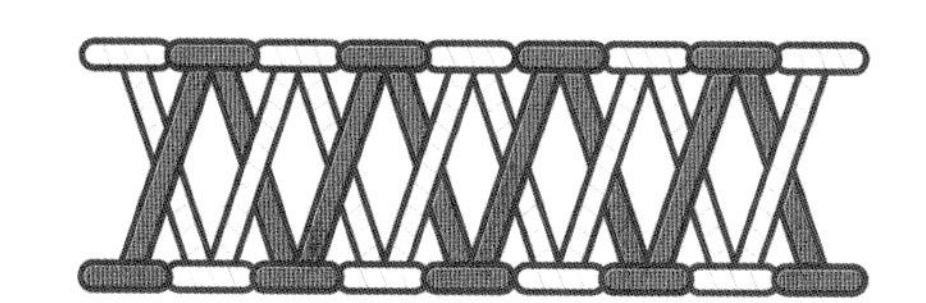

136 繞線山形繡 Whipped Chevron Stitch ★★☆

先等距繡好V字造型的直針繡，再使用另一條繡線完成山形繡，工整中帶有別緻感。

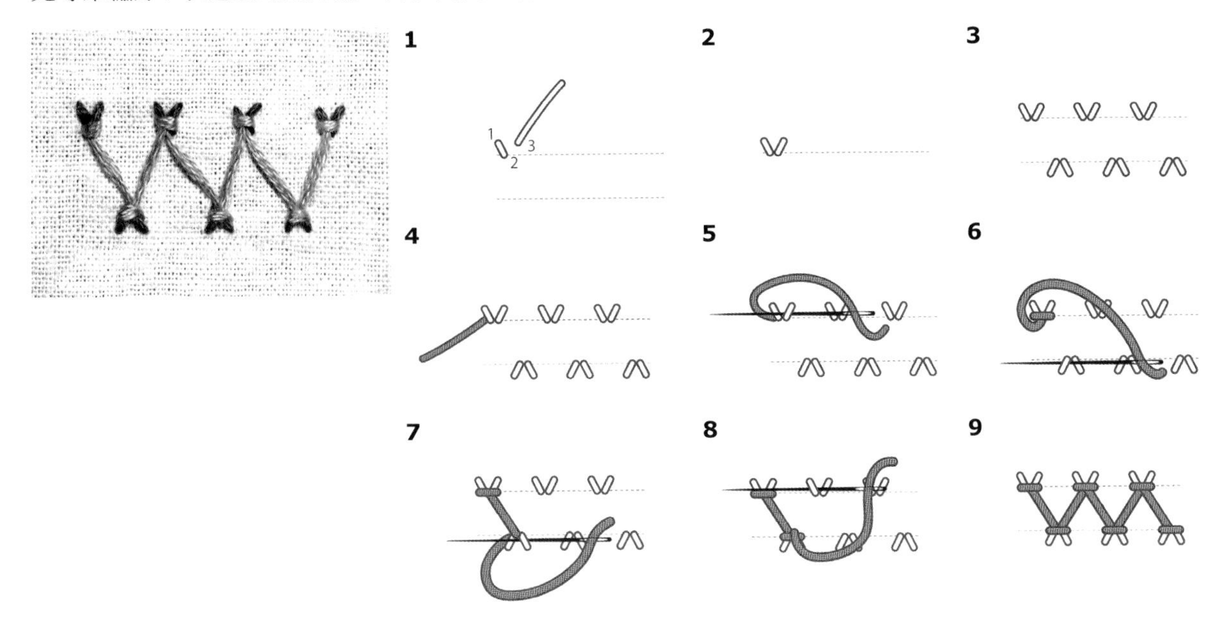

137 釦眼繡 Buttonhole Stitch ★☆☆

因製作鈕釦洞時會用到的針法而得此名。可裝飾布料的邊緣，同時避免脫線。

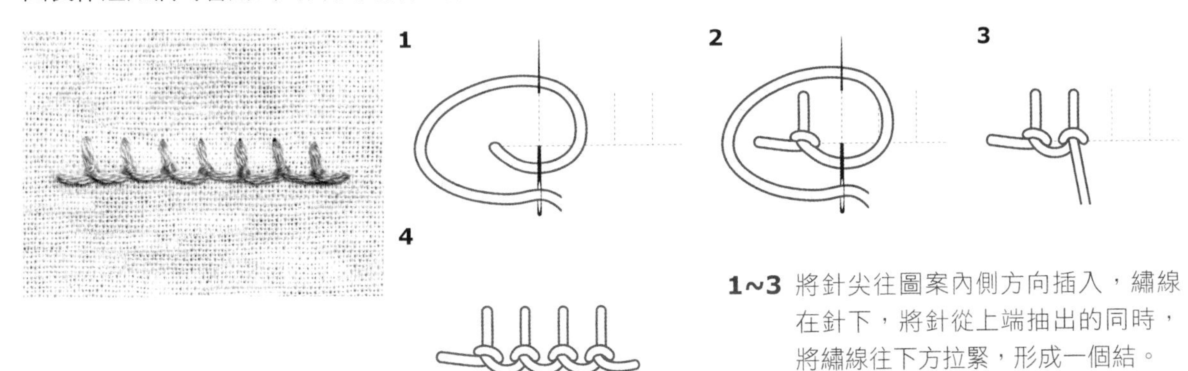

1~3 將針尖往圖案內側方向插入，繡線在針下，將針從上端抽出的同時，將繡線往下方拉緊，形成一個結。

4 重複動作完成。

138 毛邊繡 Blanket Stitch ★☆☆

源自於裝飾毛毯邊緣，是已經流傳千年的針法。其直角造型非常適用於妝點布料的邊角。

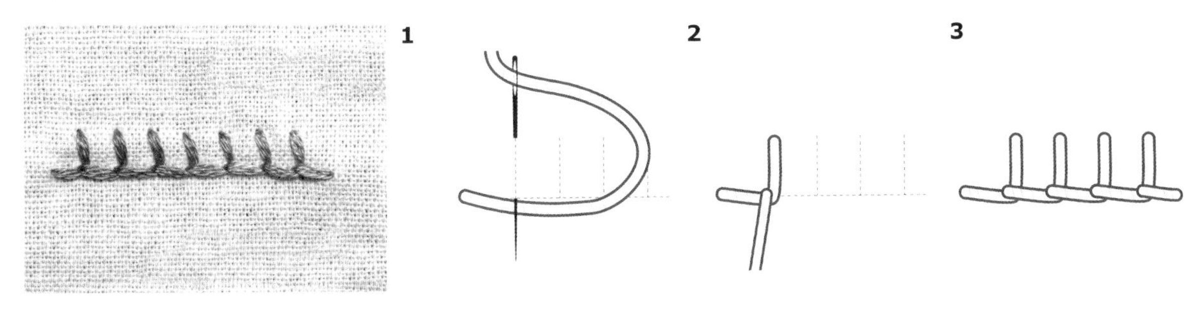

139 輪狀毛邊繡 Blanket Ring Stitch

★☆☆

將毛邊繡繡成圓形的針法，又稱為「圓形釦眼（Circle Buttonhole）繡、輪狀釦眼（Buttonhole Wheel）繡、環形釦眼（Buttonhole Ring）繡」。

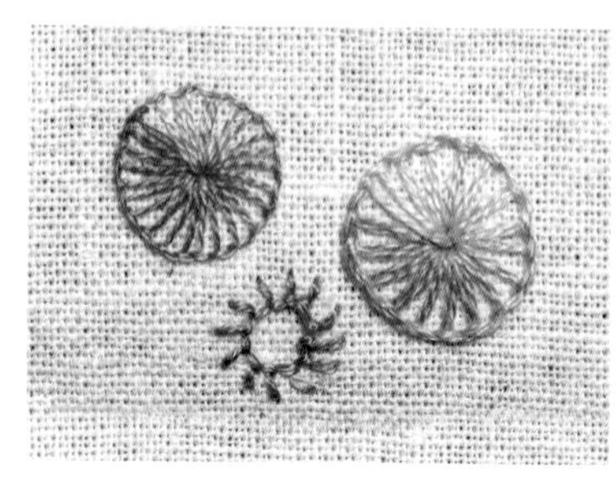

1

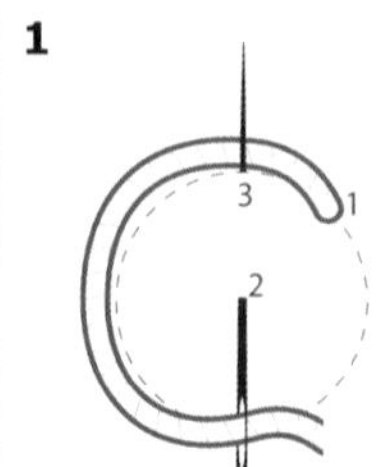

2

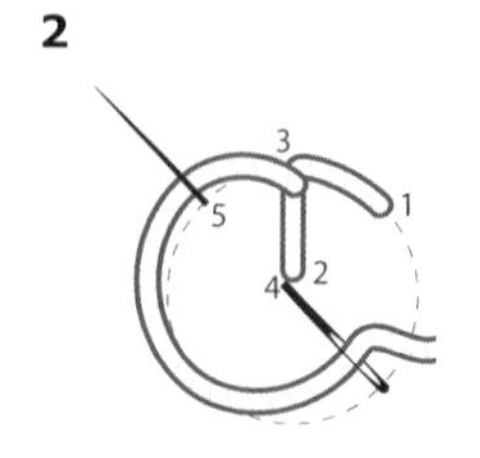

3

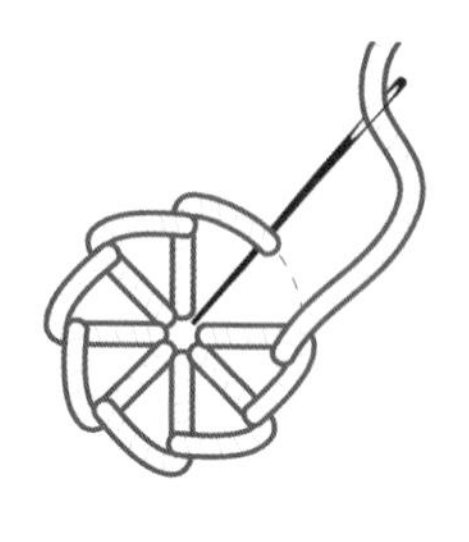

1 從位置1出針後，讓線繞出一個圓弧，再從位置2入針，接著從位置3穿出。

2 再從位置2旁邊一點點的位置4入針、從位置5出針，製造出第二個圓弧。

3 重複**1~2**，完成一個輪狀造型。

140 半輪狀毛邊繡 Half Blanket Ring Stitch

★☆☆

以一半的輪狀毛邊繡造型繡成，又稱「半圓形釦眼（Half Circle Buttonhole）繡」。

1

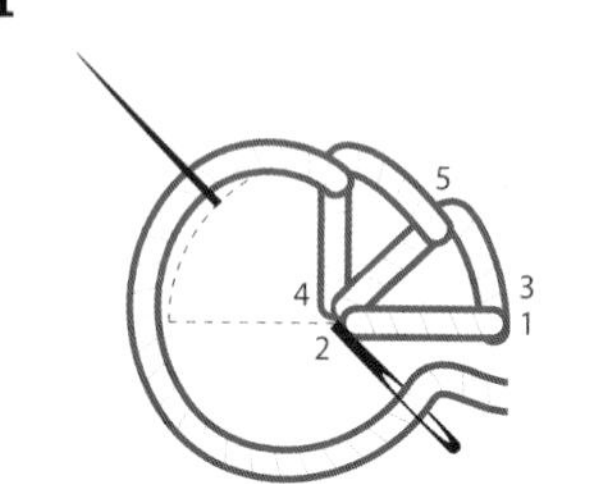

2

1 從位置1出針、位置2入針，做出半輪狀的第一個邊線，接著從1旁邊一點點的位置3出針後，從位置2旁邊一點點的位置4入針，此時不能把針完全拉出布面下，要保留一點繡線拉出扇形的圓弧，再從位置5出針。

2 反覆以上動作完成數個扇形，完成。

TIP

釦眼繡 vs 毛邊繡（75頁）

這兩個針法的造型很雷同，各自也有多種變形針法，有些刺繡教學書甚至混用這兩款名稱。但兩者針法的細節並不同，釦眼繡是將針尖往圖案內側方向插入，繞線打結；毛邊繡則是將針往圖案外側方向插入，讓繡線彼此交疊，沒有打結。

141 交叉毛邊繡 Crossed Blanket Stitch ★★☆

使毛邊繡的繡線彼此交錯成X字形。

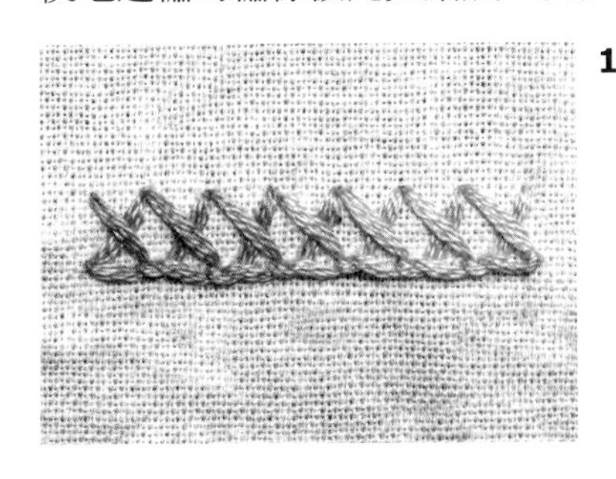

1

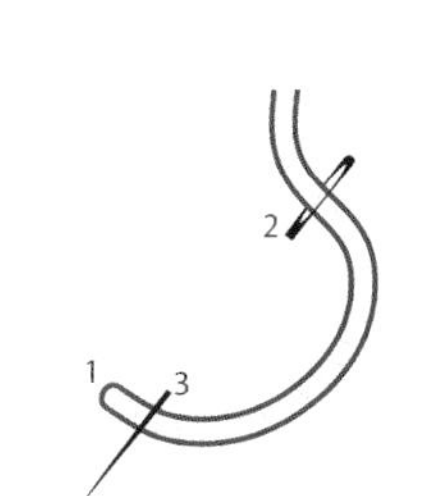

2

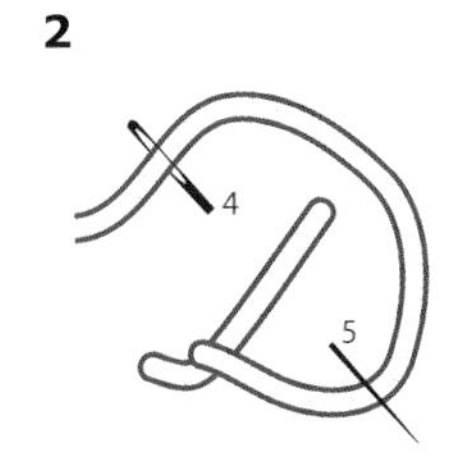

3

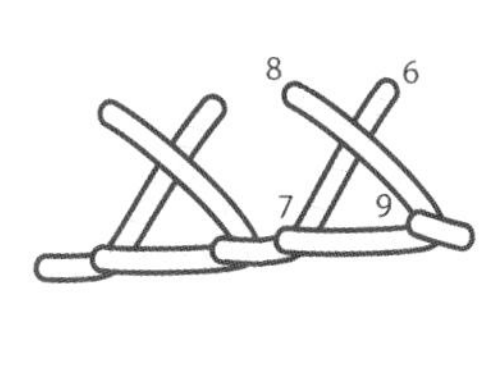

142 雙毛邊繡 Double Blanket Stitch ★★☆

先繡好一條毛邊繡，接著將布面轉180度，繡上第二條反向的毛邊繡。可呈現出緊密織結的鮮明輪廓。

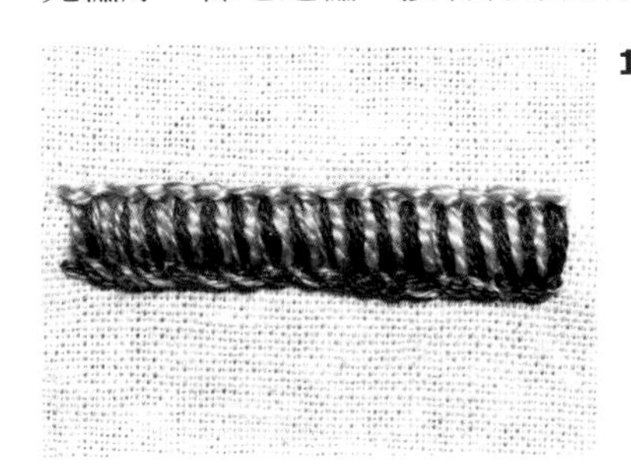

1

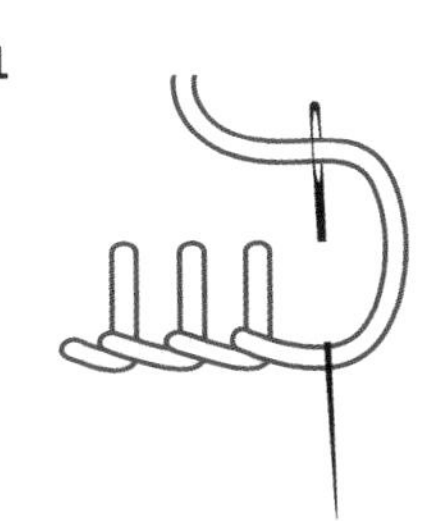

2

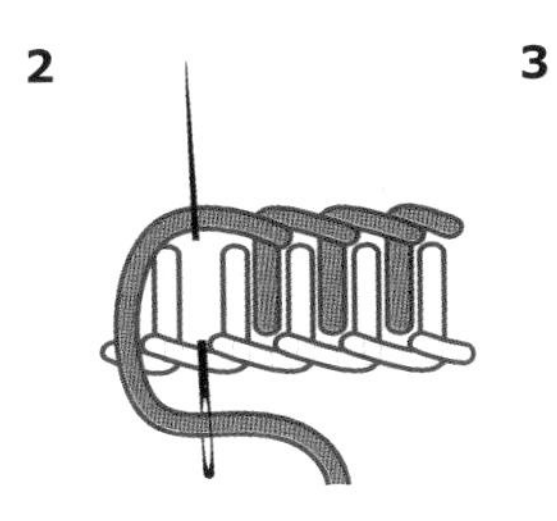

3

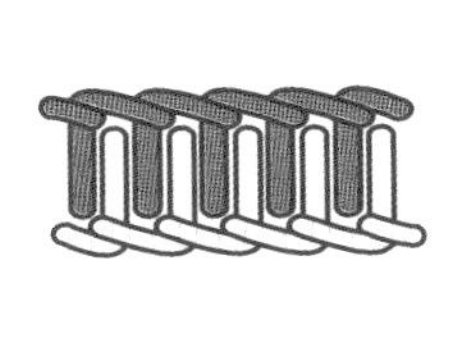

143 結粒毛邊繡 Knotted Blanket Stitch ★★☆

先在繡線上打結後，再繡毛邊繡。

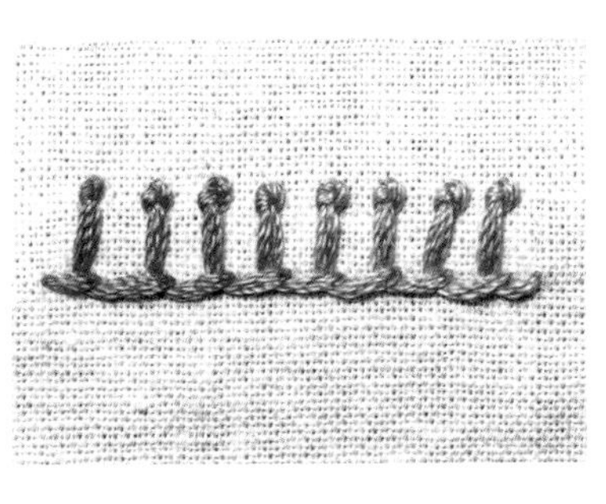

1

2

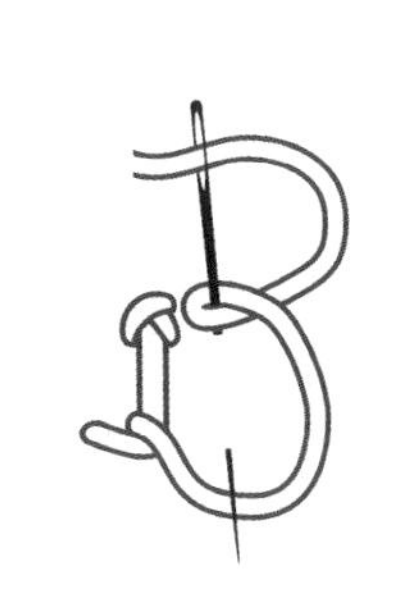

3

1~2 如圖所示在繡線上打出結，拉緊繡線，再將針從下方抽出。
3 重複動作完成。

144 鋸齒毛邊繡 Indented Blanket Stitch

★★☆

Indented意指「鋸齒狀的」。以有規律的線條長短變化，連續完成多個鋸齒毛邊繡，做出有造型的花邊。

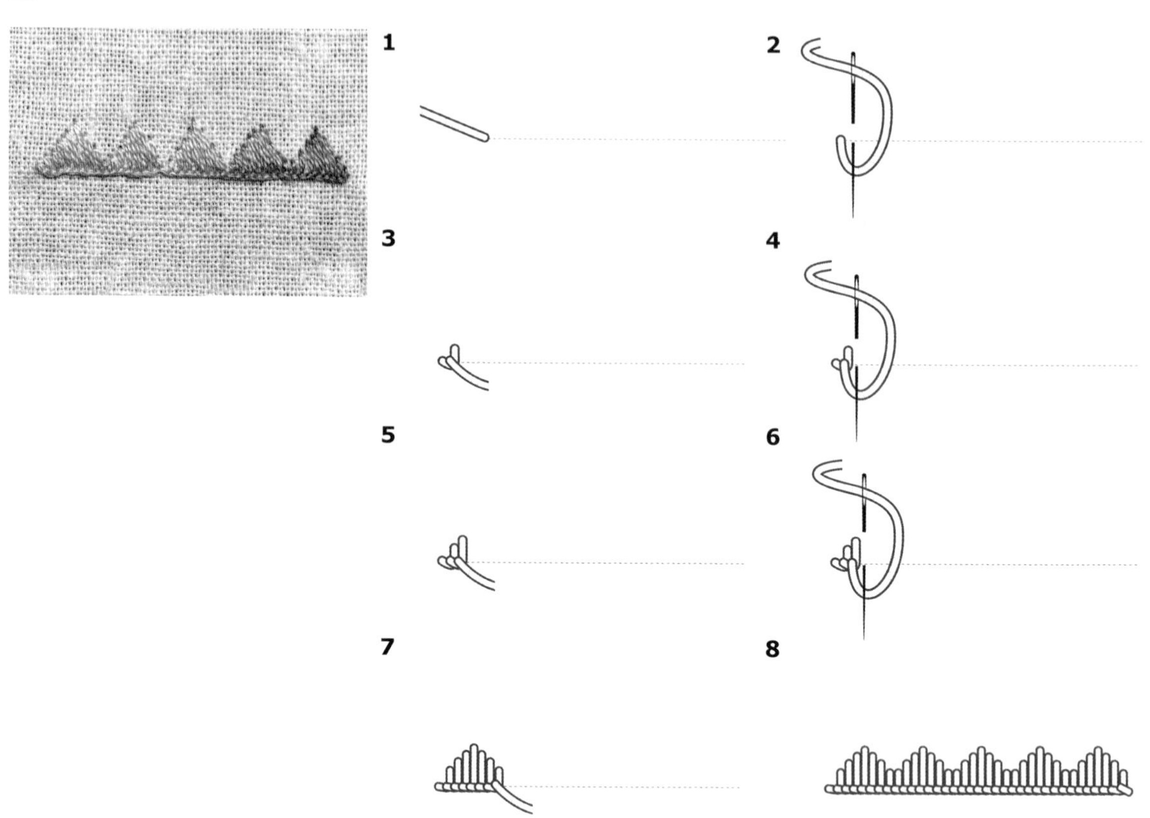

145 封閉型毛邊繡 Closed Blanket Stitch

★★☆

以三角造型完成毛邊繡。

1

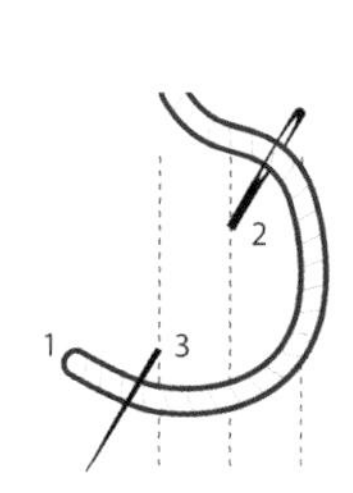

2

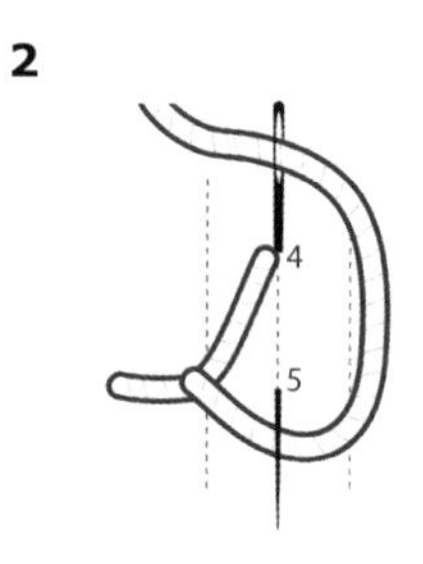

3

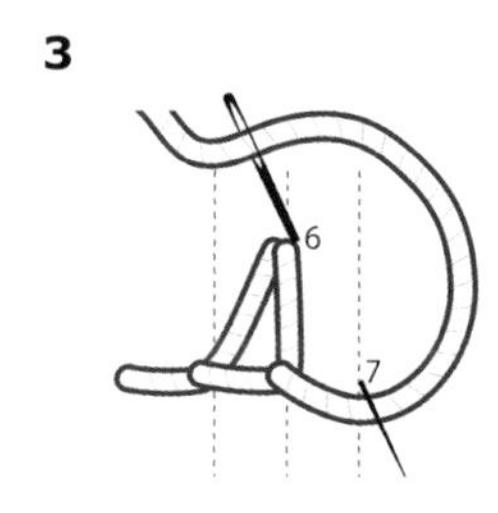

4

146 交替毛邊繡 Alternating Blanket Stitch

★★☆

Alternating意指「交錯」。適用於呈現尖刺造型的線條或是連續性線條。

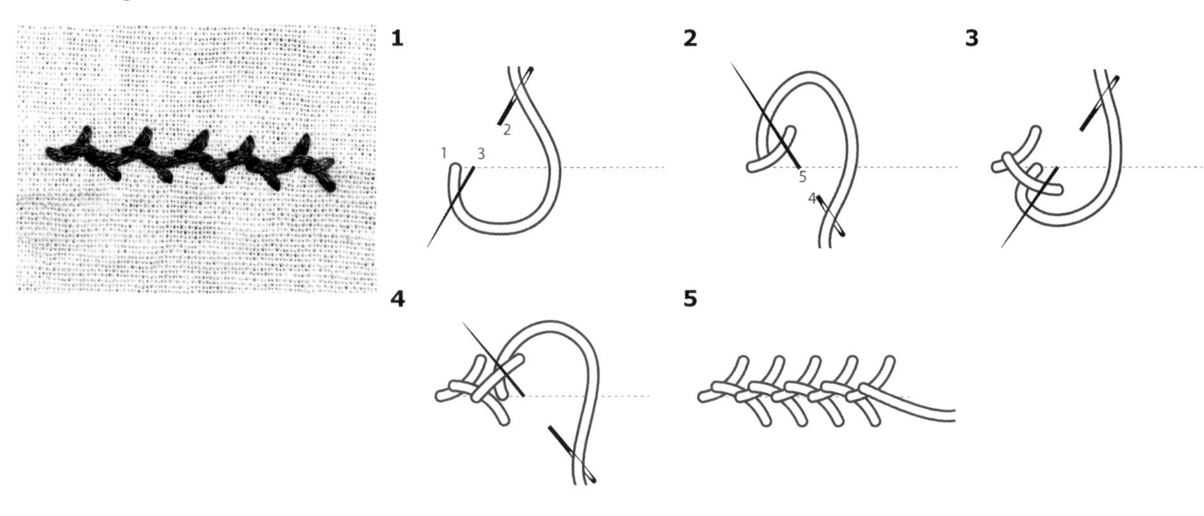

147 分段毛邊繡 Detached Blanket Stitch

★★★

可呈現出具有蕾絲造型的立體線條，繡越多段越能呈現美麗的曲線造型。

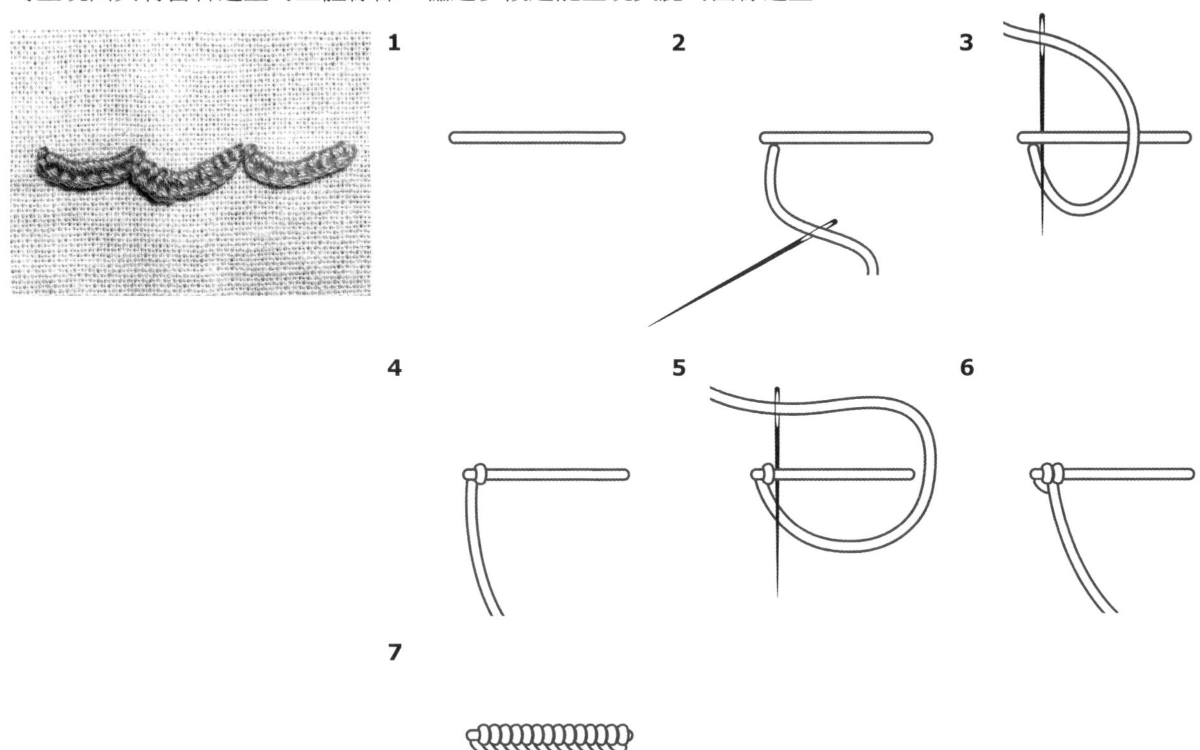

148 德國結粒毛邊繡 German Knotted Blanket Stitch

★★☆

在毛邊繡打結做裝飾，呈現出造型可愛的花邊。

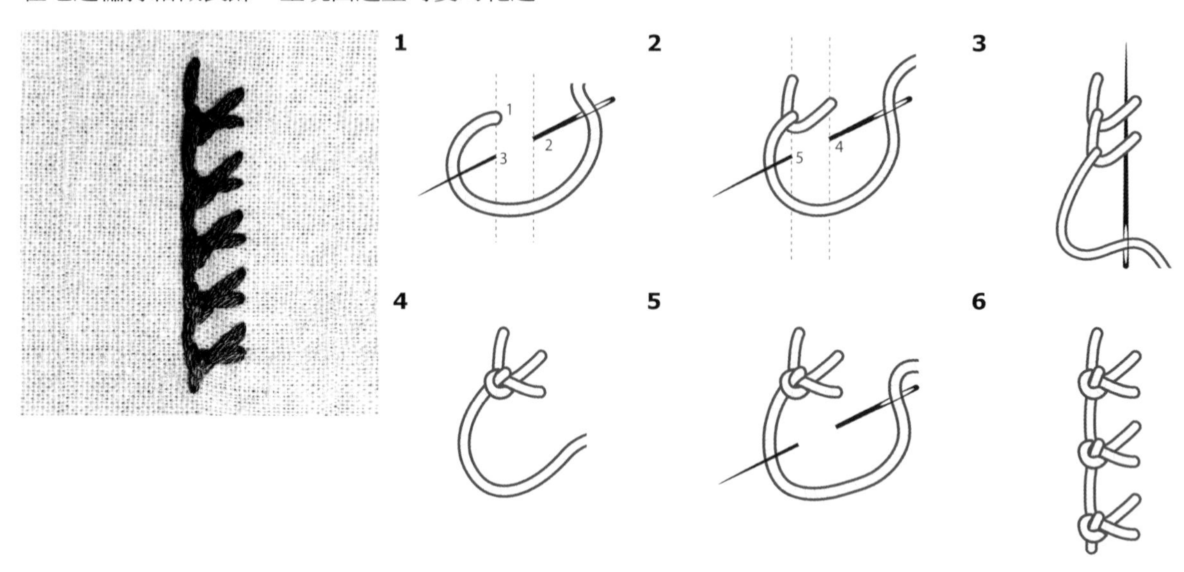

149 扇貝形毛邊繡 Scallop Edging Blanket Stitch

★★★

在毛邊繡上使用分段毛邊繡弄出扇貝的造型，能營造出蕾絲質感的裝飾效果。

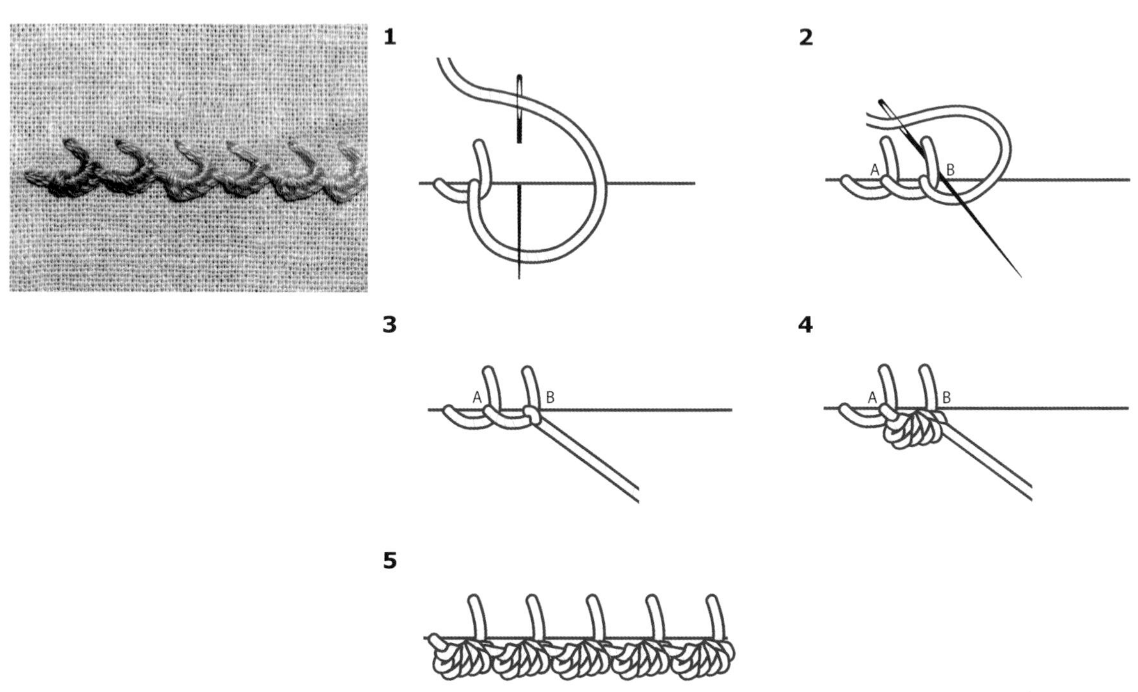

1~2 先抓出間隔，繡好幾個基本的毛邊繡。如圖所示，將針從繡線下方推入。

3~4 拉緊繡線。不斷重複步驟**2**，用毛邊繡填滿A、B間的間隔，做出扇貝外緣的造型。

5 重複步驟**1~4**即完成扇貝型毛邊繡。

150 圈圈毛邊繡 Looped Blanket Stitch ★★★

在圓形圖案上使用毛邊繡弄出圓形的環，藉此完成玫瑰造型。環的大小一致，造型才會漂亮。

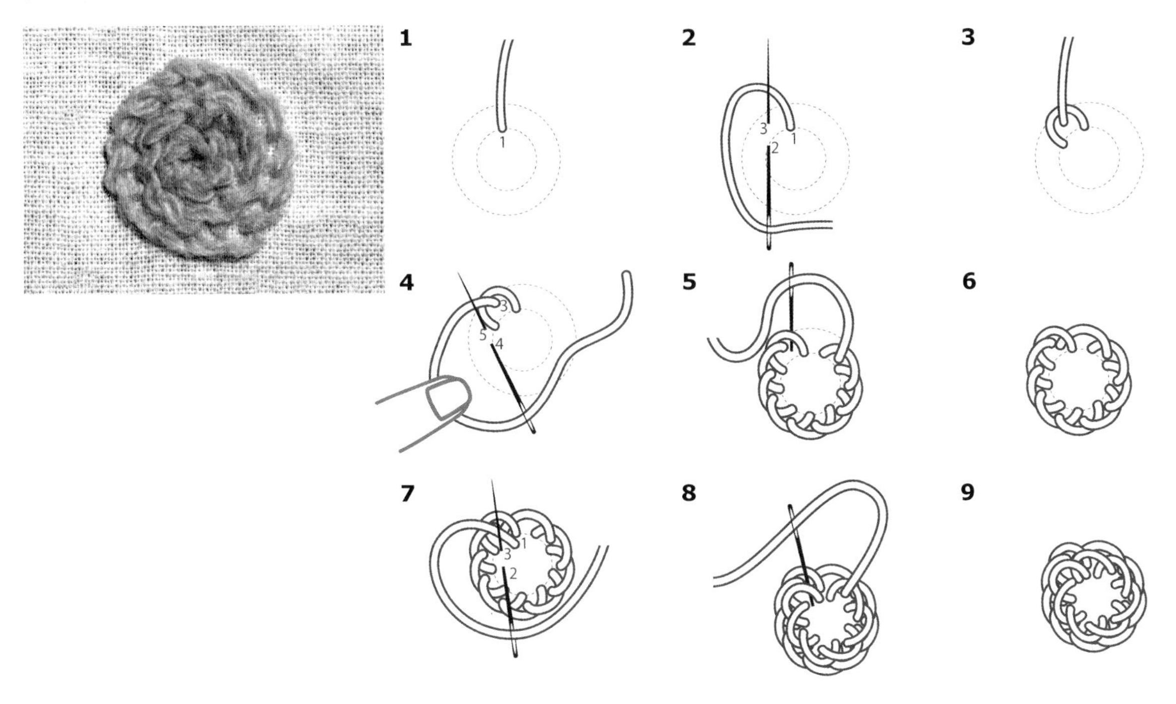

1~3 如圖，依數字序繡出第一個圈圈，注意要將繡線往外拉。

4~6 依環形做滿大小一致的圈圈後，將針穿入布面。

7 接著使用與步驟**1~3**相同的技法完成第二層。

8 持續完成第三層、甚至第四層的環，根據需求，繡出想要的造型。

151 葉形毛邊繡 Leaf Blanket Stitch ★★☆

使用毛邊繡來填滿葉子圖樣的針法，同時還能達到裝飾圖樣輪廓的效果。

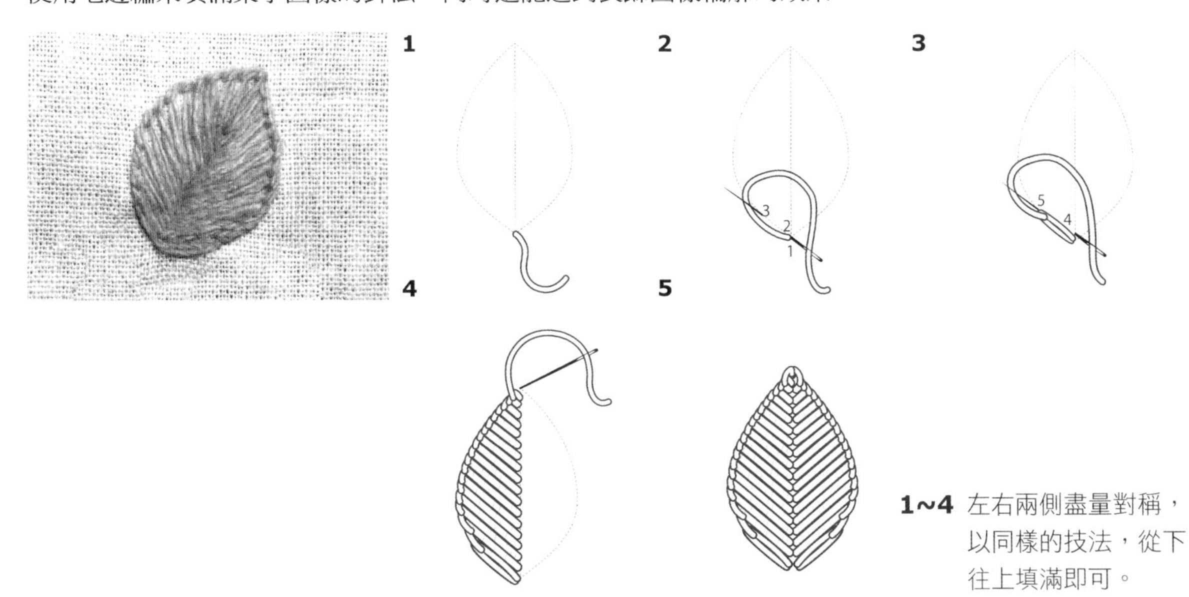

1~4 左右兩側盡量對稱，以同樣的技法，從下往上填滿即可。

152 陰影釦眼繡 Shading Buttonhole Stitch

★★☆

Shading意指「陰影」。適用於填滿有陰影設計的圖面。整齊且緊密地繡好釦眼繡（第75頁）之後，於上方再堆疊第二層釦眼繡，以高低差塑造出圖樣的陰影。

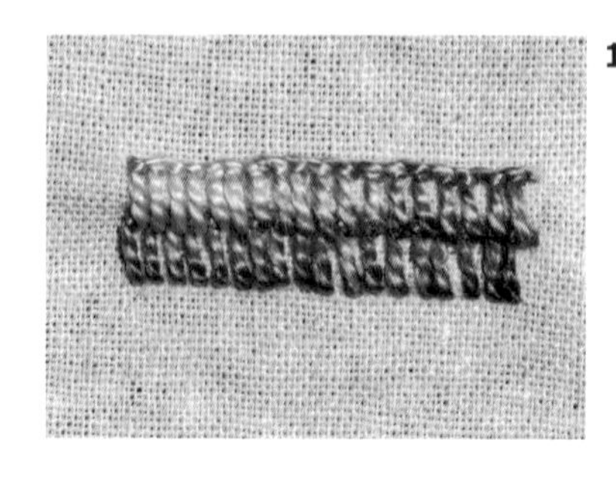

1

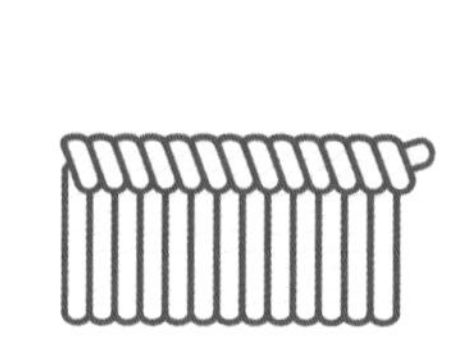

2

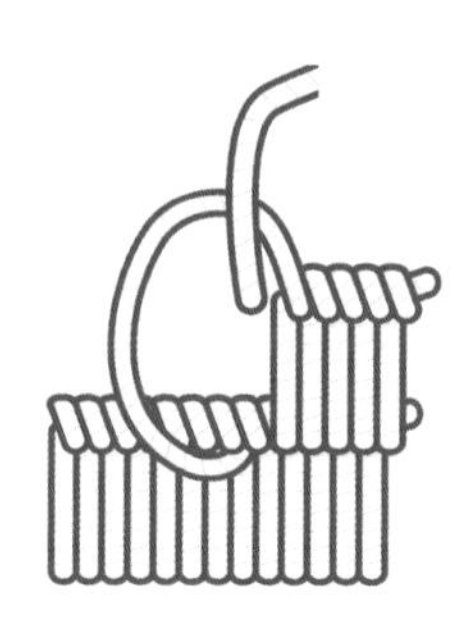

1 以緊密的間距繡好釦眼繡。

2 利用第一層釦眼繡的結與結的間隔，再繡上第二層釦眼繡，完成。

153 縫邊釦眼繡 Tailor's Buttonhole Stitch

★★☆

在線上做出更立體的結的釦眼繡。

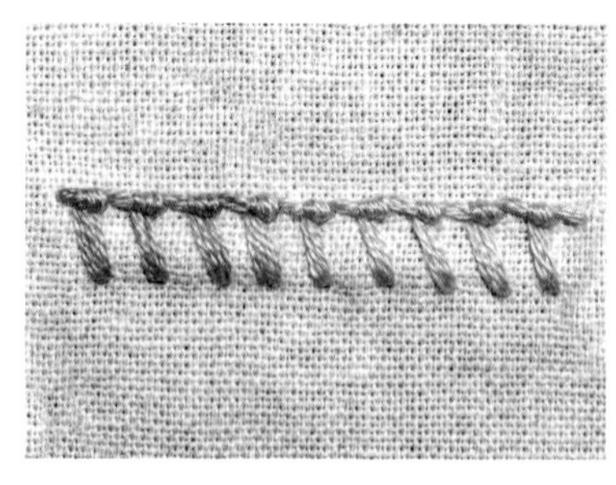

1

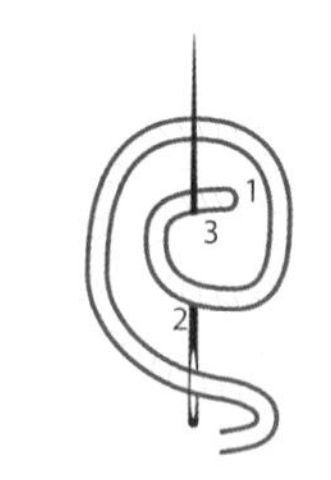

2

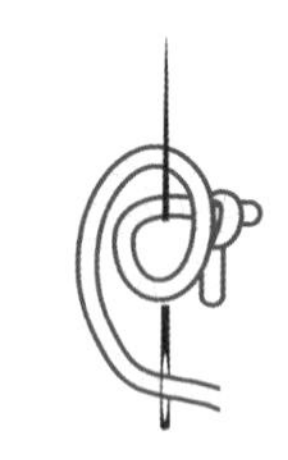

3

1~3 將繡線繞出兩個圈圈狀，將針從上方抽出，同時將繡線往上方拉緊，重複多次即可。

154 上下釦眼繡 Up and Down Buttonhole Stitch

★★☆

由於毛邊繡和釦眼繡的方向恰好相反，因此兩者各進行一次，不斷重複就能完成上下釦眼繡。

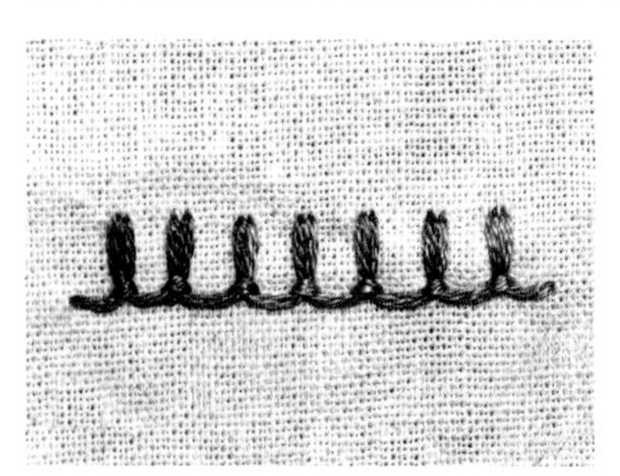

1

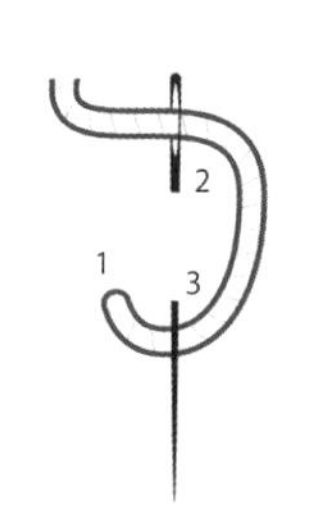

2

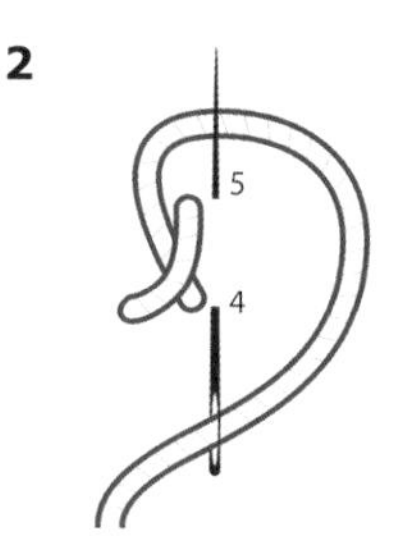

3

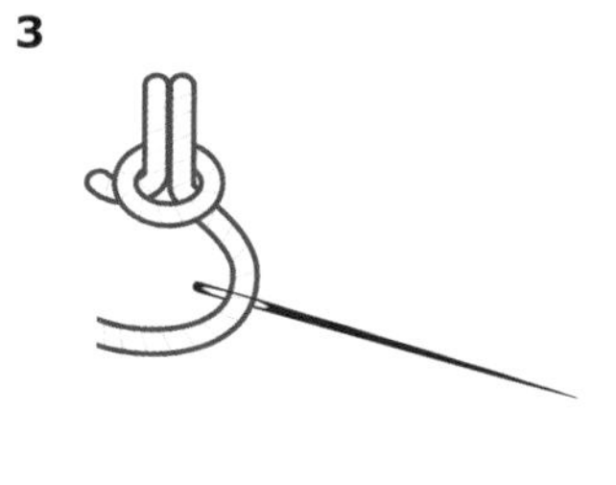

4

1~4 如圖依序完成，請注意步驟**3**是將繡線往上方抽出後，再將繡線往下方拉緊。

155 鑽石繡 Diamond Stitch

★★★

用鑽石般的造型填繡出與眾不同的寬幅圖樣。

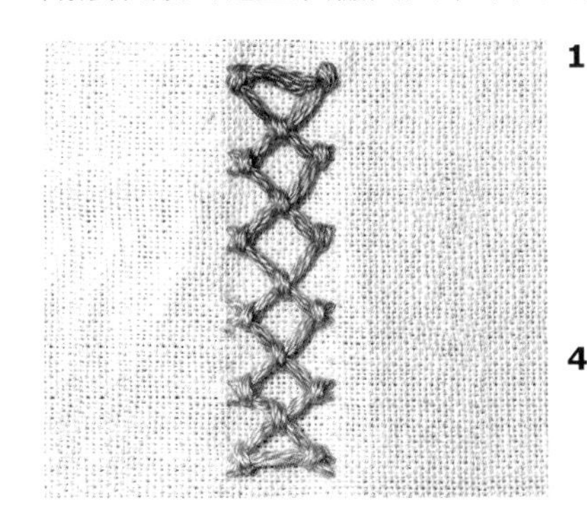

1

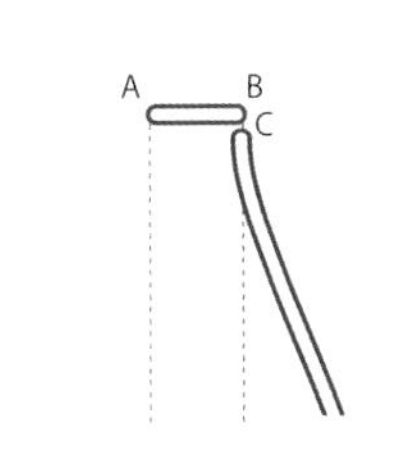

2

A
B
C

3

4

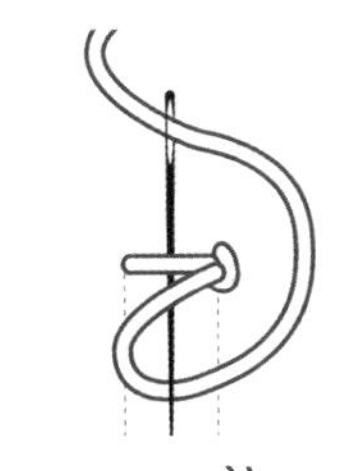

5

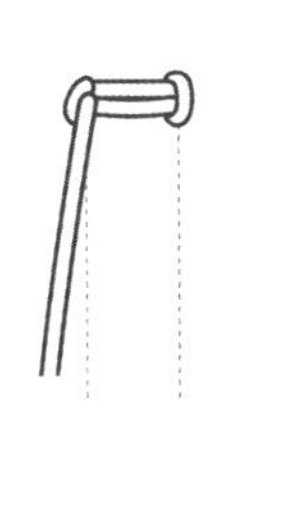

6

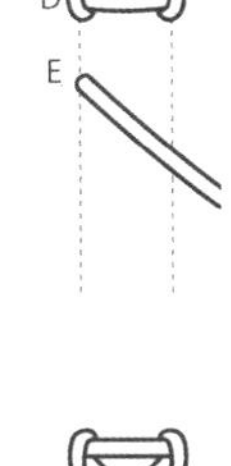

7

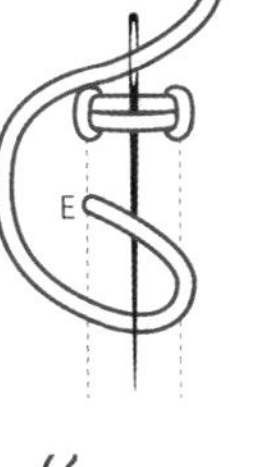

8

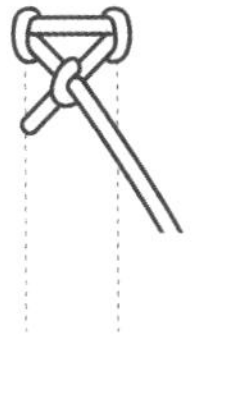

9

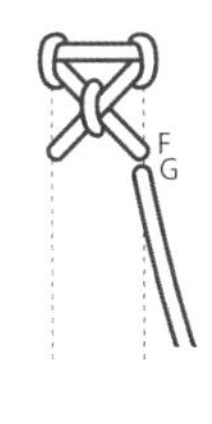

10

11

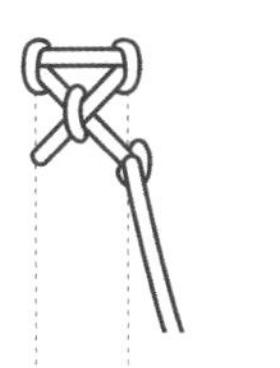

12

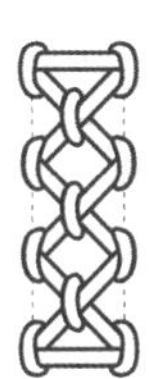

1~3 如圖依想要的寬度用直針繡先繡出一條橫的線段，將針從中央穿下後，將繡線拉往右側打結。

4~5 針再次穿過中央，但這次將繡線拉往左側打結。

6 打好結後，從位置D（左側打結處中間）入針，再從位置E出針。

7 如圖所示，針從兩條直針繡下方穿出來。

8 拉直繡線後，於中間位置打結。

9~10 從位置F入針後，再從位置G出針，接著將針穿過右側繡線後打結。

11 重複步驟**4~10**多次即完成鑽石繡。

156 毛邊鎖鏈繡 Blanket Chain Stitch

★★☆

完成毛邊繡的同時，在要固定的部分結合鎖鏈繡即完成。

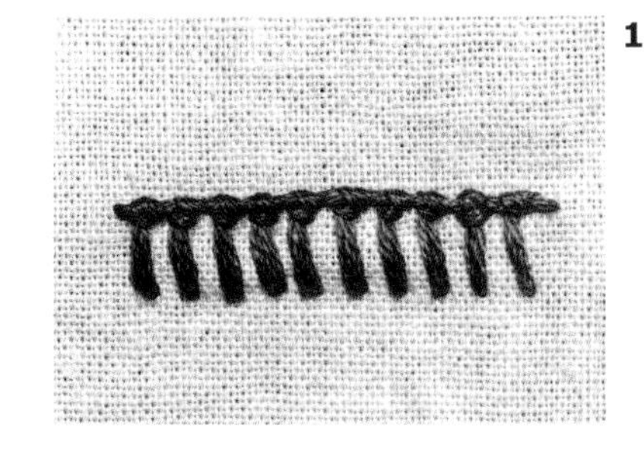

1

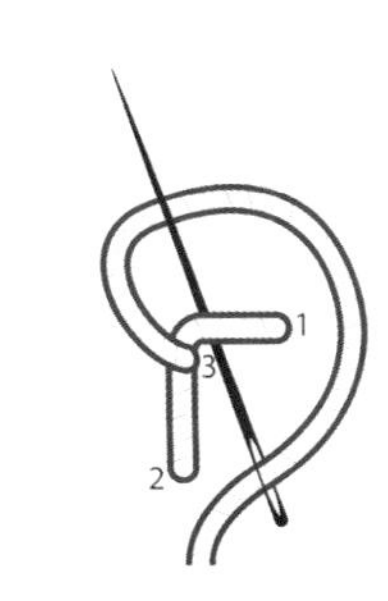

2

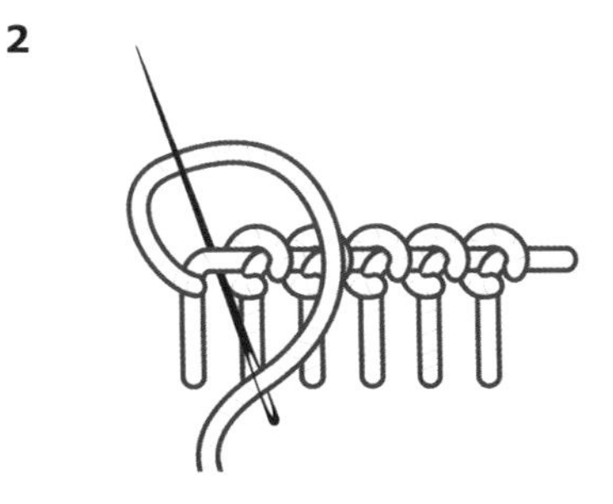

1 將繡線從位置3抽出後，再次將針穿入折角的內側。

2 重複同一個動作即完成。

157 巴斯克繡 Basque Stitch

★★☆

巴斯克繡取自西班牙一地名。此針法用釦眼繡的造型連續刺繡來完成扭轉雛菊繡（第62頁），適用於裝飾邊緣線條或填滿圖面。

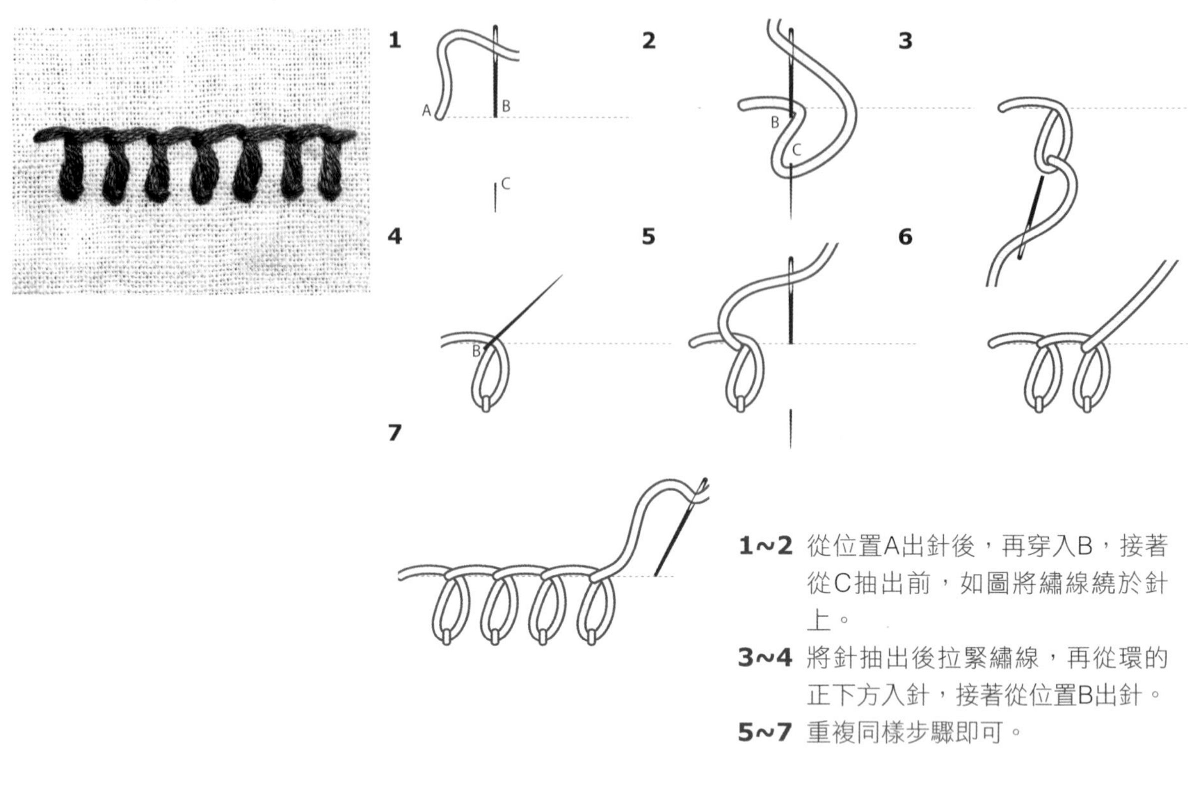

1~2 從位置A出針後，再穿入B，接著從C抽出前，如圖將繡線繞於針上。

3~4 將針抽出後拉緊繡線，再從環的正下方入針，接著從位置B出針。

5~7 重複同樣步驟即可。

158 義大利結粒邊緣繡 Italian Knotted Border Stitch

★★☆

相似於飛鳥繡，但最後不以直針繡固定，而是改以法國結粒繡固定，適合用於裝飾邊緣線條。

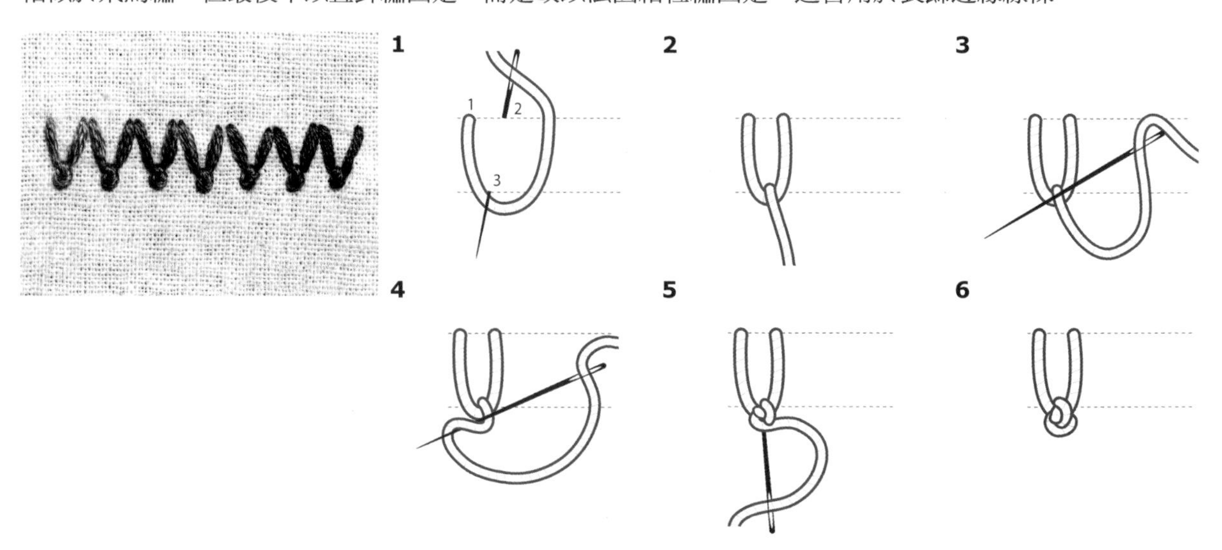

1~3 如圖，繡出一個圓弧，再將針從中間穿出。

4 如圖將繡線纏繞於針上。

5 將繡線拉緊後，將針往扭結下方推送，穿出布面下收針，完成。

159 緞面繡 Satin Stitch ★★☆

能密實地填滿圖面，呈現出表面平滑的圖樣，為非常具代表性的針法。

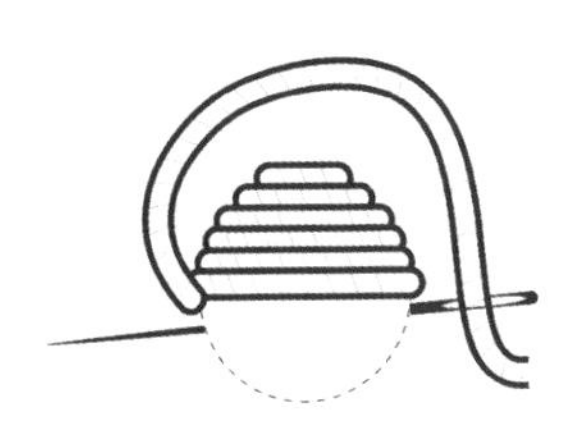

160 含芯緞面繡 Padded Satin Stitch ★★☆

富有立體感的緞面繡。在圖面內繡上平針繡（第21頁）、回針繡（第26頁）或是裂線繡（第52頁），再以鎖鏈繡（第33頁）或織補繡（第58頁）等針法填滿，最後以緞面繡覆蓋其上的技法。

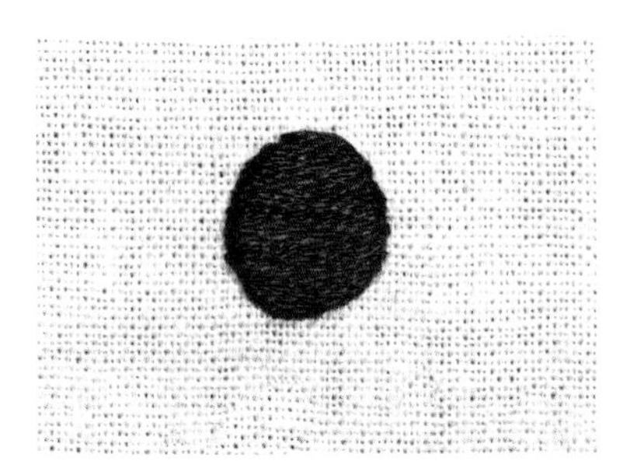

161 褶皺緞面繡 Satin Stitch Dart ★★☆

是含芯緞面繡的進階版，技法相同，但底層是不留空隙、完全填滿的，因此會更突出且立體。

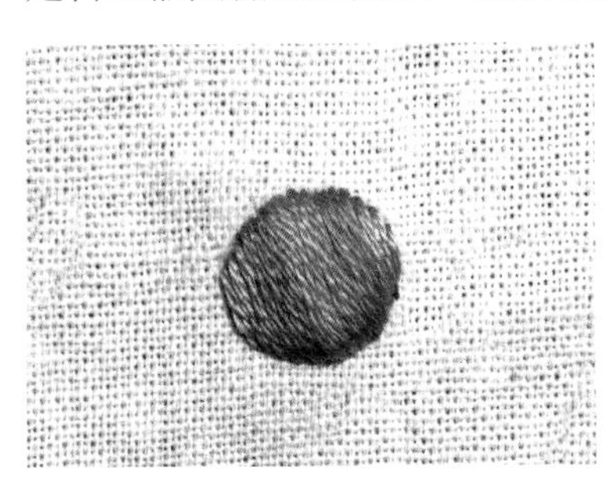

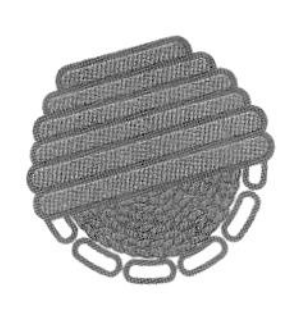

162 平面結繡 Granitos Stitch

★★☆

適用於呈現小的花葉造型，尤其用於花朵造型時，可以呈現出比緞面繡更強烈的立體感。

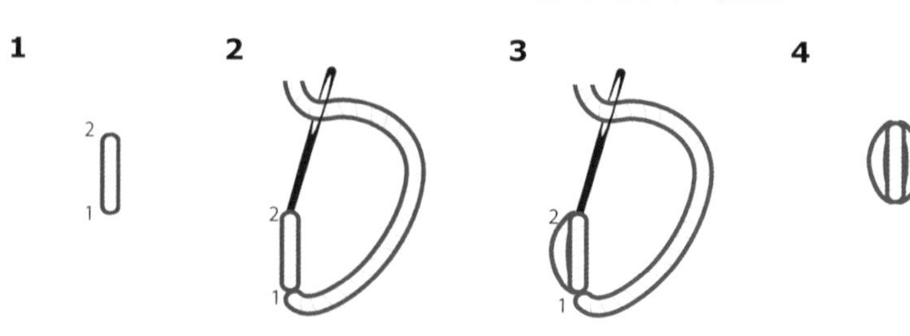

1 先以直針繡繡出花或葉圖案的中心線。

2 接著同樣從位置1出針、位置2入針，繡出圖樣的右側。

3~4 再從位置1出針、位置2入針，繡出圖樣的左側即完成。

163 長短繡 Long and Short Stitch

★★☆

此繡法可自然調和不同顏色的繡線，表現漸層感。以長、短針交錯使用，可填滿較寬的圖面。

1

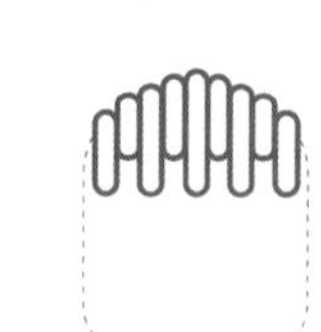

2

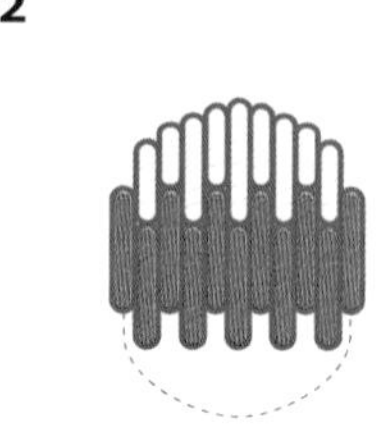

3

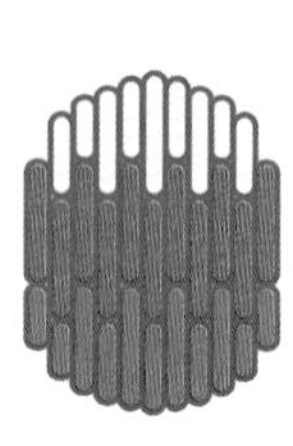

164 籃網繡 Basket Stitch

★★☆

如同編織籃子般，先繡好多條橫向或直向的線，再用其他繡線以織布般的手法刺繡。又稱為「編織填充繡（Woven Filling Stitch）」。

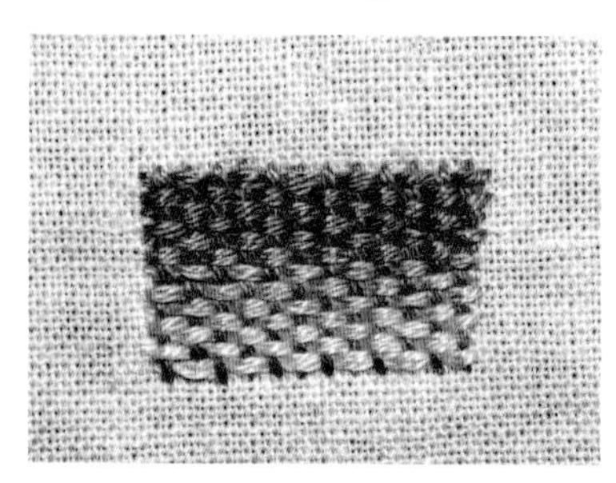

1

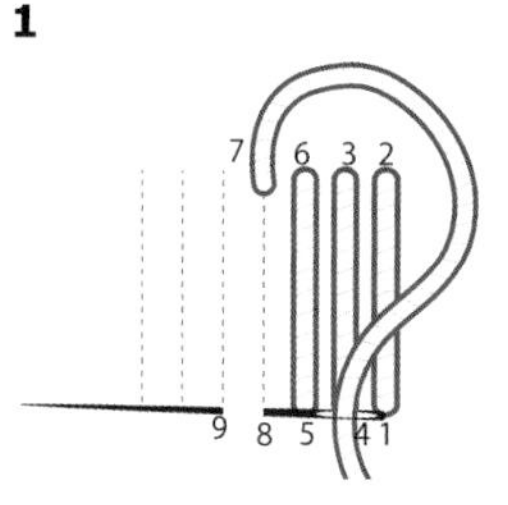

2

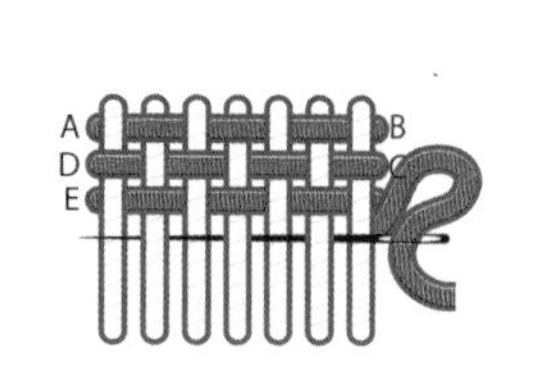

3

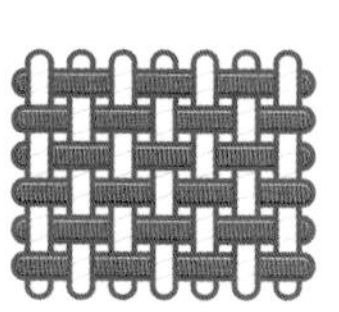

1 以同樣間隔繡好數條直線繡。

2 如圖所示，從位置A出針並由左往右交錯編織，最後於位置B入針。接著再從位置C出針，以和上一條繡線的編織順序交錯的方式，反方向往左編織回去，接著從位置D入針，再於位置E出針。

3 重複步驟**2**直至填滿需要的圖面即完成。

165 釘線格架繡 Couched Trellis Stitch

★★☆

Couched意指「橫放的」；Trellis意指「方格」。此針法以橫向和縱向刺繡後，在交錯的位置使用其他繡線來固定。

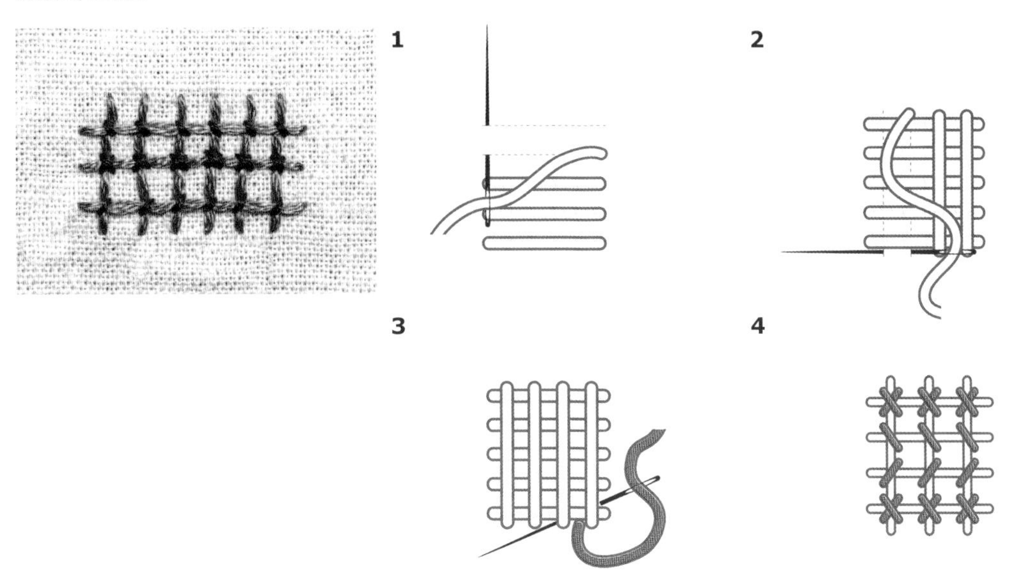

1~2 先以直線繡繡出數條同樣間隔的橫線，再繡數條直線覆蓋在橫線上方。

3~4 使用其他繡線，在橫線和直線交錯的部分繡上十字或單向斜線等各種造型，完成。

166 伯頓釘線繡 Burden Couching Stitch

★★☆

先繡好多條橫線或直線後，使用其他繡線以同樣的間隔來固定。此技法的間隔會比釘線格架繡更緊密，適用於填滿更寬的面積。

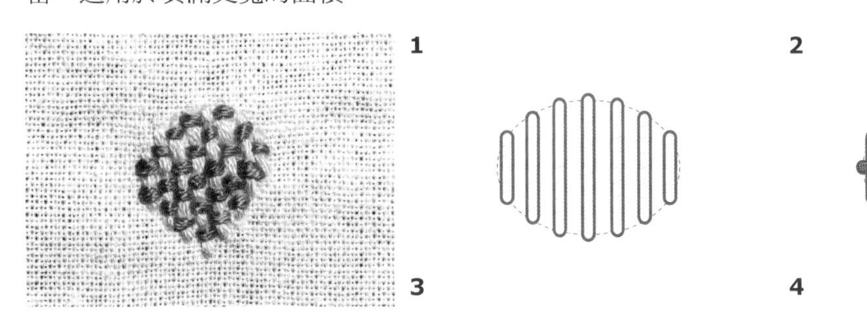

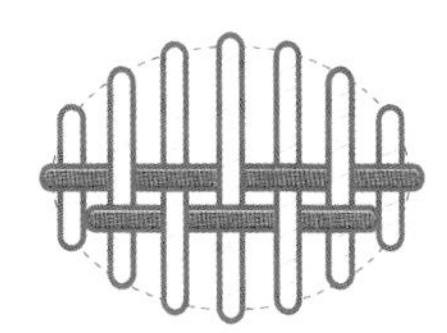

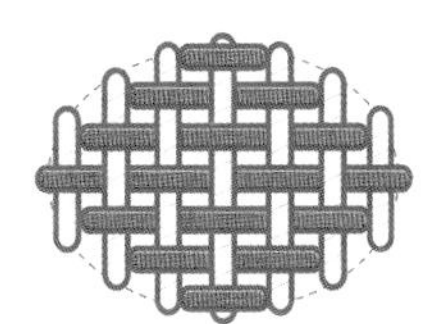

1 以同樣的間隔繡好數條直線。

2 如圖所示，使用其他繡線橫向完成一條釘線繡。

3~4 以相鄰兩條繡線交織順序錯開的方式完成多條釘線繡，最後完成整個圖面。

167 羅馬尼亞釘線繡 Roumanian Couching Stitch

★★☆

以斜線固定橫向堆疊起來的繡線，適用於填滿寬的圖面。

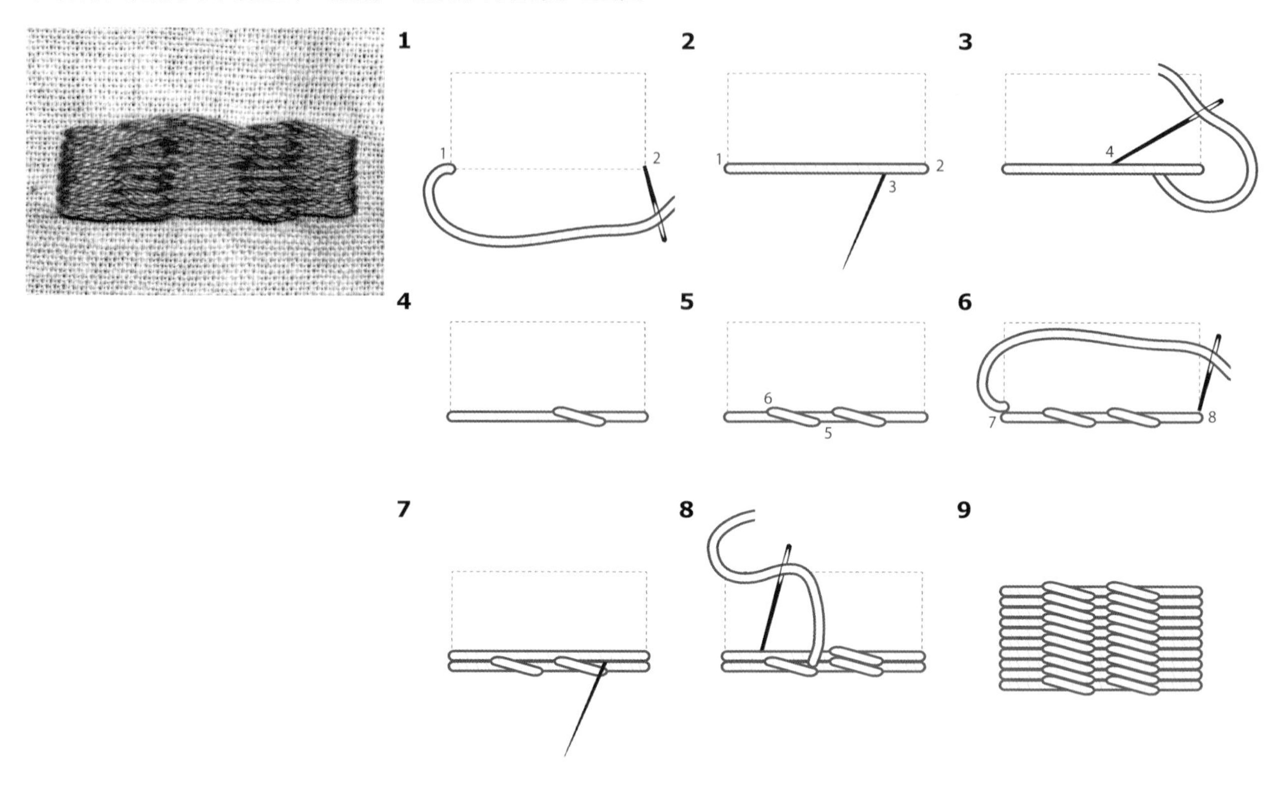

1 從圖樣輪廓的左下端點（位置1）出針，再從右下端點（位置2）入針。

2 將線拉直後，取好想要的間隔，從繡線下方出針（如位置3）。

3~4 以位置2和3的距離取出間隔，從繡線的上方入針（如位置4）。

5 採用相同步驟繡好第二條斜線。

6~9 從7出針、8入針，開始繡第二條長直線，依上述步驟依序填滿圖面。

168 蜂巢繡 Honeycomb Stitch

★★☆

造型似於蜂窩。將毛邊繡的繡線往下拉，創造出多個六角形的圖樣。

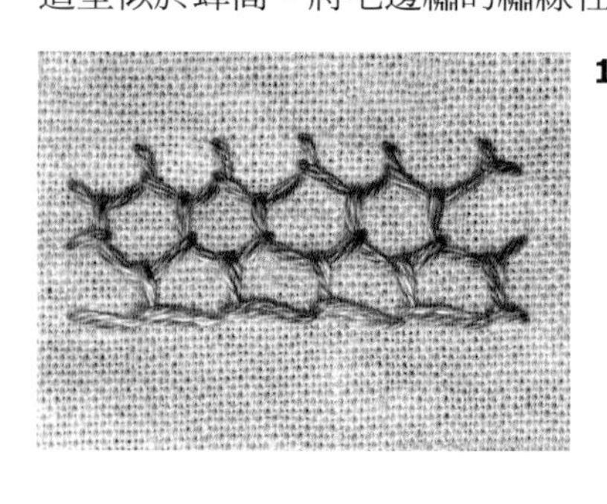

1

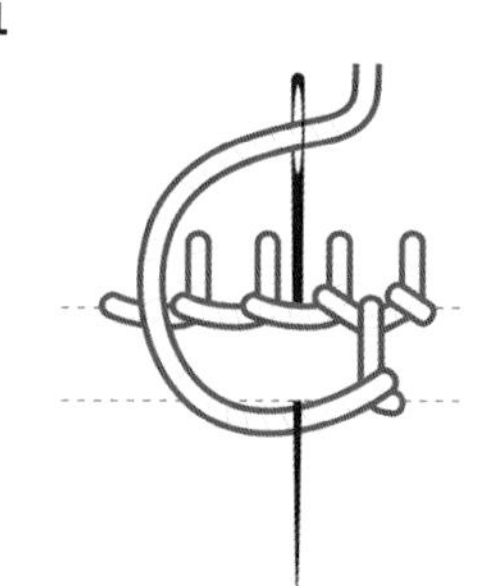

2

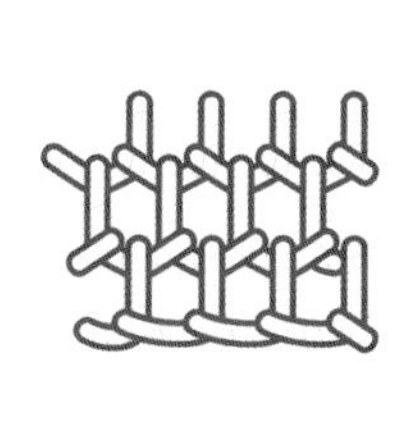

1 間隔一定寬度，完成第一排毛邊繡。如圖所示，將繡線往下輕拉，接續完成第二排毛邊繡。

2 不必將繡線刻意拉緊，注意線條的對稱位置就能塑造出工整的六角形。

169 伯頓繡 Burden Stitch

★★☆

一款源自中世紀、具有歷史感的針法。能有效且快速地填滿寬的圖面。造型雖相似於長短繡，卻能使邊線更簡潔俐落，更有立體感。

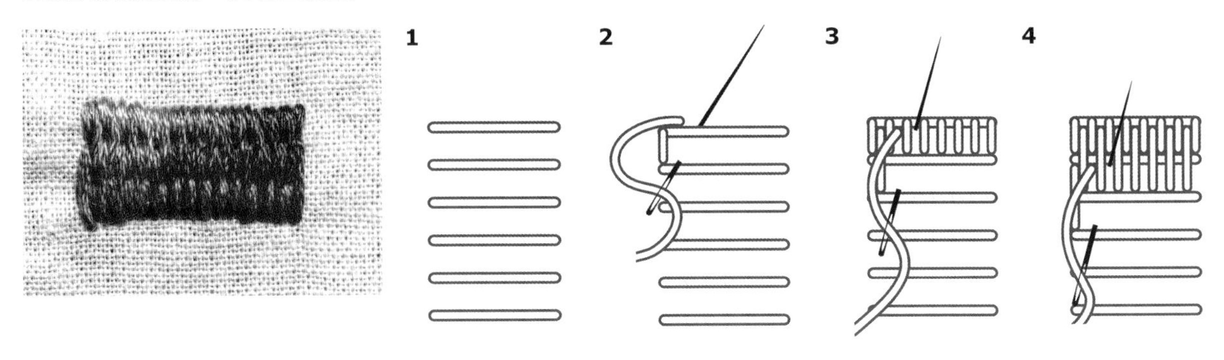

1 以同樣的間隔繡好數條橫向的直針繡。

2 於第一層間隔處繡上數條縱向的直針繡。直向的繡線間要留下約一條繡線寬的間隔。

3 如圖繡上第二層較長的直針繡，繡線間同樣留下一條繡線寬的間隔。

4 使用同樣的技法依序填滿每一層即完成。

170 封閉型籃網繡 Closed Basket Stitch

★★☆

將繡線以X形緊密地層層交疊而成。

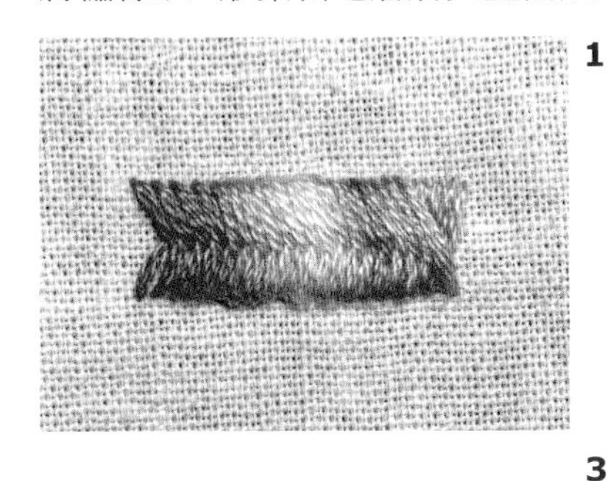

1

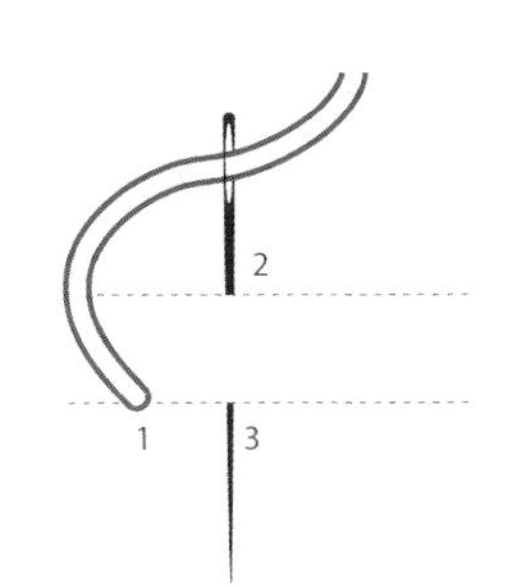

2

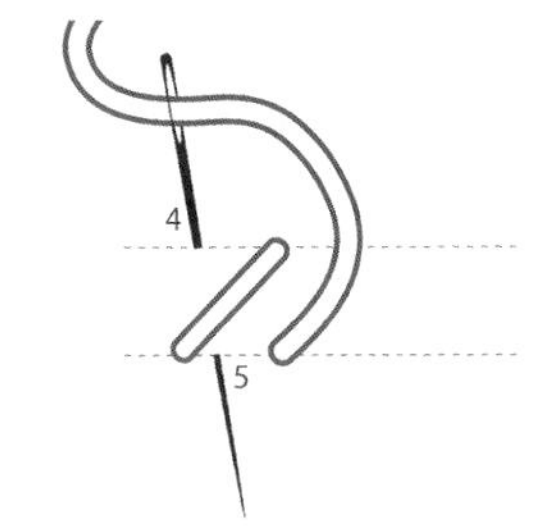

3

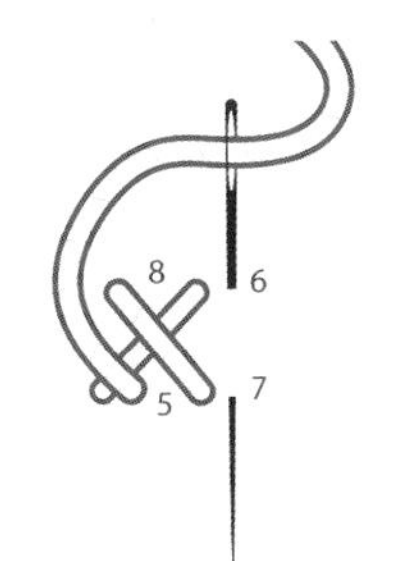

4

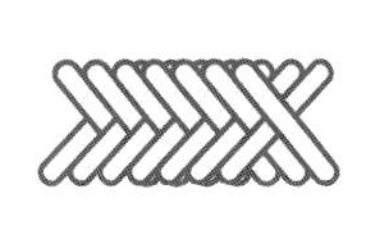

1~2 使用十字繡的針法繡出X字形。

3 從X交叉處的下方出針，緊密地繡出更多X字形。

TIP

封閉型籃網繡 vs 封閉型人字繡（65頁）

乍看之下針法相似，但兩者針法的順序不同，封閉型籃網繡的整體造型會更緊密立體。

171 開放釦眼填充繡 Open Buttonhole Filling Stitch

★★★

在布面上編織繡線來填滿圖面，網狀部分不固定於布面上。

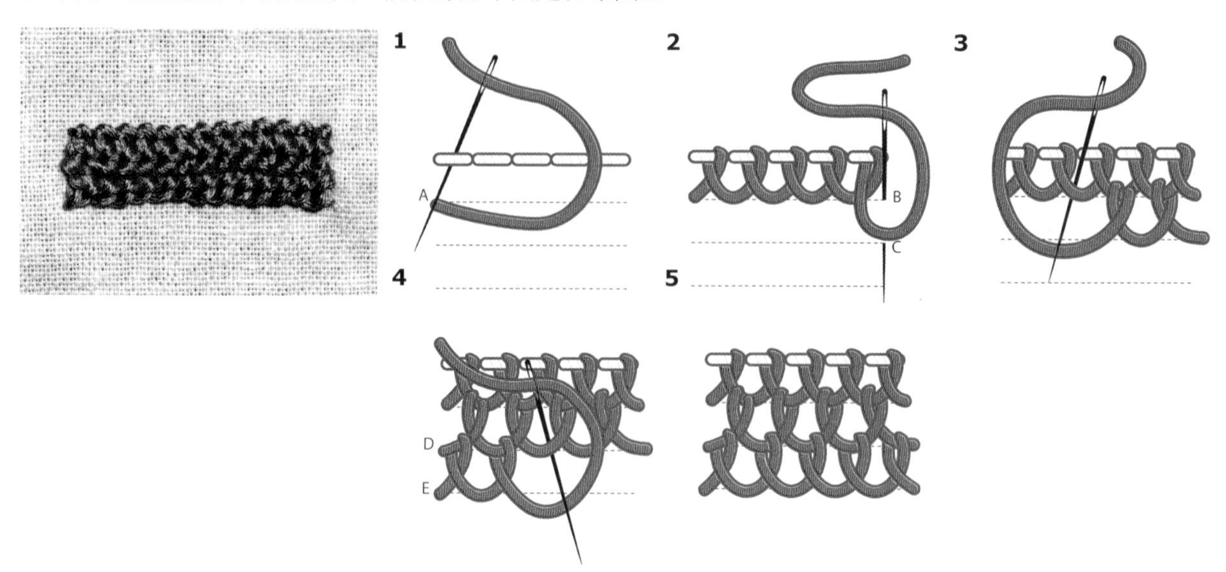

1~2 如圖所示，以同樣的間距完成一排回針繡後，從位置A出針，由左往右穿過繡線下方。環繞完第一排後，從位置B入針、位置C出針。

3 如圖所示，第二排接續第一排的繡線，由右往左繞完。

4 編好第二排的圈圈後，從位置D入針、位置E出針。再次往右側繞出多個圈圈，最後依想要的圖面寬度重複動作直至完成。

172 錫蘭繡 Ceylon Stitch

★★★

此針法的名稱取自位於印度洋的島嶼Ceylon（現名斯里蘭卡）。僅在布面上編織繡線來填滿圖面，呈現出密實的編織質感。

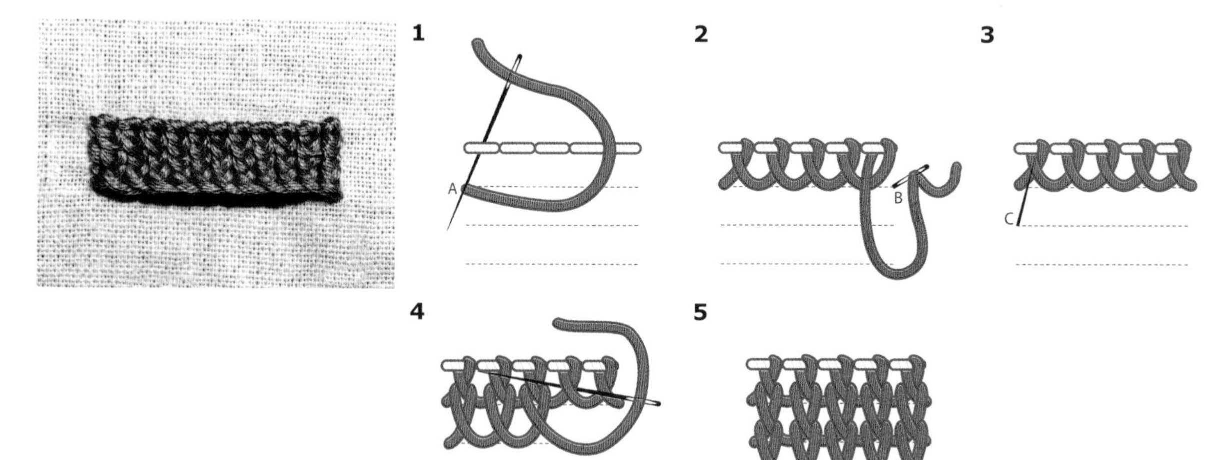

1 以相同間隔完成回針繡後，從A出針，繞過一個個回針繡的下方。

2 編好第一行的圈圈後，將針穿入位置B。

3 從位置C出針。

4 如圖所示，將針穿過圈圈之間。

5 重複步驟**3~4**，最後依圖所示用直針繡固定最後一行的圈圈，完成。

173 磚形繡 Brick Stitch

★★☆

完成後的造型相似於堆疊起來的磚頭。有兩種針法，右下是使用緞面繡（第85頁）交錯且緊密地縫製；中間的圖則是使用毛邊繡（第75頁）預留間隔製作出磚塊的造型。

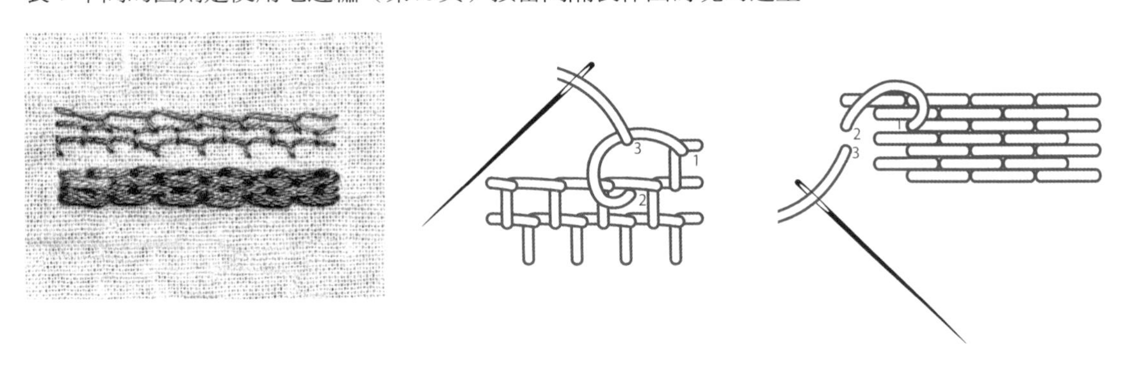

174 盤線釦眼繡 Corded Buttonhole Stitch

★★★

將繡線勾於回針繡輪廓和中心繡線上編織而成，可呈現出更密實的網狀造型。塞入毛氈布或棉花可以增添立體感。

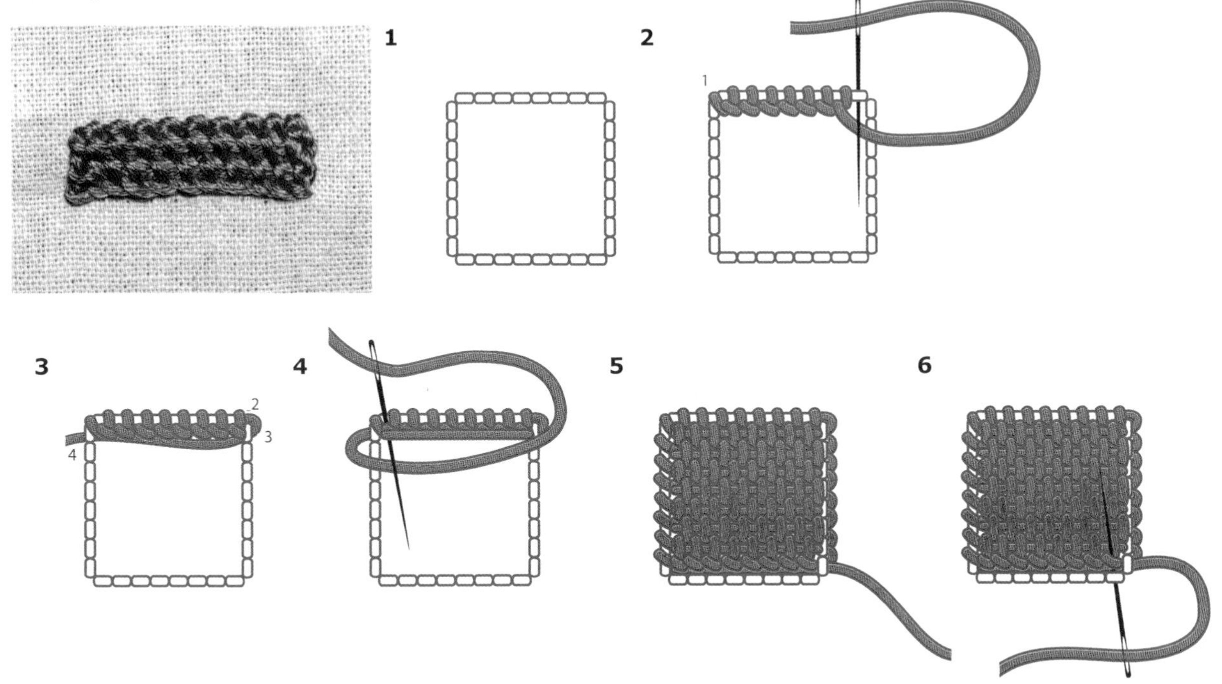

1 用回針繡圍出預計填滿的圖面輪廓。

2 從橫向回針繡的第一節前方（位置1）出針，像錫蘭繡般繞出多個圈圈。

3 完成第一排最後一個圈圈後，將繡線往橫向回針繡最後一節的外側（位置2）抽出。接著將繡線穿過直向回針繡的第一節下方（位置3），再從位置4抽出，就出現了第二排橫線。

4~5 繼續繞出多個圈圈，重複步驟**2~3**直到填滿圖面。

6 收針時，穿過輪廓的回針繡和圖面的繡線再固定才夠牢固。

175 立體毛邊繡 Raised Blanket Stitch

★★★

將一條條平行的橫線用毛邊繡編織起來填滿圖面。

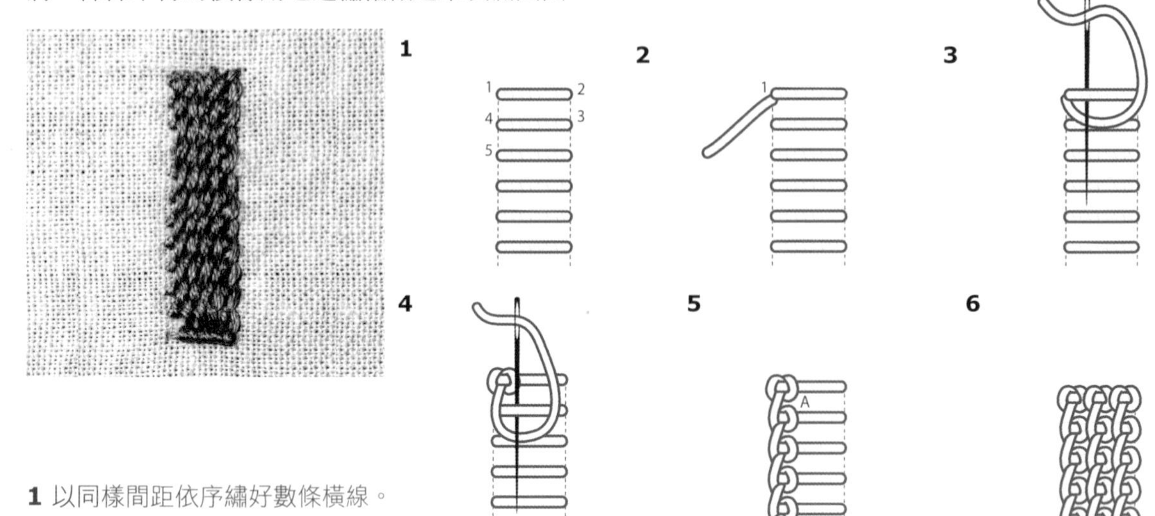

1 以同樣間距依序繡好數條橫線。

2 最後從位置1出針。

3 將針穿過第一條橫線的下方。

4 將繡線往左拉緊後，往下方完成第二個毛邊繡。

5~6 重複同樣動作至最底部，再將針穿入布面並繞回位置A抽出，開始製作第二行毛邊繡，依序完成。

176 立體莖幹繡 Raised Stem Stitch

★★★

在數條平行的直針繡上完成莖幹繡。想密實地填滿圖面時十分適用。

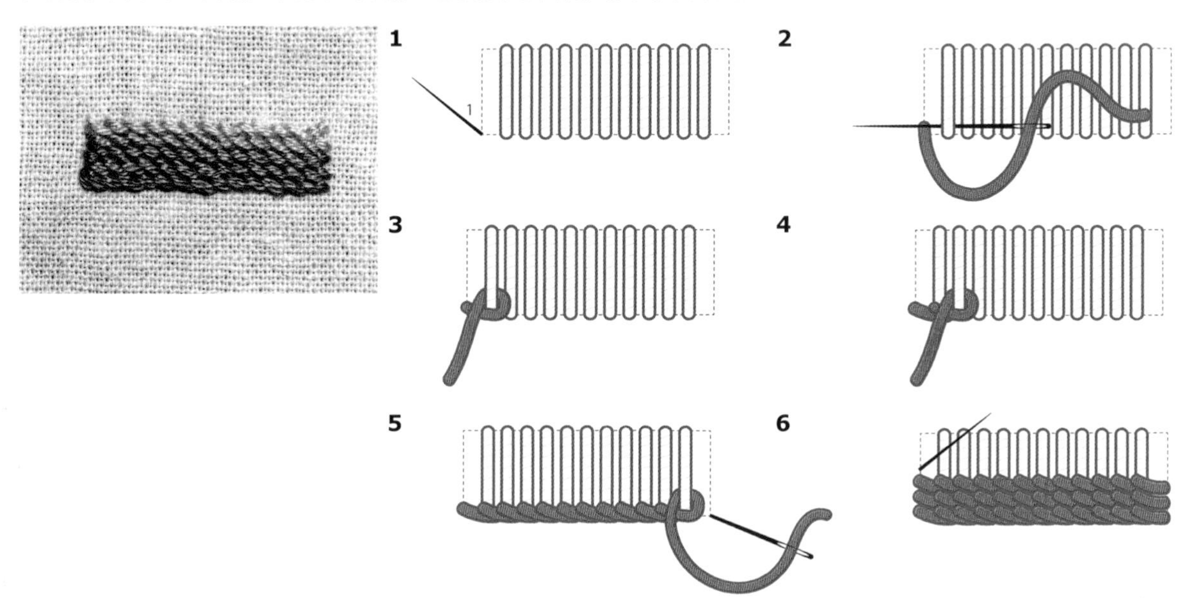

1 如圖，以同樣間隔繡好數條直線後，從位置1出針。

2~3 將針繞到最靠近的直線右側，將針往左繞過繡線下方再拉緊繡線。

4~5 重複同樣動作，將針依序穿入右側直線底端。

6 每一排都以從最左側抽出針再往右縫製的方式完成。

177 立體鎖鏈帶狀繡 Raised Chain Band Stitch

★★★

將數條平行的橫線綁成類似於鎖鏈繡的造型。只繡一條時，可用於呈現線條的造型。同時繡出數條時，可用來填滿圖面，營造出立體感。

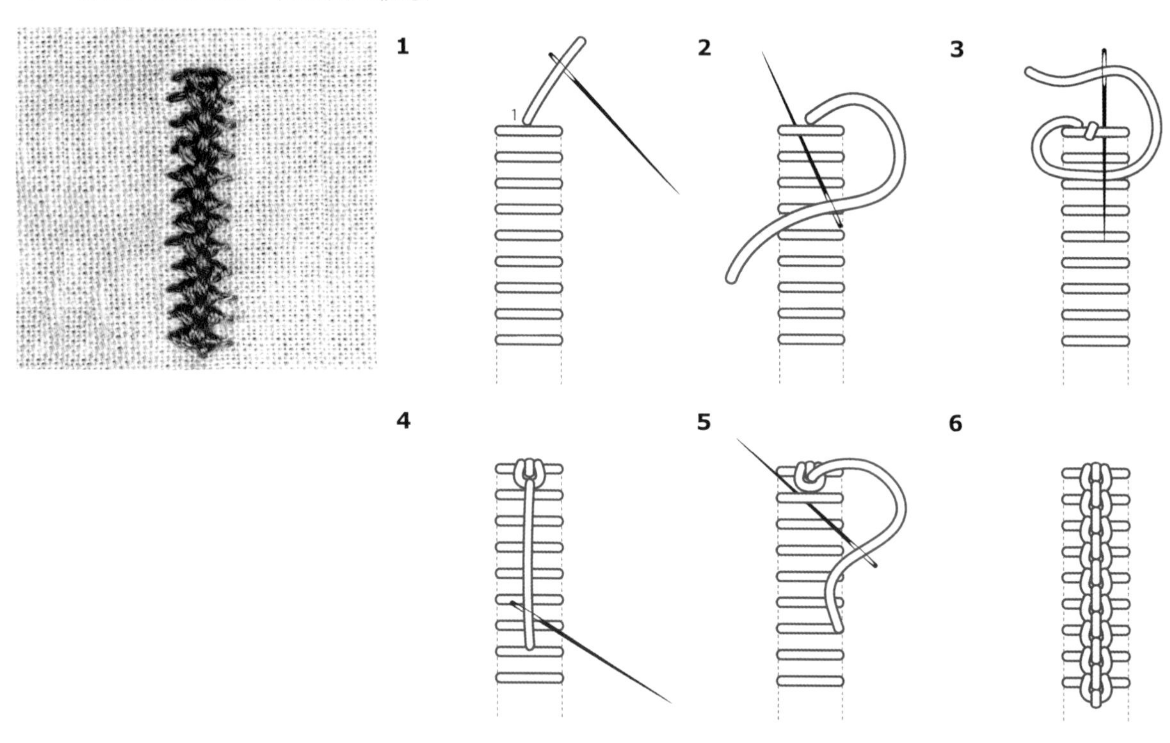

1 以同樣的間隔繡好數條橫線後，從位置1出針。
2 將針穿過第一條繡線的下方，再從剛剛位置1的左側穿出。
3 如圖所示，再穿過位置1的右側，使繡線綁於直針繡上。
4 拉緊繡線，完成一個結。
5 如圖，將針穿過第二條直針繡。
6 重複步驟**2~4**的動作直至完成。

178 蛛網玫瑰繡 Spiderweb Rose Stitch

★★☆

於圓形輪廓中繡好五個直針繡，再如蛛網般將繡線以逆時針方向圍繞，交錯織成玫瑰般的造型。

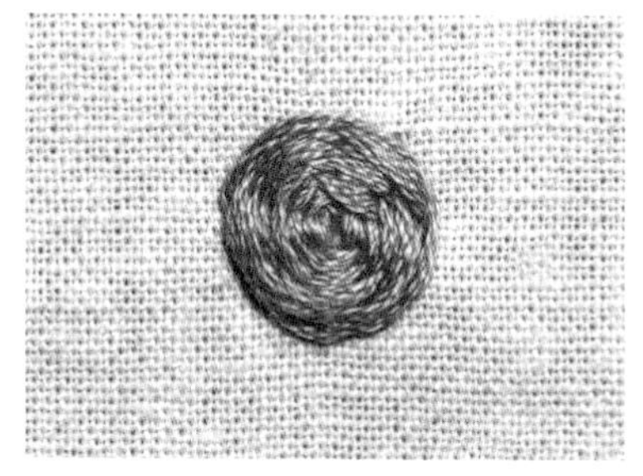

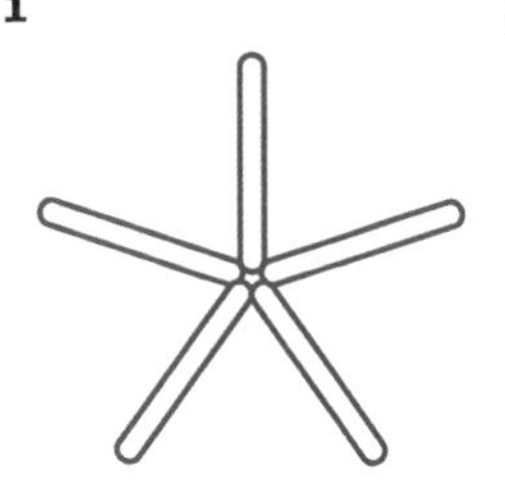

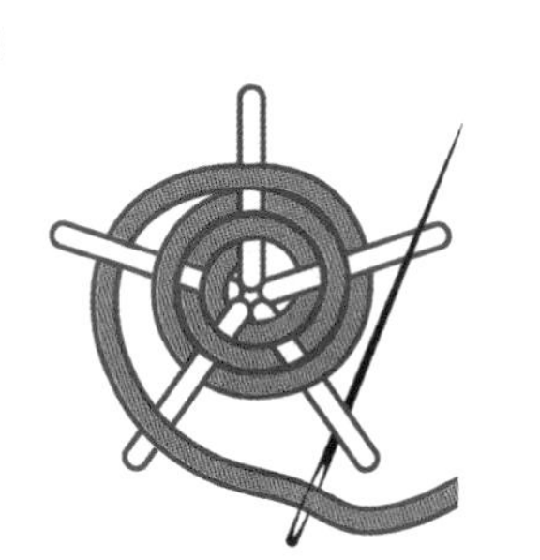

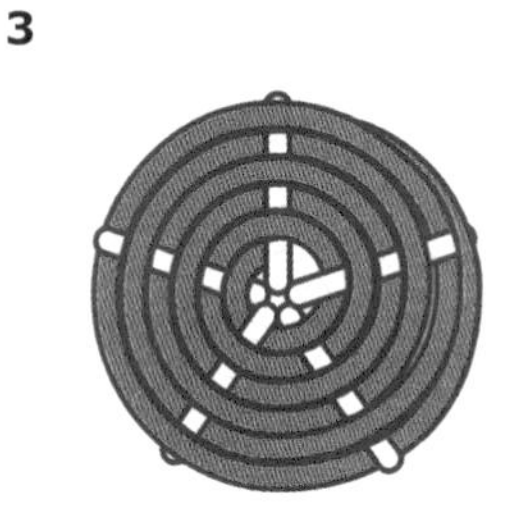

179 肋骨蛛網繡 Ribbed Spiderweb Stitch ★★☆

Ribbed意指「肋骨的」。又稱為「繞線蛛網繡（Whipped Spiderweb Stitch）」，造型為帶有羅紋的蛛網。先繡出數條當成基柱的直針繡，再用其他繡線依序纏繞基柱線，由內往外一圈一圈環繞繡成。

1

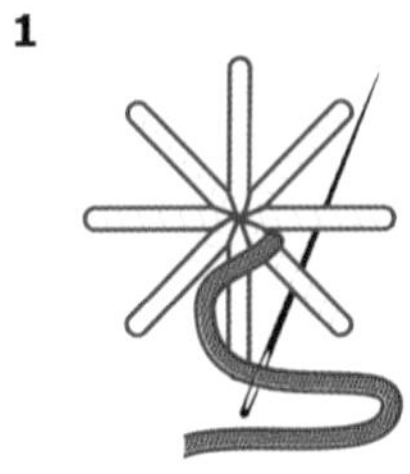

2

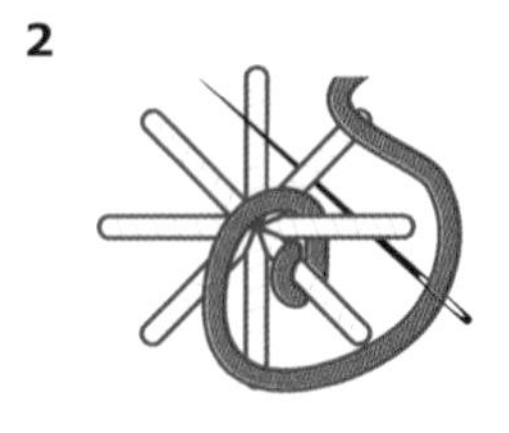

3

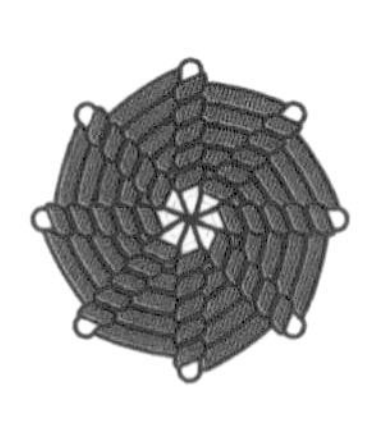

180 立體莖幹蛛網繡 Raised Stem Spiderweb Stitch ★★☆

Raised Stem意指「增高的莖幹」。於圓形輪廓中先繡好六到八條半徑後，逆時針方向以兩條線一組，圍繞著中心逐步環繞成。

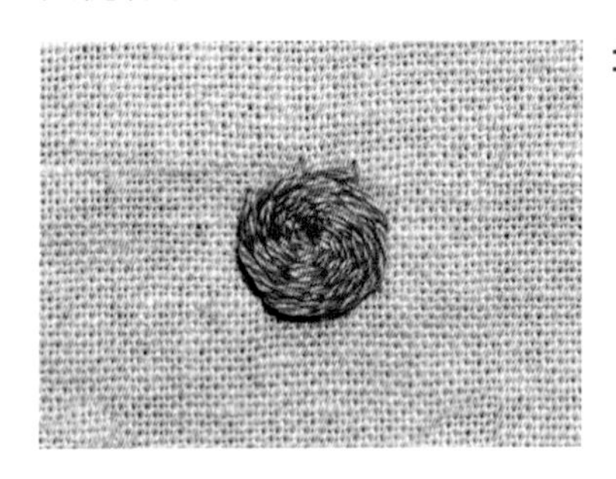

1

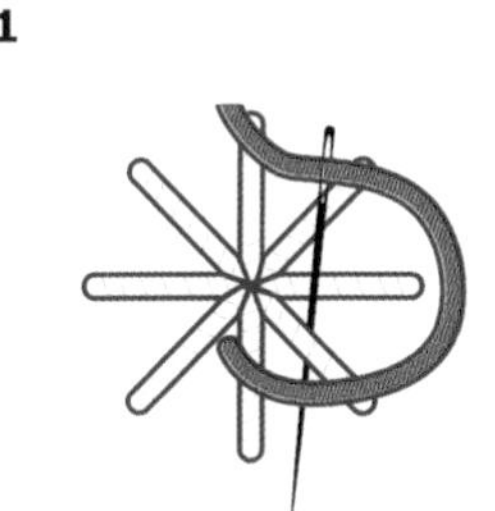

2

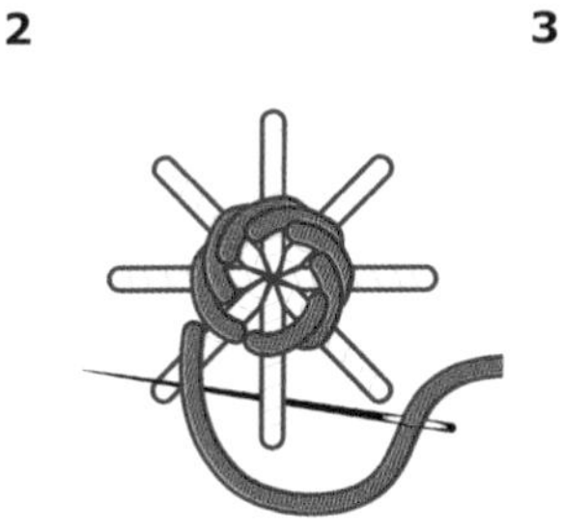

3

181 車輪繡 Wheel Stitch ★★☆

在數條繡線之間穿梭，適用於填滿圖面，營造立體感。

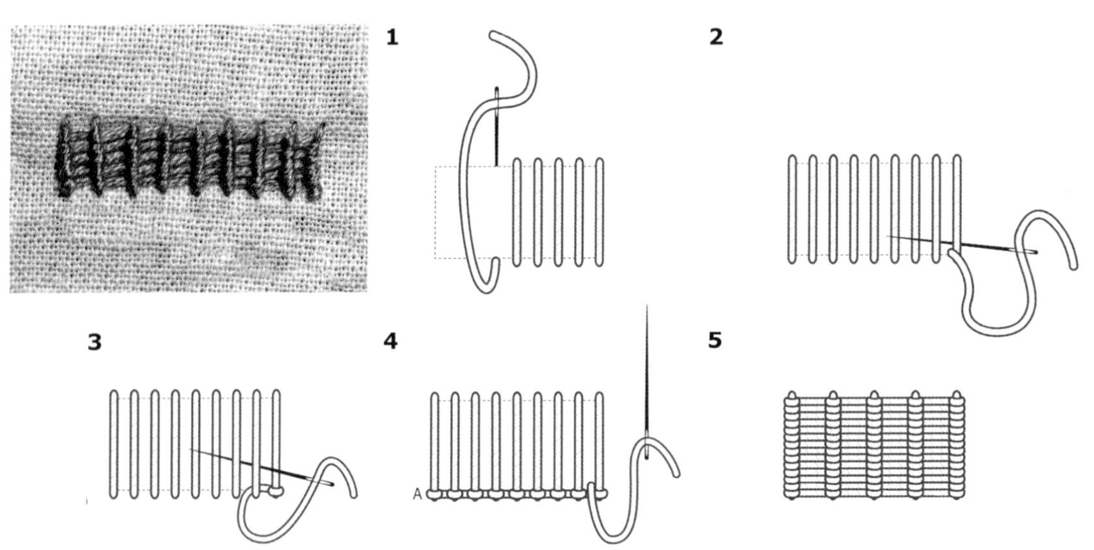

1~3 等距繡好數條縱向的直針繡，接著使用肋骨蛛網繡從底部橫向繞捲。

4~5 繞捲完第一行後，將針穿入位置A，再從另一側穿出，重複同樣動作直至填滿圖面。

182 玫瑰花繡 Rosette Stitch

★★☆

Rosette意指「玫瑰花造型的裝飾」。完成後的造型為一圓環。又稱為「玫瑰花形繡（Rosette Rose Stitch）」。

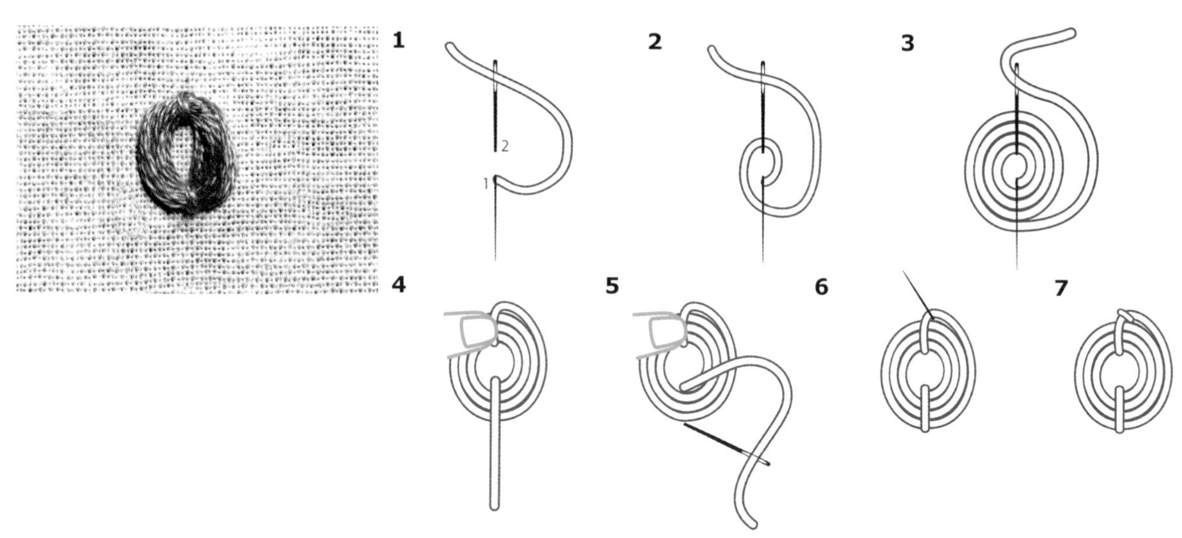

1 將繡線從位置1出針後，將針穿入位置2，並從位置1的正上方穿出，但針暫時不抽出來。
2 如圖所示，開始將繡線以逆時針方向繞捲於針下方。
3 一直繞捲到想要的厚度為止，過程中避免繡線彼此交疊。
4 最後繞捲至上方時，取一段合適長度，以另一隻手的大拇指按壓固定後，將針從圓圈的中心緩緩抽出。
5 如圖所示，將針穿入圖樣下方固定。
6 如圖所示，從最外層繡線的內側出針。
7 將針再穿入圈圈後方的布面，完成整個圈圈的固定。

183 編織圓形繡 Woven Oval Stitch

★★☆

造型相似於玫瑰花繡。可用來呈現造型可愛的圓環。

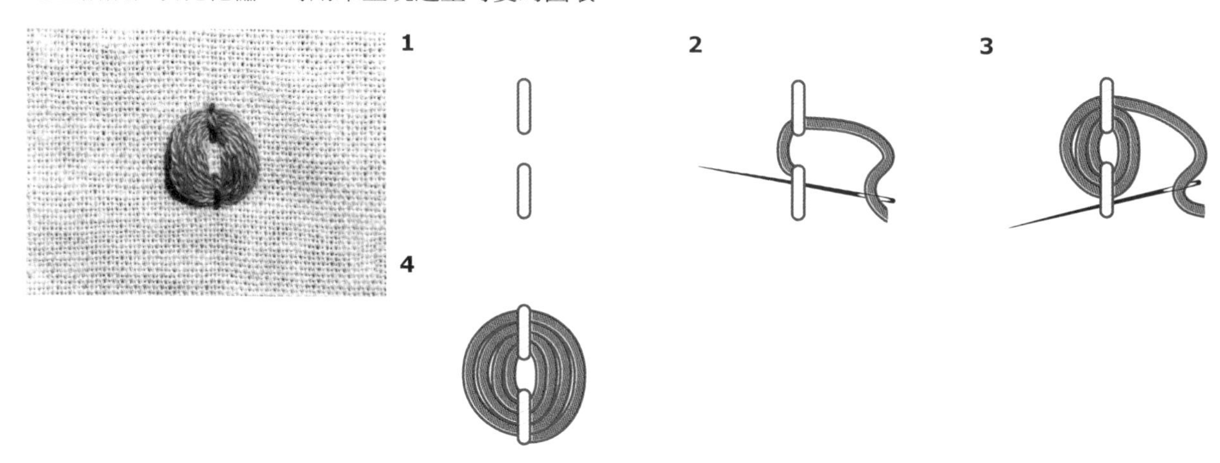

1 完成兩條長度相等的直針繡。直針繡的長度會決定圓環的寬度，而兩條直針繡的間隔會決定內圈圓形的大小。
2 從下方直針繡的左上端出針，然後以順時針方向開始繞圓。
3 持續繞圓至兩段直針繡都塞滿了繡線。
4 將針穿入直針繡下方固定後即完成。

184 捲線繡 Bullion Stitch

★★☆

把針作為基柱，將繡線繞捲於上，藉此做出立體的造型。

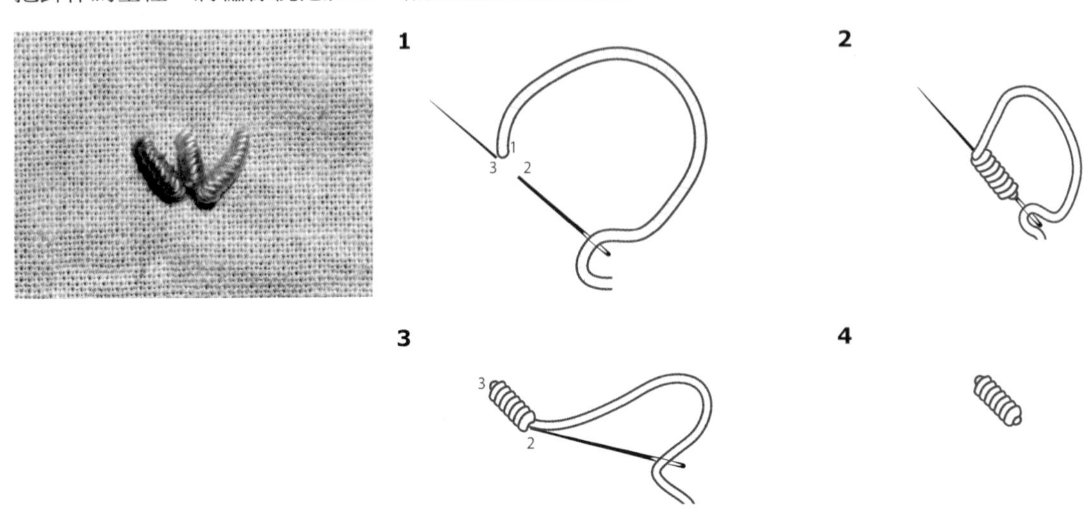

1 從位置1出針後，從2穿過布面再從3出針，接著一手抓住繡線按順時針方向繞捲在針上，繞捲長度約為2到3的距離。

2 整齊地繞捲後，用另一隻手抓穩捲好的繡線，再將針從上方抽出。

3~4 抽出針後，抓住繡線往位置2方向拉緊，可使繞捲處更整齊，最後回到位置2入針固定，完成捲針繡。

185 捲線結粒繡 Bullion Knot Stitch

★★☆

將捲針繡弄成圓形後固定。

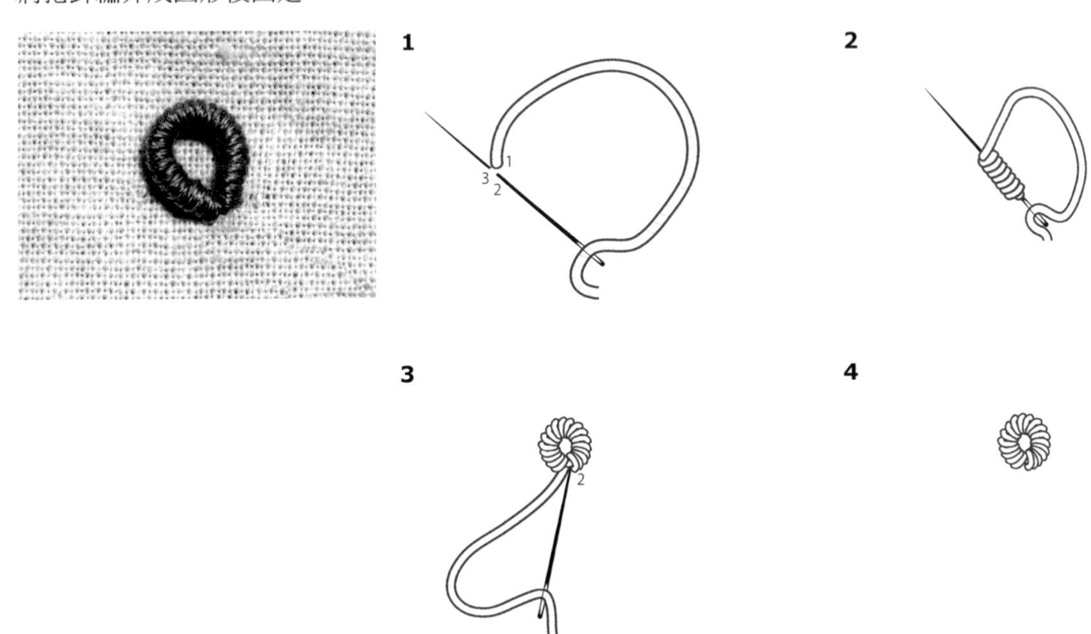

1 取出位置2和3的間距，此距離要短於待會在針上繞捲的長度。

2 在針上纏繞越多圈，圓形的大小越大。抓穩捲好的繡線後，將針從上方抽出。

3~4 抽出針後，將繡線往位置2的方向拉，直到繞捲好的部分呈圓形且變得整齊，再從位置2入針固定。

186 捲線雛菊繡 Bullion Daisy Stitch

★★☆

弄出大尺寸的捲針繡，再以雛菊繡的花朵造型固定。

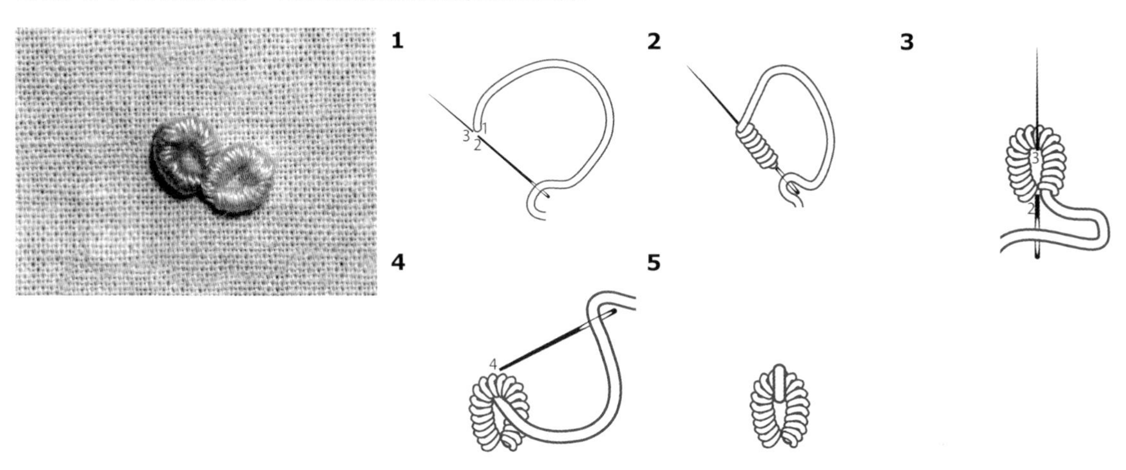

1 位置2和3的間距必須短於步驟**2**將線繞捲在針上的長度。

2 開始順時針於針上纏繞繡線，纏繞越多圈，完成的造型越大。

3 按住針上的繡線，緩緩將針抽出後，如圖，從2插入，再從3出針。

4~5 接著從4入針後固定。

187 捲線玫瑰繡 Bullion Rose Stitch

★★★

使用捲針繡做出玫瑰花造型的針法。

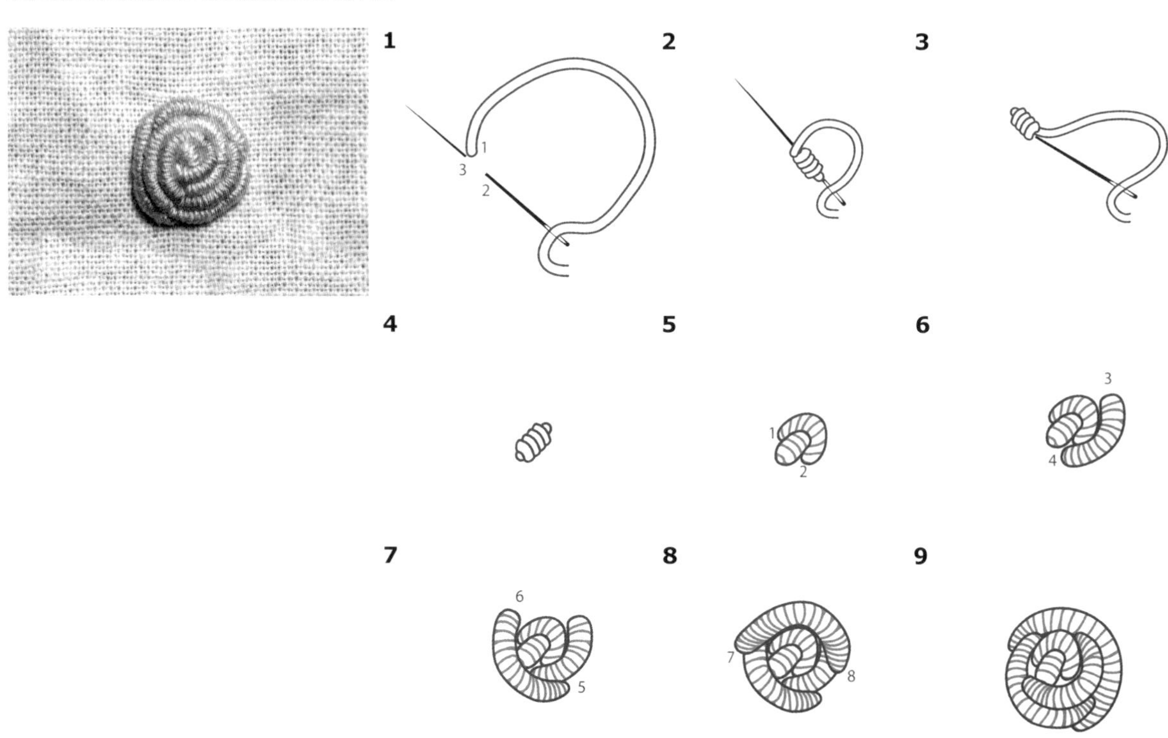

1~4 完成一個捲針繡，作為造型的中心點。

5~9 完成多個捲針繡，每個大小都不超過半圓，塑造出玫瑰花般的形狀。

188 三角捲針繡 Triangle Bullion Stitch

★★☆

使用捲針繡做出三角造型。

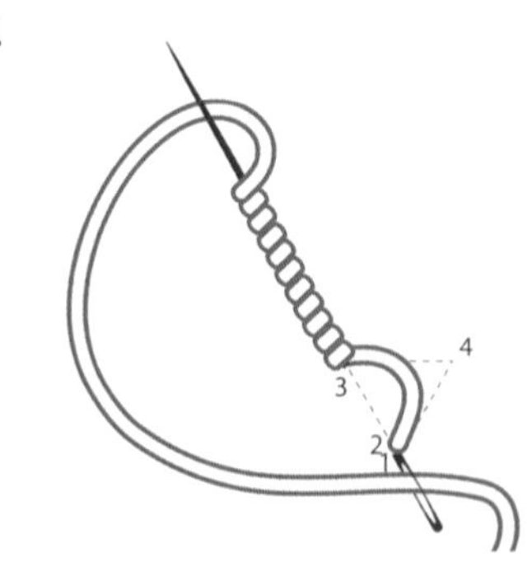

1 畫好所需大小的三角形，先從位置1出針後，再從非常靠近1的位置2入針，接著穿過布面從位置3出針。將繡線繞捲於針上，繞捲長度約等同於位置3到4的距離，完成後抓穩繞捲處，將針從上方抽出。

2 拉緊繞捲好的繡線後，往位置4的方向拉，使之整齊後，從位置4入針固定。

189 直針玫瑰繡 Rambler Rose Stitch

★★★

Rambler Rose意指「玫瑰藤」。在圓形的中央使用直針繡完成兩個三角形後，拉長每一針的長度，以螺旋狀圍繞成形。可用來呈現藤蔓上花瓣繁多的玫瑰花造型。

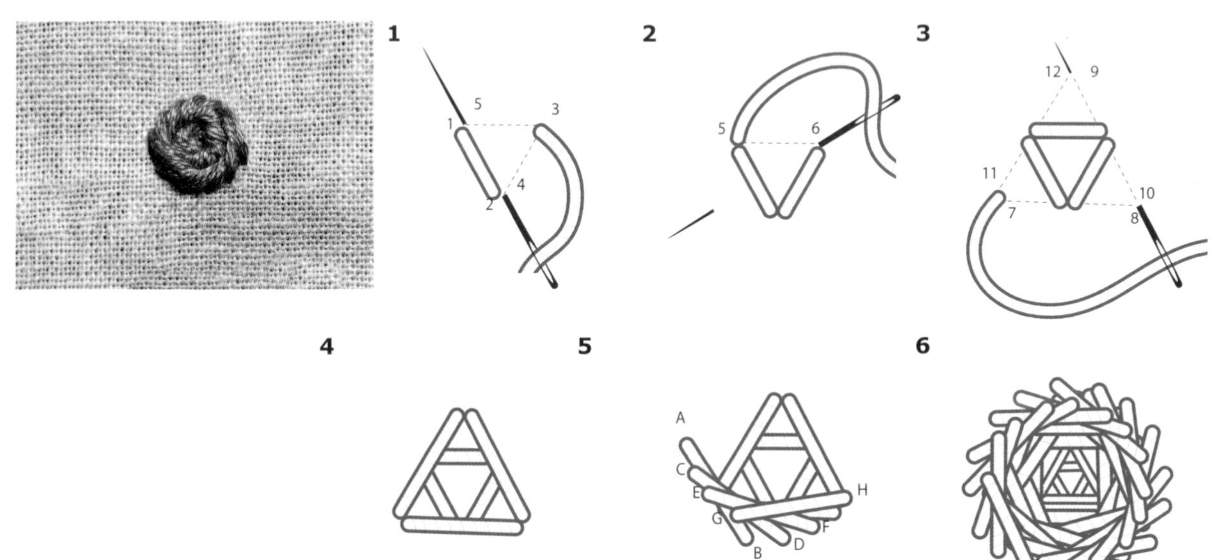

1~2 用直針繡完成一個小的三角形輪廓。

3~4 如圖所示，在小三角形的外圍繡一個大三角形。

5~6 如圖所示，使用直針繡繡出斜線，每一針的角度一點一點地改變，按順時針方向圍繞三角形完成。

190 單邊編織捲線繡 Cast-on Stitch

★★★

Cast-on意指「在針上做出結」。如同針織般將繡線勾於針上打結，可用以呈現富有立體感的花朵造型。

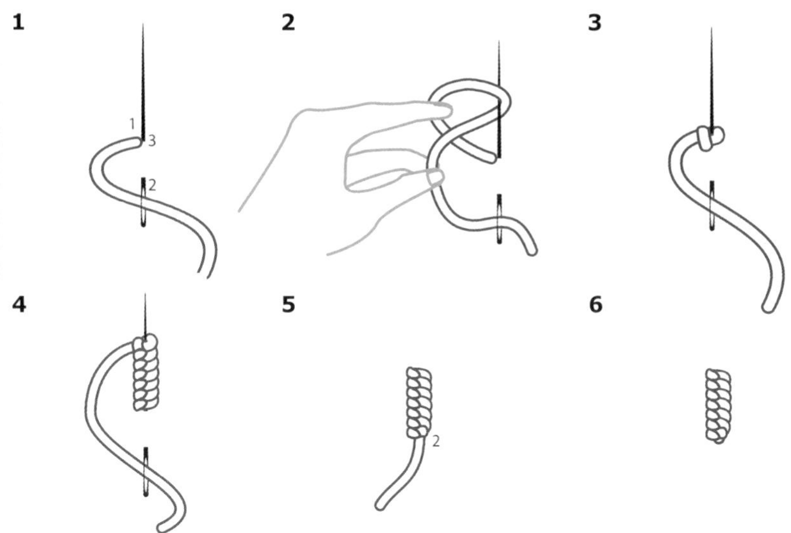

1 從位置1將繡線抽出後，再穿入位置2，接著於繡線正右方（位置3）出針。

2~3 如圖用手指將繡線繞圈後勾於針上，並將繡線往下方拉緊。

4~5 重複動作，持續整齊地繞出一個個結。最後，一手抓住繞捲好的部分，將針從上方抽出。並將繡線往下方拉緊後穿入位置2固定。

6 以捲針玫瑰繡（第97頁）繞轉，就能做出如實品圖的造型。

191 單邊編織指環繡 Cast-on Ring Stitch

★★★

使用單邊編織捲線繡做出圓環造型的針法。

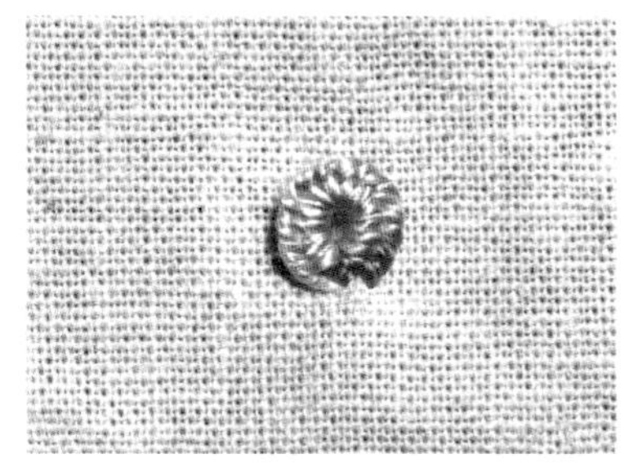

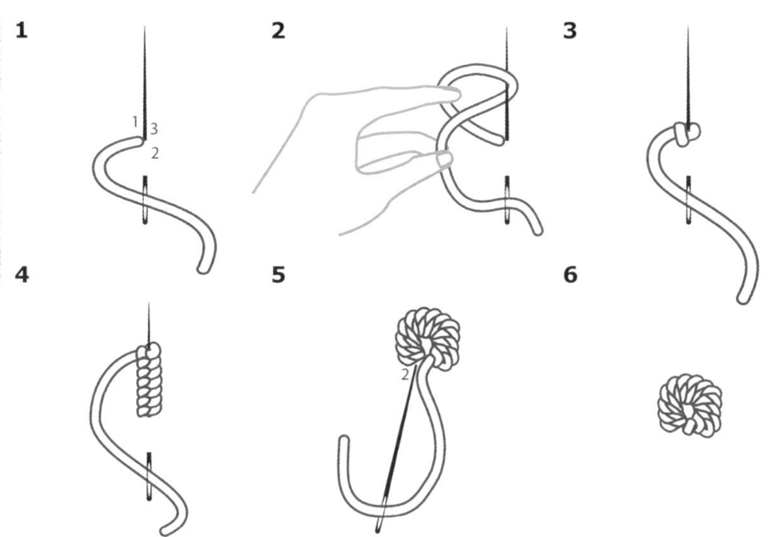

1 位置2和3的間距必須短於步驟**4**單邊編織捲線繡的長度。

2~3 如圖所示，將繡線繞圈後勾於針上，並將繡線往下方拉緊。

4 重複剛剛的動作，整齊地繞出多個結。纏繞越多次，指環越大。最後，一手抓住繞捲好的部分，另一手將針從上方抽出。

5 將繡線拉緊，使圓圈造型變得整齊後，於位置2入針固定。

對稱編織捲線繡 Double Cast-on Stitch

★★★

將繡線分左右兩邊繞捲於針上，堆疊出對稱的結。

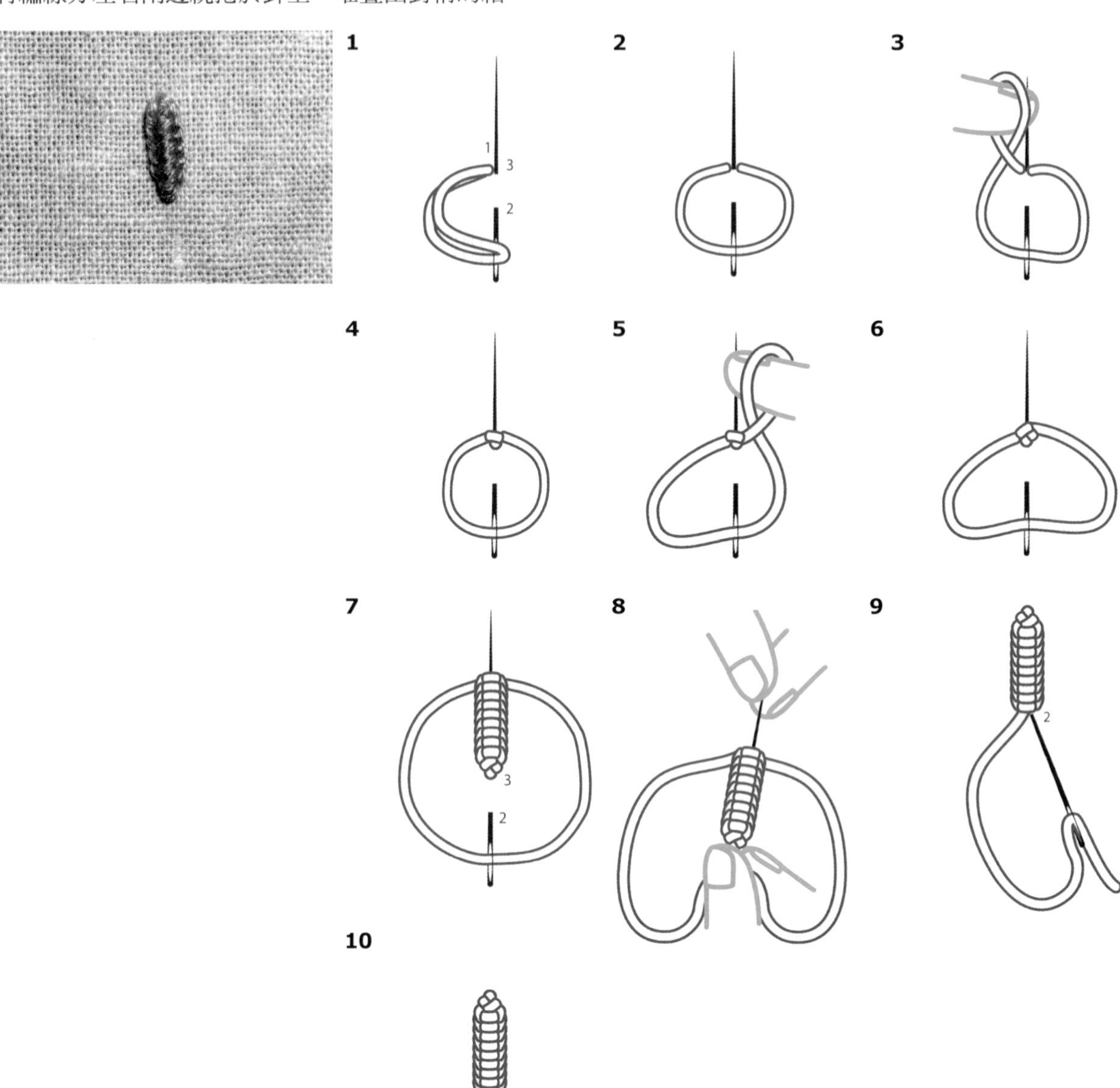

1 將兩股繡線穿過針。繡線從位置1出針後，穿入位置2，再從位置3抽出。

2 將兩股線往兩側撥開。

3~6 如圖所示，將左側的繡線勾於針上，並將繡線往下方拉緊；右側繡線也進行同樣動作。

7 左右兩側重複交替將繡線繞圈後勾於針上。

8 用另一隻手抓住已完成的部分，將針從上方抽出來。

9 將繡線拉緊後，從位置2穿入固定。

193 圓形羅茲繡 Circular Rhodes Stitch

★★☆

Circular Rhodes意指「圓形的玫瑰」，此針法可繡出富有立體感的圓。

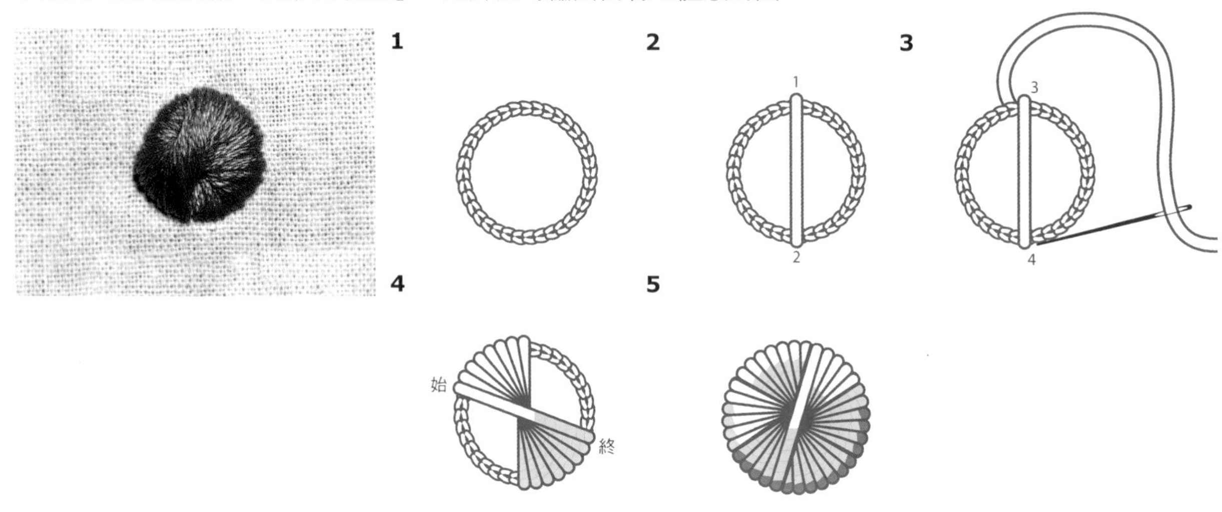

1 使用裂線繡完成圓形邊框。

2 從位置1出針後，從位置2入針，然後將直線繡拉緊。

3 接著從位置3出針後，從相對的位置4入針，同樣拉緊繡線。

4~5 將每個直針繡的起點與終點維持在相對位置，逆時針重複同樣步驟，繡線之間非常緊密地排列而成。

194 玫瑰莖幹繡 Stem Stitch Rose

★★★

使用輪廓繡繞圓，繡出玫瑰花造型，繡線越鬆越能呈現出盛開的立體花朵。

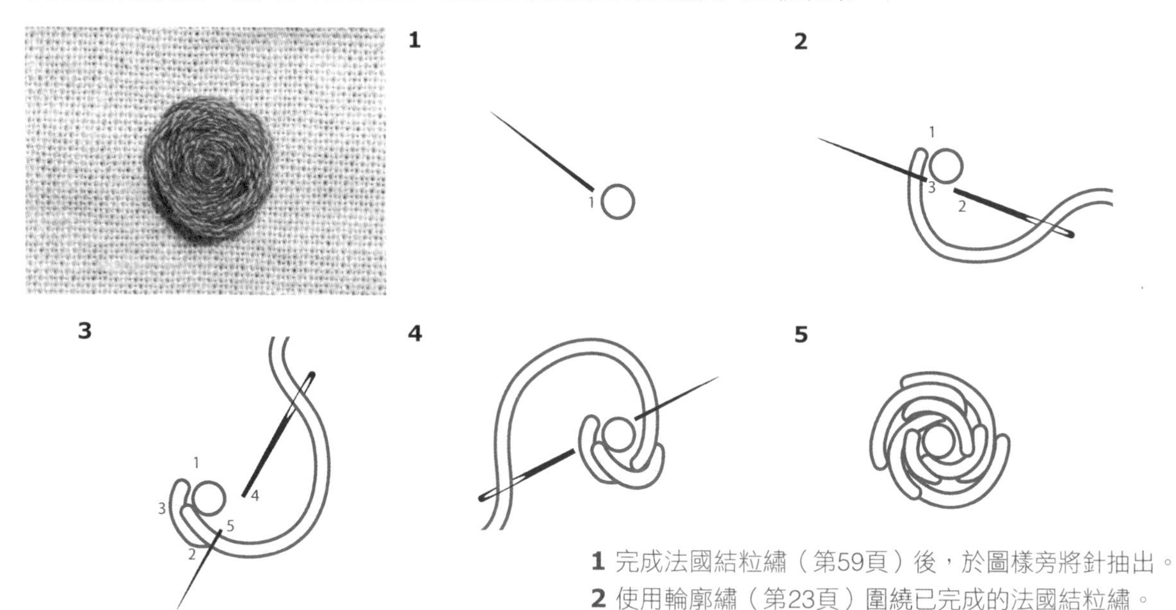

1 完成法國結粒繡（第59頁）後，於圖樣旁將針抽出。

2 使用輪廓繡（第23頁）圍繞已完成的法國結粒繡。

3 持續以輪廓繡圍繞並一點一點增加繡線的長度。

4 注意輪廓繡的長度勿超過半個圓。

195 斯麥那繡 Smyrna Stitch ★★★

將圈圈固定並緊密地堆疊多層，若剪開圈圈便可營造出地毯般的毛料質感。Smyrna為土耳其城市Izmir的舊稱，此針法源自盛產手工地毯的土耳其，亦稱為「土耳其結粒繡（Turkey Rug Knot Stitch）」、「戈耳狄俄斯結繡（Ghiordes Knot Stitch）」、「土耳其絨毛繡（Turkey Work Stitch）」，適合用於呈現動物的毛或茂盛的花朵等，為富有立體感的針法。

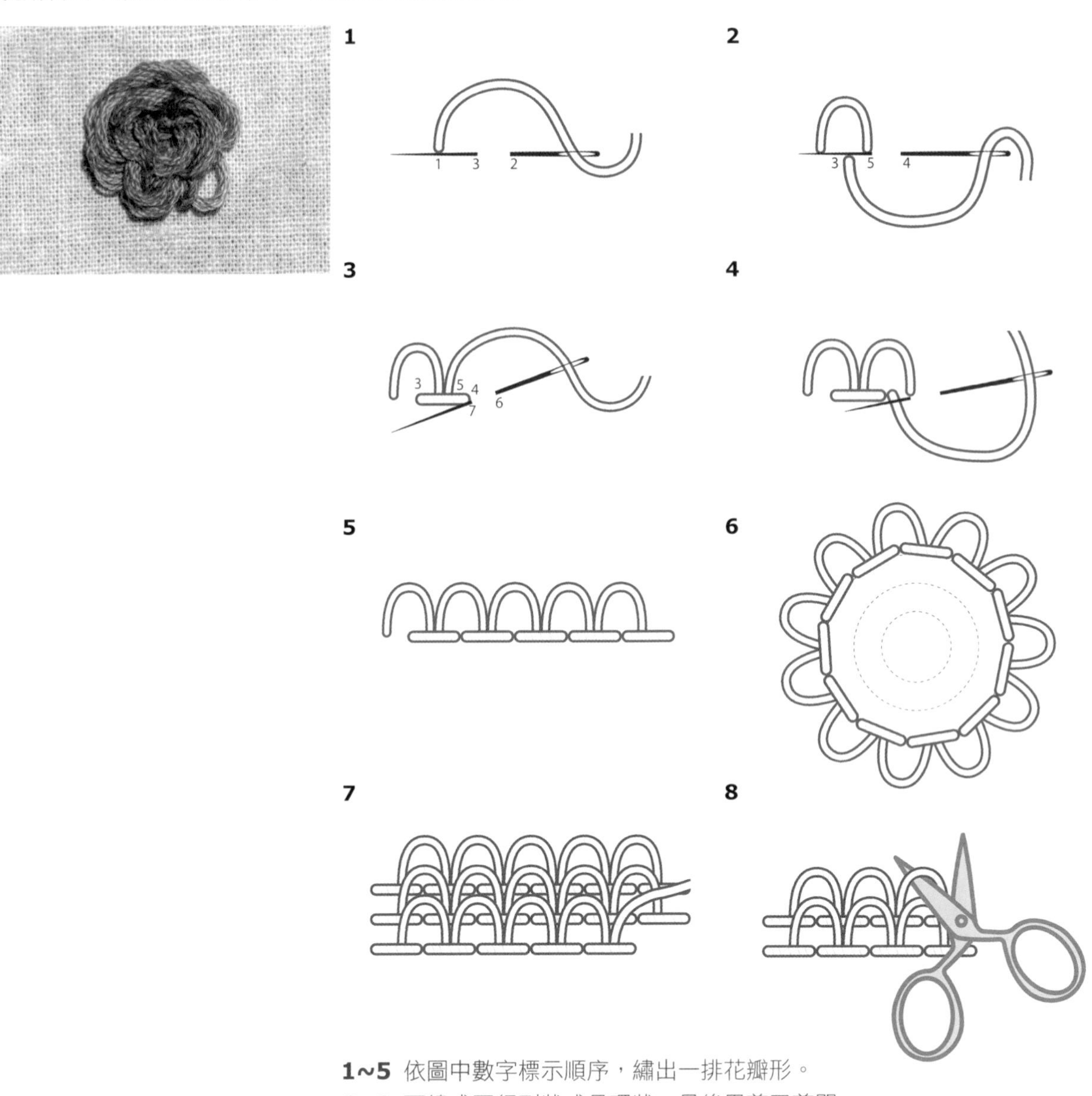

1~5 依圖中數字標示順序，繡出一排花瓣形。

6~8 可繡成平行列狀或是環狀，最後用剪刀剪開，便可營造出毛料的質感。

TIP

斯麥那繡vs 圈圈毛邊繡（81頁）

兩者層層堆疊的造型雖然相似，但斯麥那繡可將圈圈剪開來，營造出細膩的毛料感，但圈圈毛邊繡是單純以圈圈繞圓的針法，由於沒有完全固定圓圈的位置，所以一旦剪開，將會有繡線脫落的風險。

立體葉形繡 Raised Leaf Stitch

以大頭針為基柱，將繡線纏繞於上製作出立體的花朵造型。又稱「編織葉形繡（Woven Picot Stitch）」。

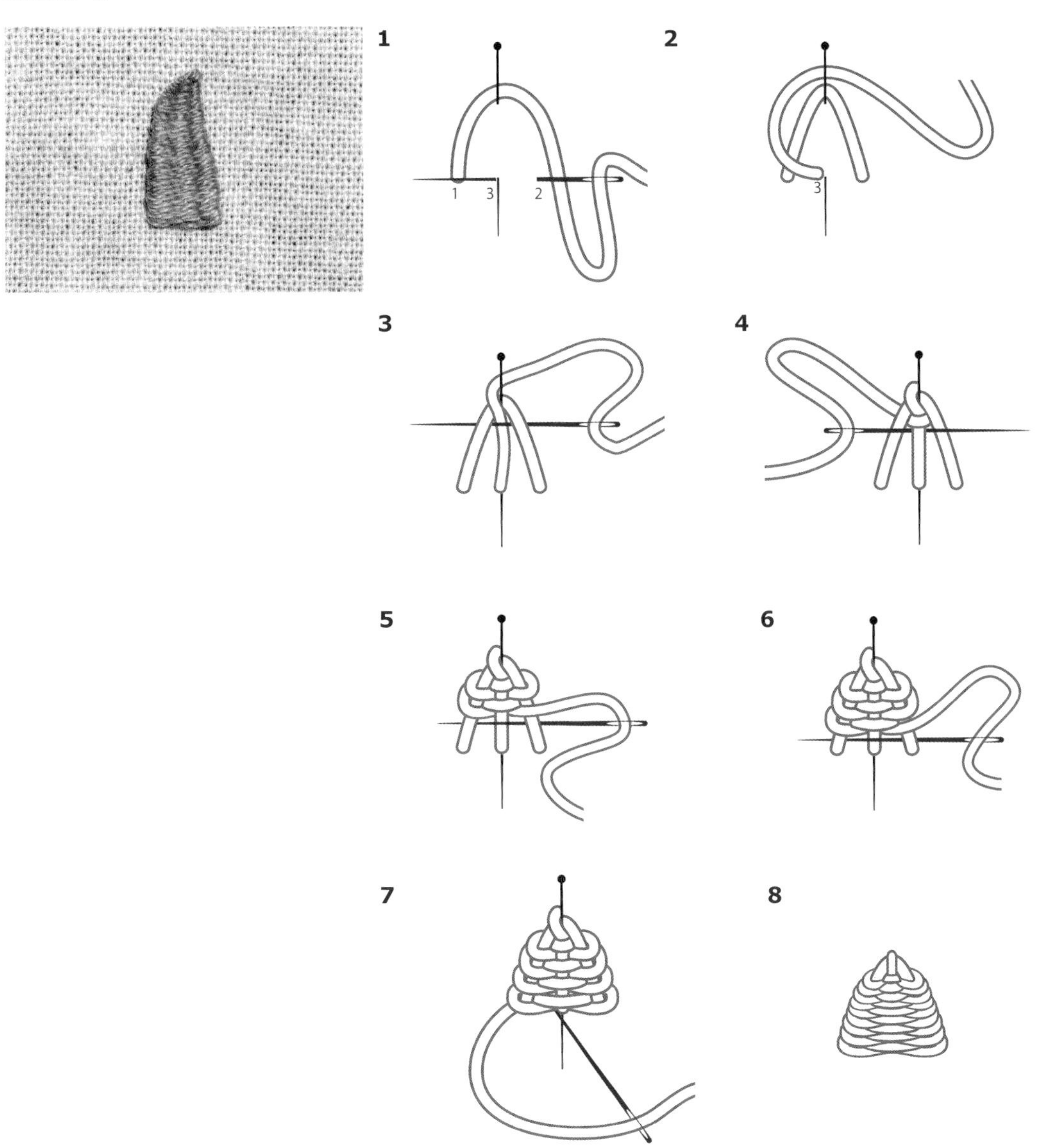

1 如圖所示，依照所需的長度在布面插上大頭針。從位置1抽出繡線後勾於大頭針後面並拉直，然後從位置2入針，接著從大頭針的正左方（位置3）出針。

2 抽出的繡線再次勾於大頭針後並拉緊。

3 如圖所示，將針從三段中心繡線間交錯穿過，然後將繡線往上方拉緊。

4 從左側穿往右側時，只從中間的中心繡線下方穿過。

5~6 每完成一條橫線時，用針尾將繡線往上堆，使繡線看起來更緊密。拉緊繡線時，注意邊緣的整齊。

7~8 一直編織到看不見中間三段中心繡線後，輕輕取出大頭針，收針固定。

197 棒狀針編繡 Needle Weaving Bar Stitch ★★★

造型立體的針法。其造型雖相似於立體葉形繡，但不使用大頭針，而是將尾端固定起來編織。

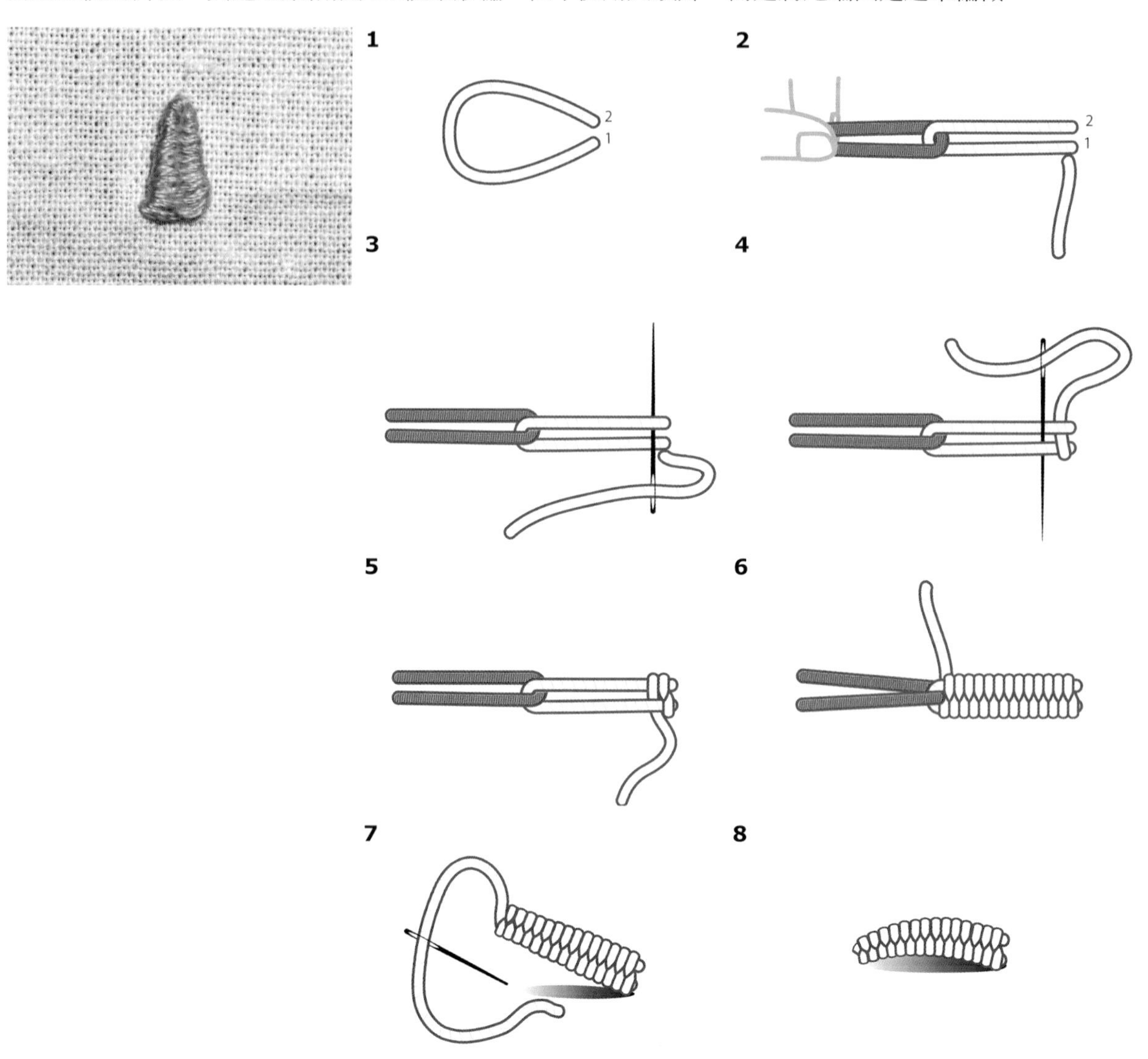

1 繡線從位置1抽出後，穿進位置2，做出一個圈圈。

2 在圈圈上掛上另一條繡線，取出所需的長度後拉直，接著從位置1的正下方將繡線抽出。

3 如圖所示，針穿過繡線時不穿入布面。

4 將針從上方抽出後，再次按圖指示將針穿過繡線下方。

5~6 拉緊另一條繡線時需特別注意，以免圈圈的造型扭曲變皺。使用同樣技法纏繞直到圈圈尾端，便可取下掛於圈圈上的繡線。

7 從編織完成的圖樣尾端入針。入針的位置越短於編織圖樣的長度，圖樣就越會彎曲突出。

198 綁珠繡 Wrapping Beads Stitch ★★★

將繡線緊密纏繞於一顆有洞的大珠子上，適用於呈現立體的果實造型。

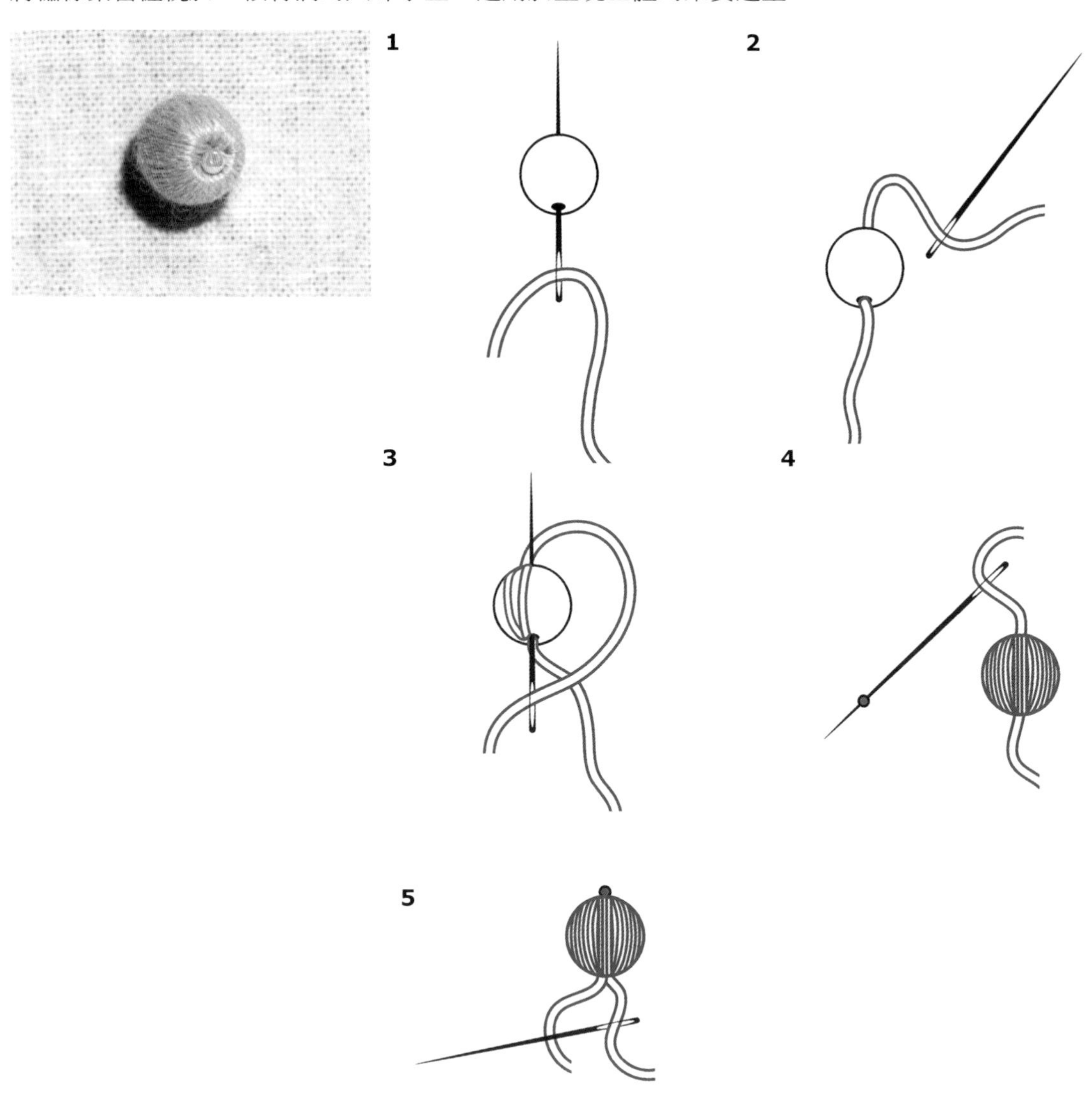

1 繡線先不打結。將穿好線的針從珠子洞口由下往上穿出。
2 珠子下方的繡線保留約8公分的長度。
3 抓住下方的繡線以免移位，同時整齊地將繡線纏繞於珠子上。
4 繡線緊密地纏繞之後，將一顆較小的珠子套入針上，再把針由上往下通過洞口穿出。
5 兩條繡線都穿過針，將珠子固定於布面上即完成。

199 鐵絲固定繡 Wire Stitch

★★★

將鐵絲固定成想要的造型後，使用長短繡或緞面繡填滿圖面，再剪裁鐵絲的邊緣，易於呈現立體的花朵或葉子圖樣。

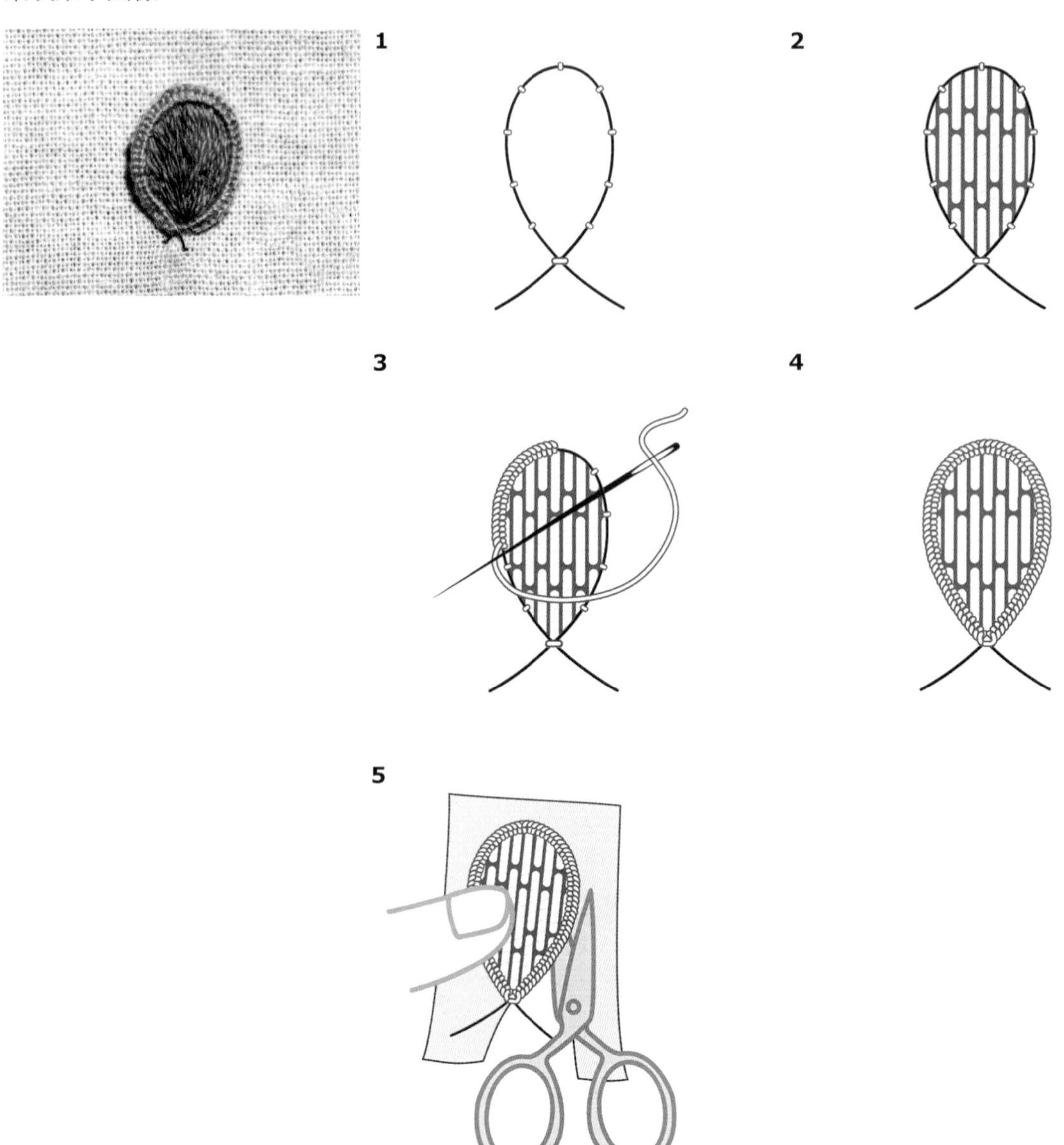

1 對準圖案的輪廓線，在鐵絲上完成釘線繡。

2 以長短繡（第86頁）或緞面繡（第85頁）填滿鐵絲內的圖面。

3~4 可使用與釘線繡（第53頁）相同顏色的繡線纏繞鐵絲，再以毛邊繡（第75頁）完整包覆鐵絲。

5 用剪刀小心沿著邊緣剪裁，注意不要剪斷繡線，完成。

200 薊花繡

★★★

一種立體針法，適合用在呈現康乃馨或薊花的造型。

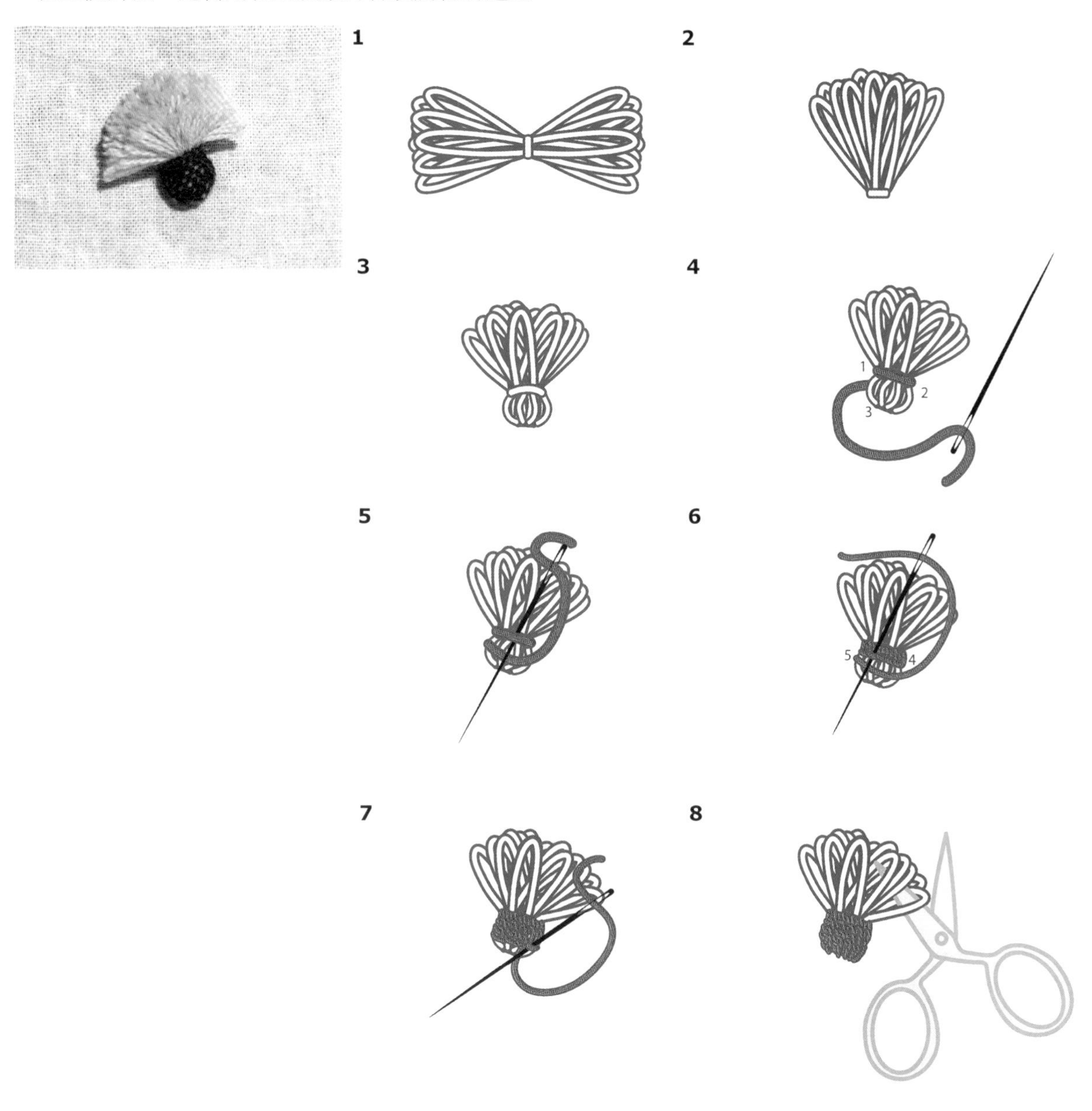

1~2 將線先纏繞於小卡或名片上，取下後捆住中間，再將其折半。

3 從下半部（約三分之一處）綁緊。

4 將捆線置於布面上。從位置1抽出綁於下半部的線，再穿入位置2並拉緊，然後從位置3抽出。

5 如圖所示，將繡線勾於綁好的線段上。

6 如圖所示，將第一行的尾端穿入位置4，再從位置5抽出，然後編織第二行。

7 使用同樣的技法將下方編織得圓圓的。

8 用剪刀剪開上半部的每個圈圈即完成。

201 康乃馨繡 Carnation Stitch ★★★

使用毛邊繡完成基本造型後，在刺繡時堆疊出多層圈圈，呈現出康乃馨的造型。

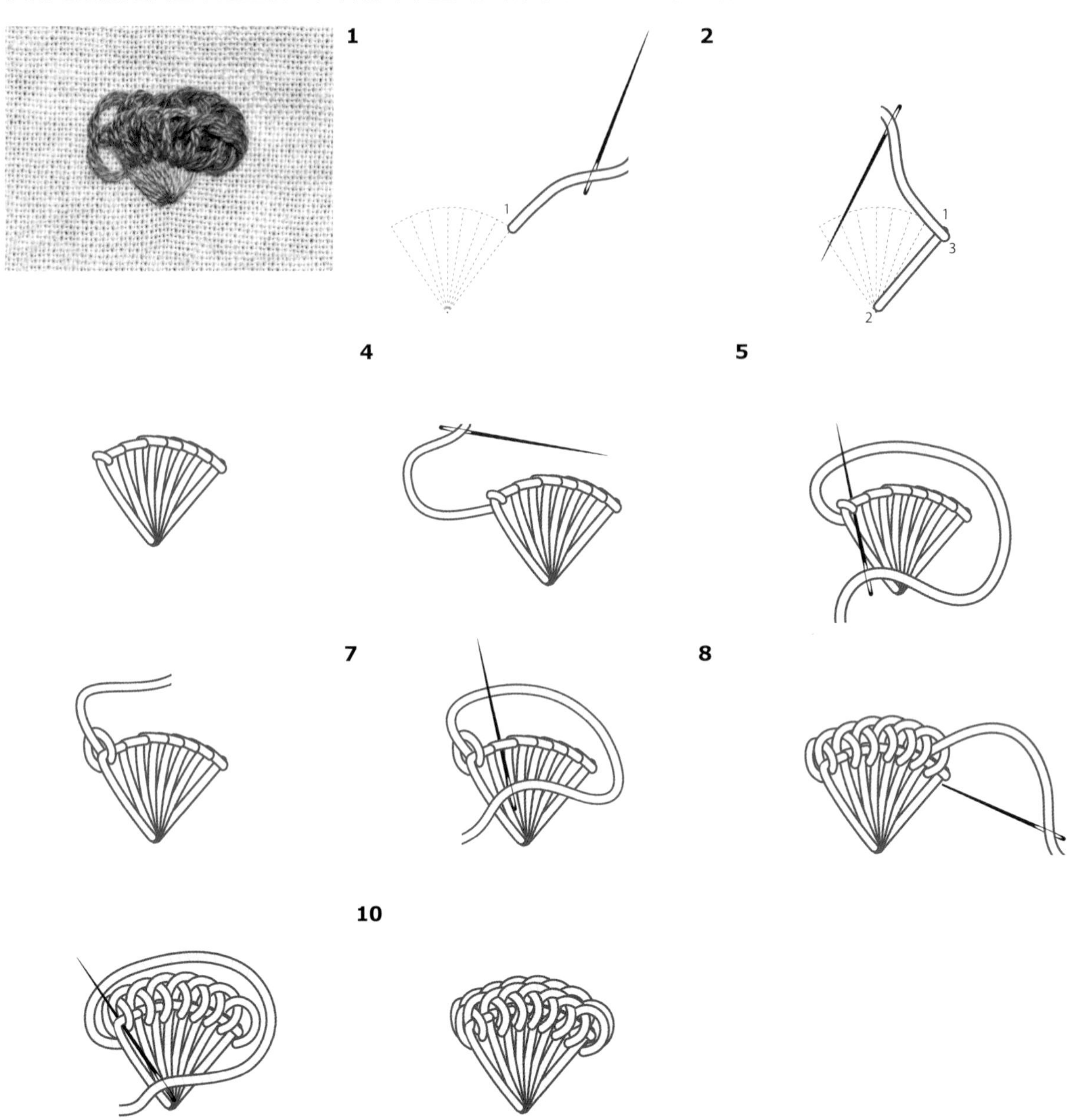

1 從位置1出針。

2 從位置2入針後，再從位置3出針。

3 完成半輪狀毛邊繡（第76頁）。

4 從半輪狀毛邊繡內側的尾端出針。

5~6 如圖所示，將針穿入繡線下，按照所需大小做出圈圈。

7~8 使用同樣的技法在每段繡線上弄出圈圈，然後按圖指示將針穿入布面。

9 再從左側尾端出針，開始製作第二行的圈圈。

202 立體玫瑰繡 Raised Rose Stitch ★★★

使用回針繡在中間繡好一個小圓，再將繡線圍繞於小圓上，然後使用分段毛邊繡（第79頁）弄出玫瑰花的造型。

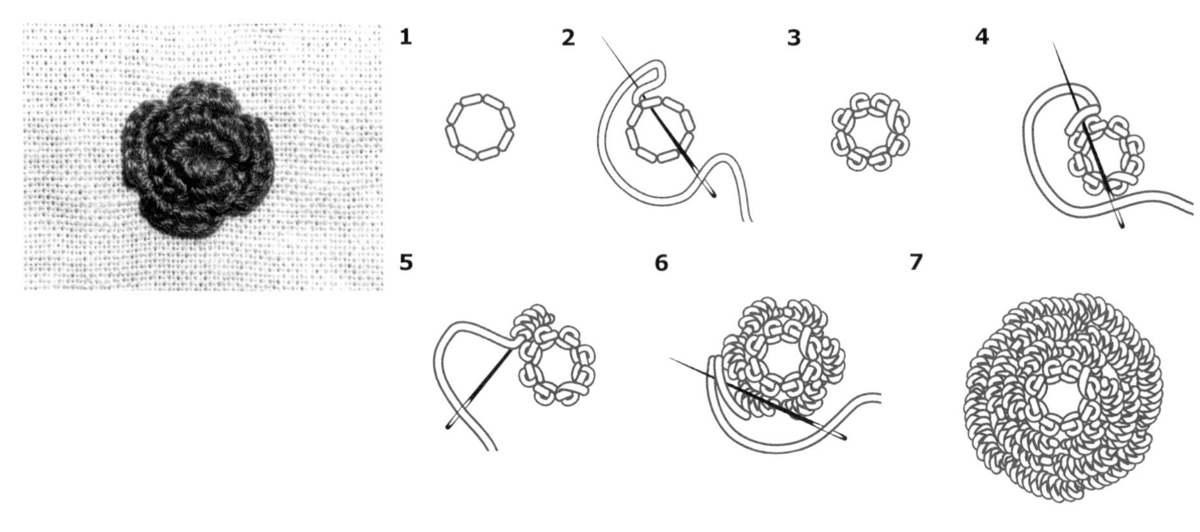

1 使用回針繡完成小圓。
2 如圖所示，將繡線往回針繡外圍抽出，再穿過每一段繡線編織成形。
3 完成一圈的模樣。
4 如圖所示，在圓的外圍繡分段毛邊繡。
5 用分段毛邊繡繞一圈。
6 如圖所示，將分段毛邊繡的線段拉長後再繞第二圈。
7 第三圈、第四圈也同樣增長線段長度後繼續繞圓。

203 立體杯形繡 I Raised Cup Stitch I ★★★

完成輪狀毛邊繡後，於邊緣纏繞繡線，可以纏繞一層或二到三層。是一款能塑造立體感的針法。

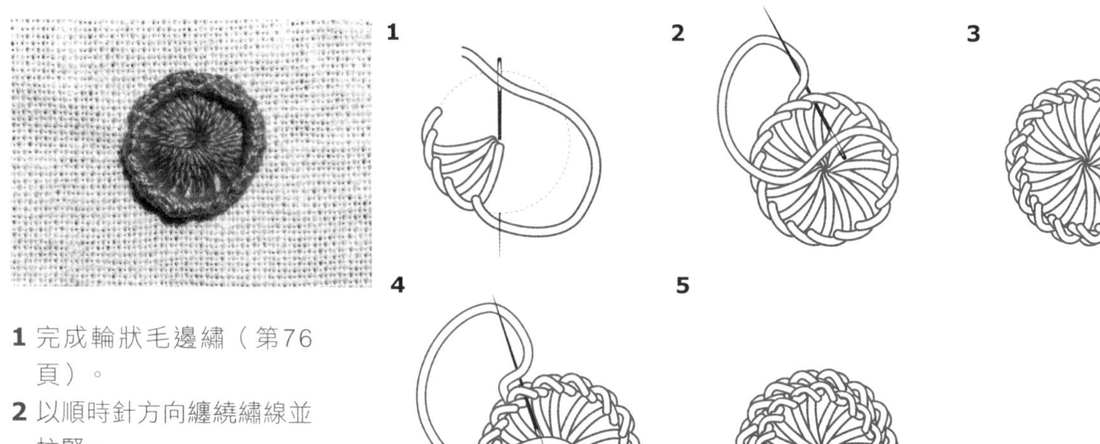

1 完成輪狀毛邊繡（第76頁）。
2 以順時針方向纏繞繡線並拉緊。
3 纏繞一圈的模樣。
4 使用同樣的技法，將第二層圓圈纏繞於第一層的繡線上。

立體杯形繡 II Raised Cup Stitch II

★★★

是一款立體針法。在三角形的直針繡上完成釦眼繡，於每個釦眼繡的縫隙間抽針，使用多個釦眼繡纏繞而成。

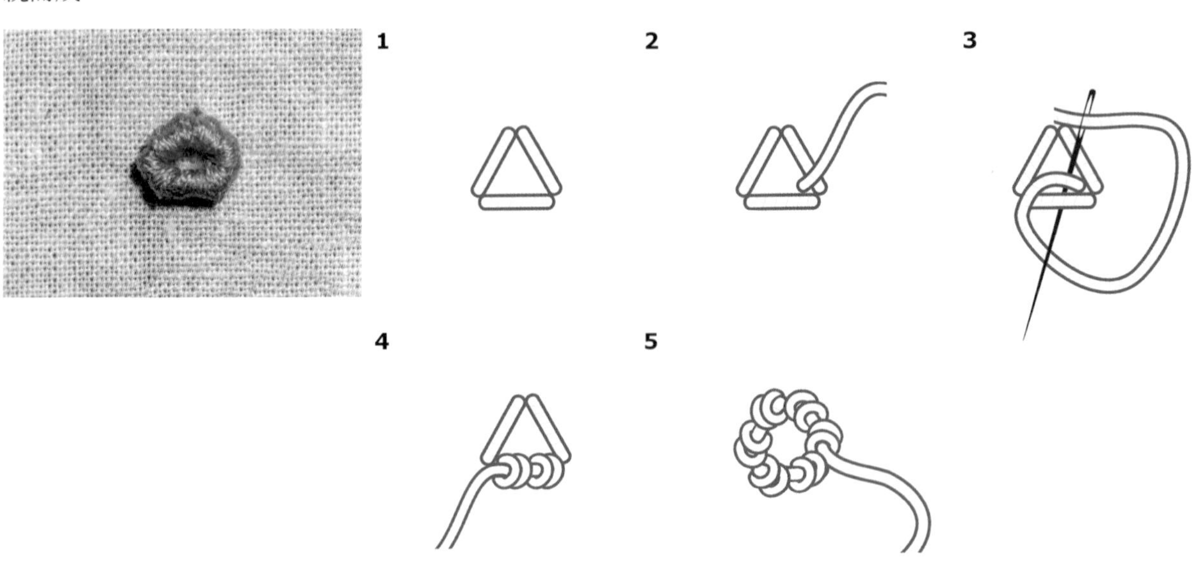

1 使用直針繡繡出三角形。
2 將繡線往三角形的內側抽出。
3 如圖所示，出針後將線拉緊，完成扭結。
4 使用同步驟**3**的技法，在三角形的每一邊都打出二至三個扭結。
5 如圖所示，做出圓圈的造型。

Sweet Home

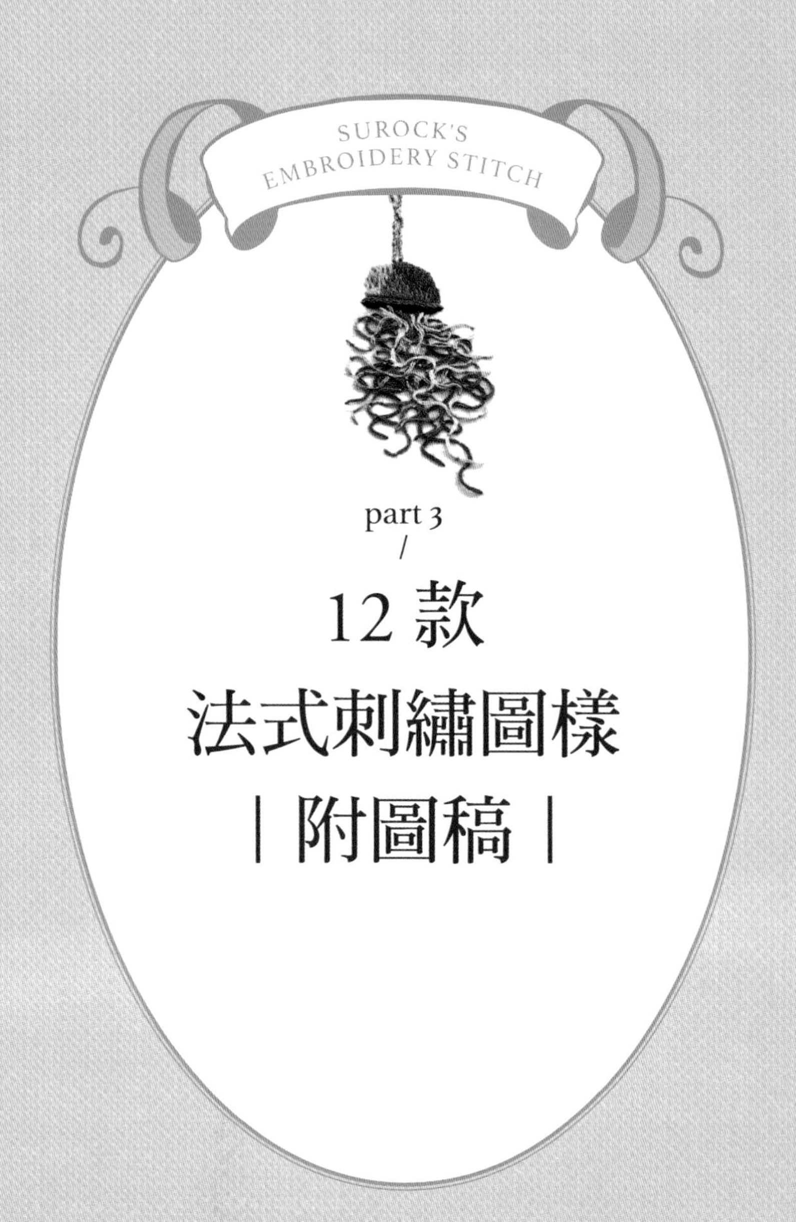

part 3
/

12 款 法式刺繡圖樣 |附圖稿|

pattern 1

| 裝飾布 |
森林裡的樹木們

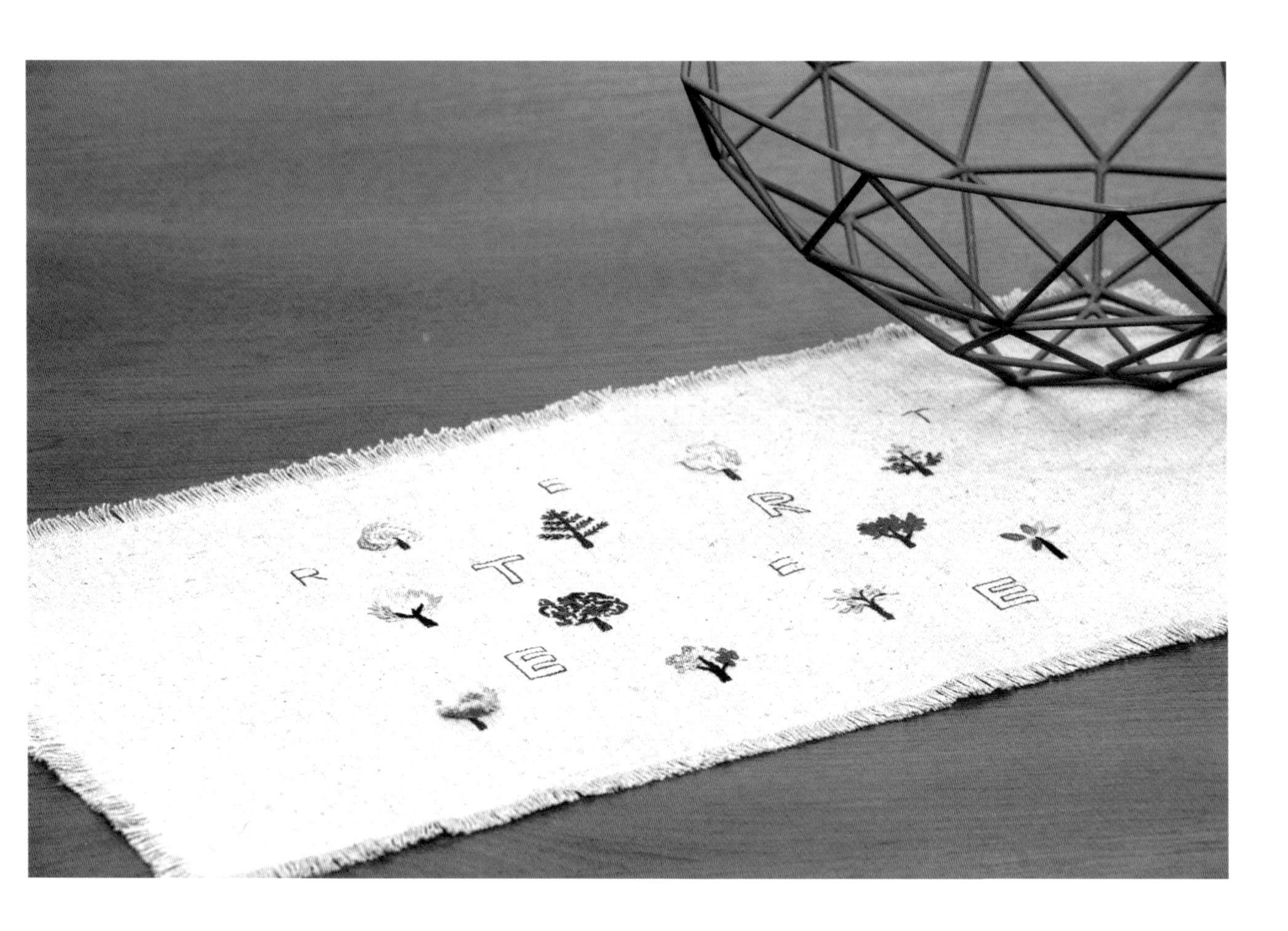

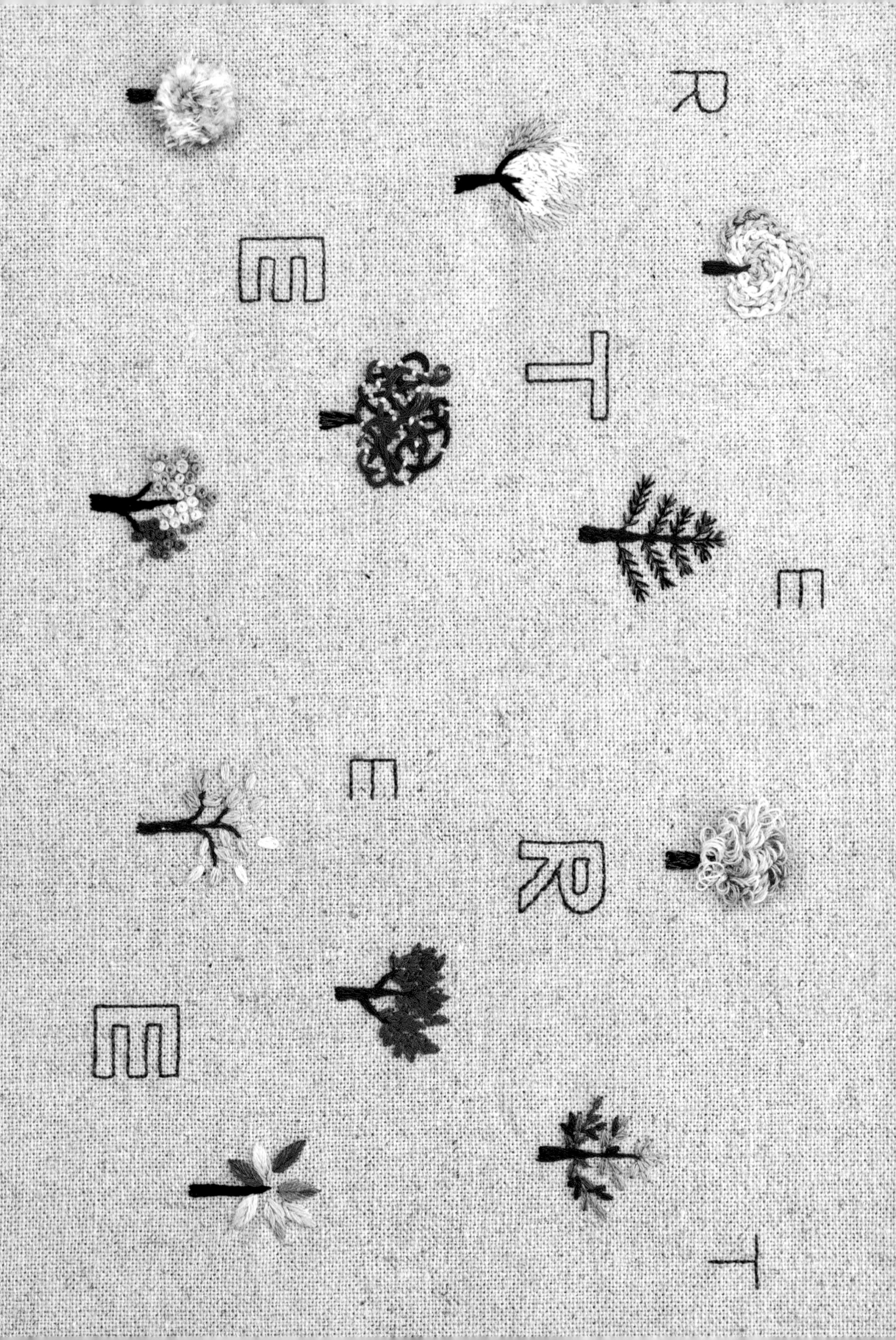

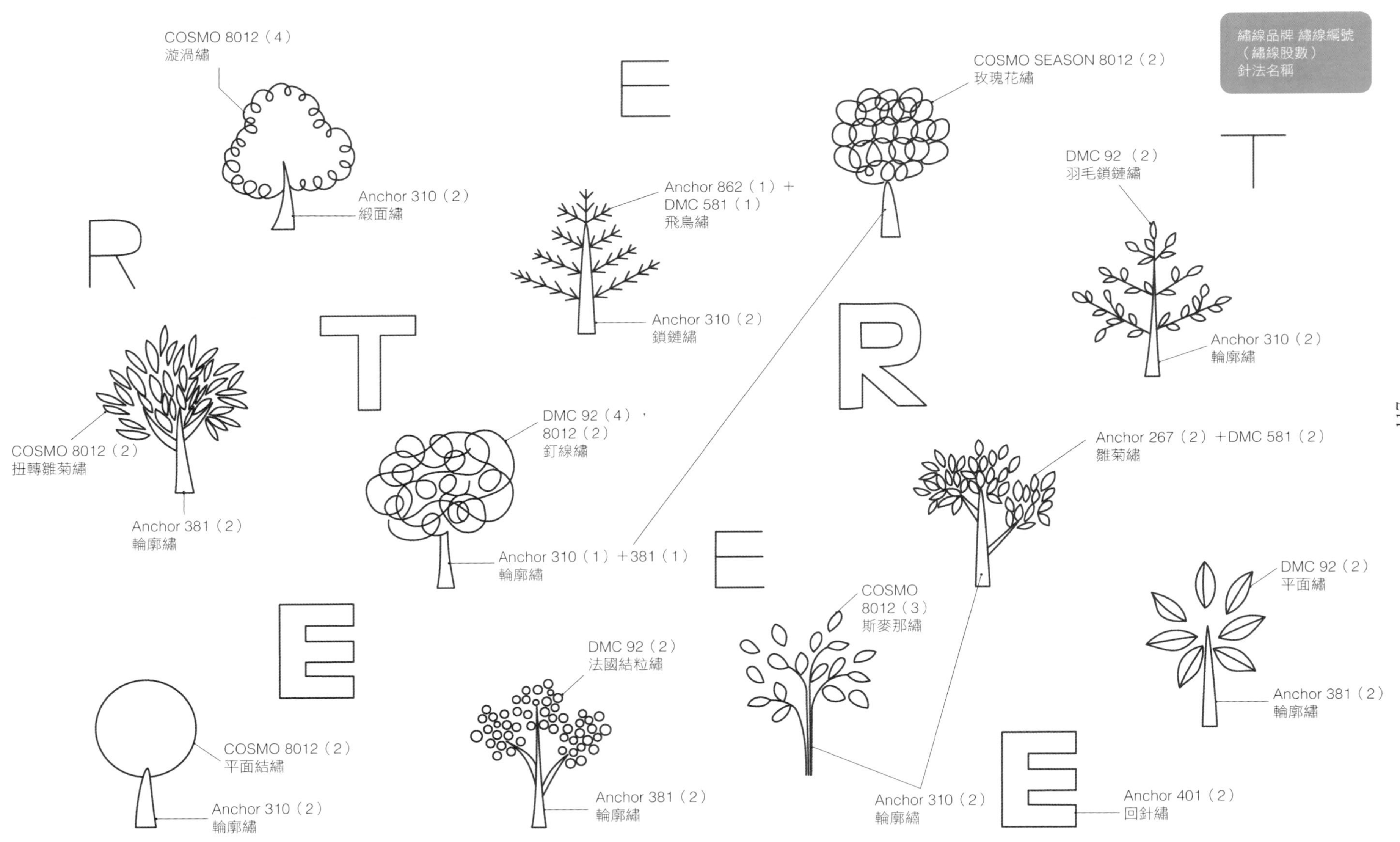
繡線品牌 繡線編號
（繡線股數）
針法名稱
COSMO 8012（4）
漩渦繡
Anchor 310（2）
緞面繡
E
Anchor 862（1）＋
DMC 581（1）
飛鳥繡
Anchor 310（2）
鎖鏈繡
COSMO SEASON 8012（2）
玫瑰花繡
T
DMC 92（2）
羽毛鎖鏈繡
Anchor 310（2）
輪廓繡
R
T
COSMO 8012（2）
扭轉雛菊繡
Anchor 381（2）
輪廓繡
DMC 92（4），
8012（2）
釘線繡
Anchor 310（1）＋381（1）
輪廓繡
R
E
Anchor 267（2）＋DMC 581（2）
雛菊繡
E
COSMO 8012（2）
平面結繡
Anchor 310（2）
輪廓繡
DMC 92（2）
法國結粒繡
Anchor 381（2）
輪廓繡
COSMO
8012（3）
斯麥那繡
Anchor 310（2）
輪廓繡
E
Anchor 401（2）
回針繡
DMC 92（2）
平面繡
Anchor 381（2）
輪廓繡

pattern 2

｜別針｜
和你一起的那場雪

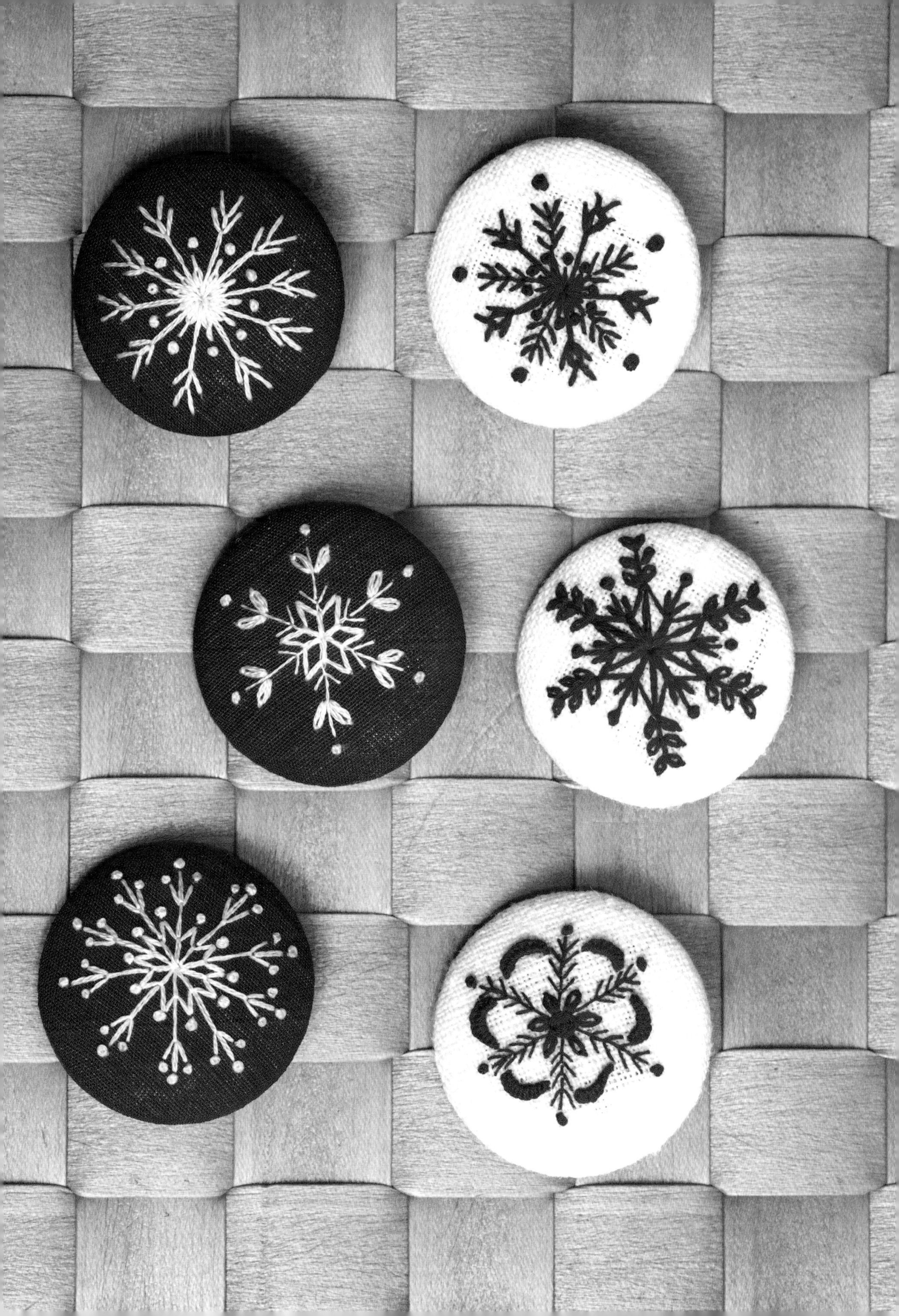

繡線：DMC BLANC（白色），817

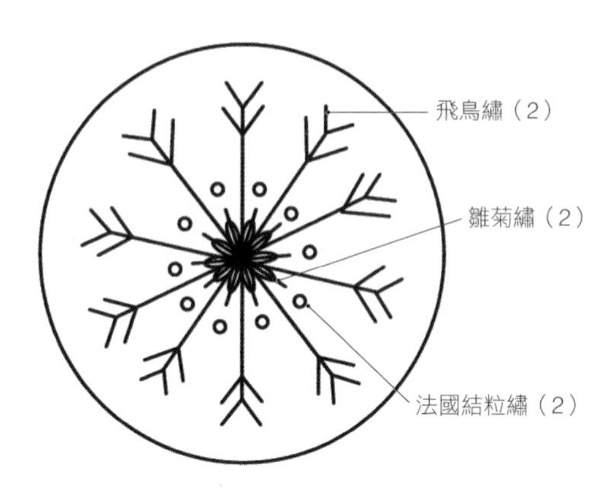

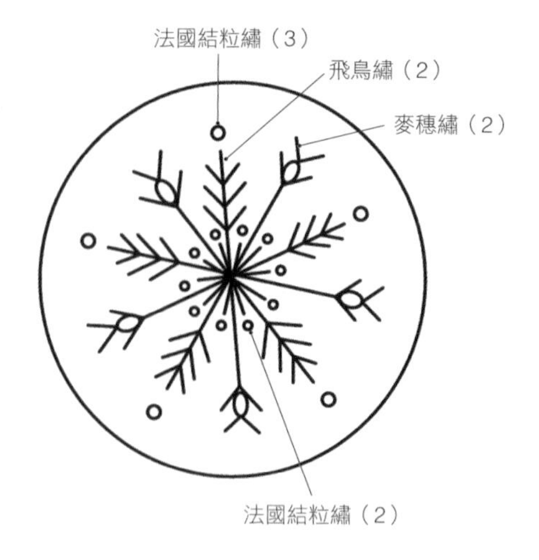

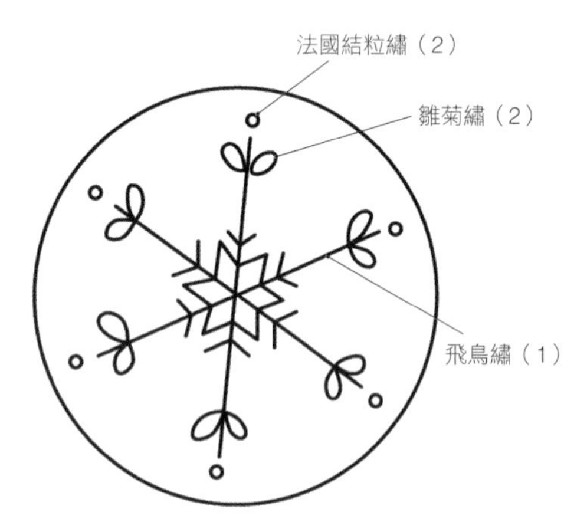

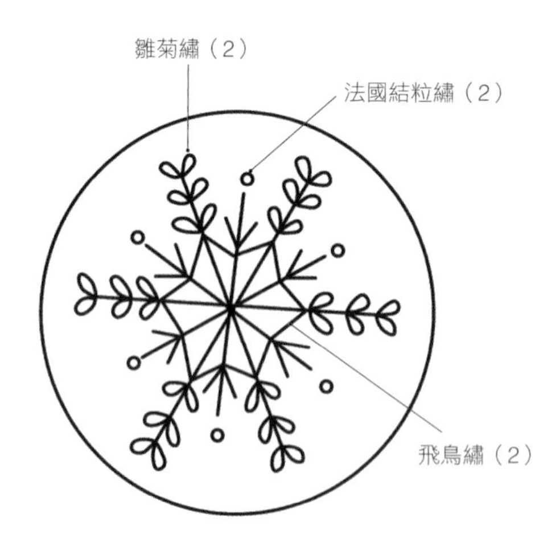

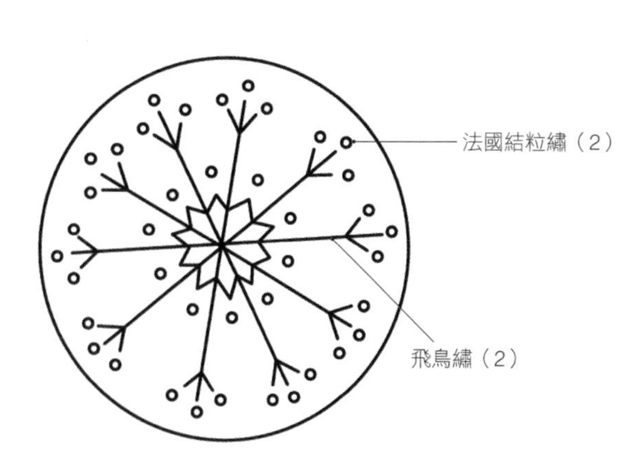

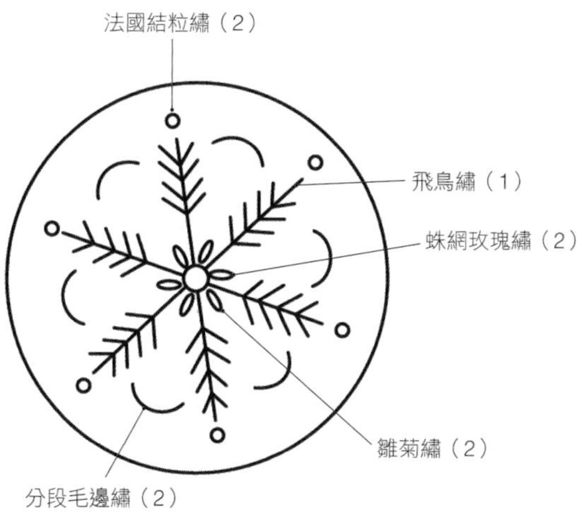

pattern 3

｜掛畫｜
想念那朵玫瑰的小王子

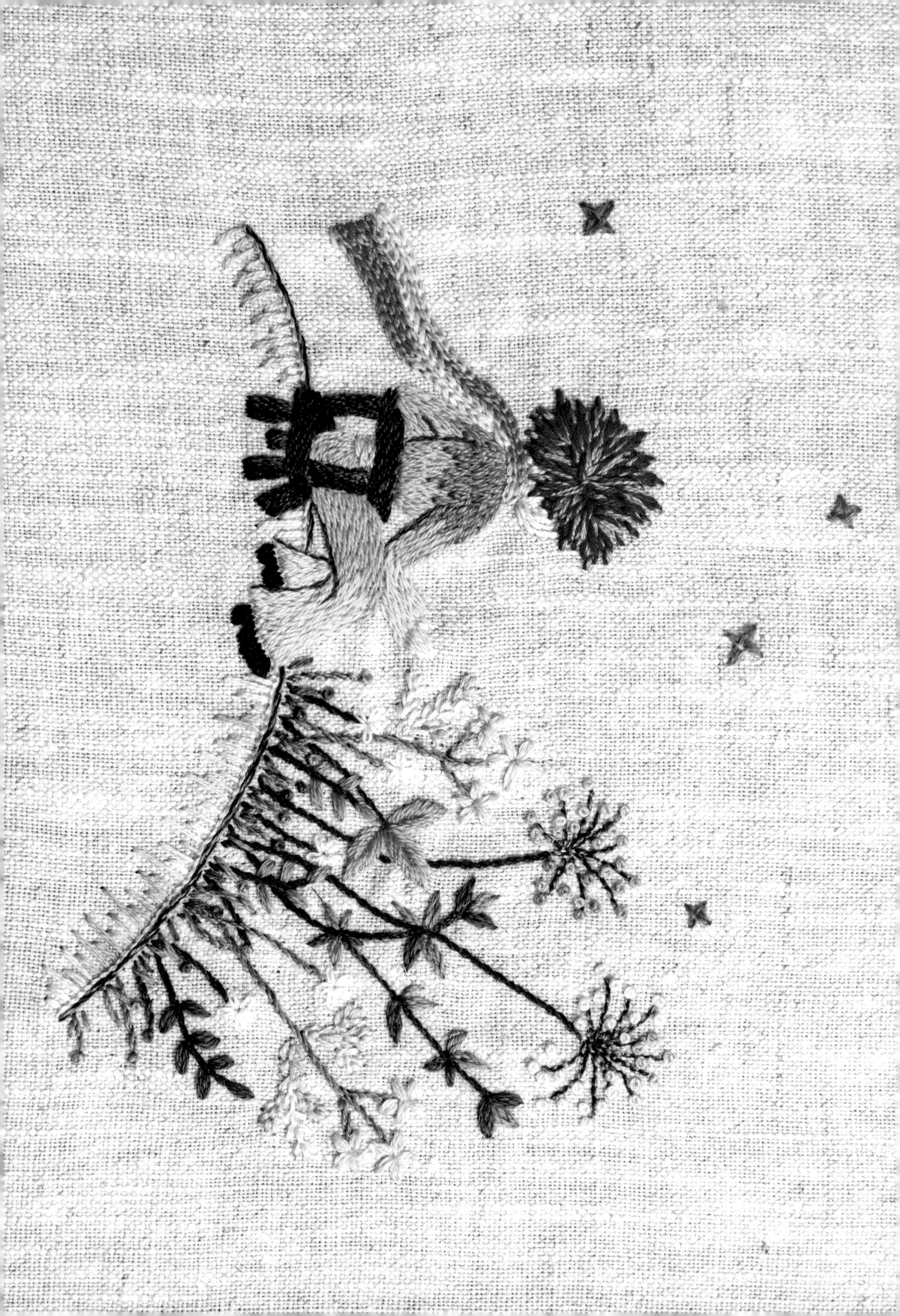

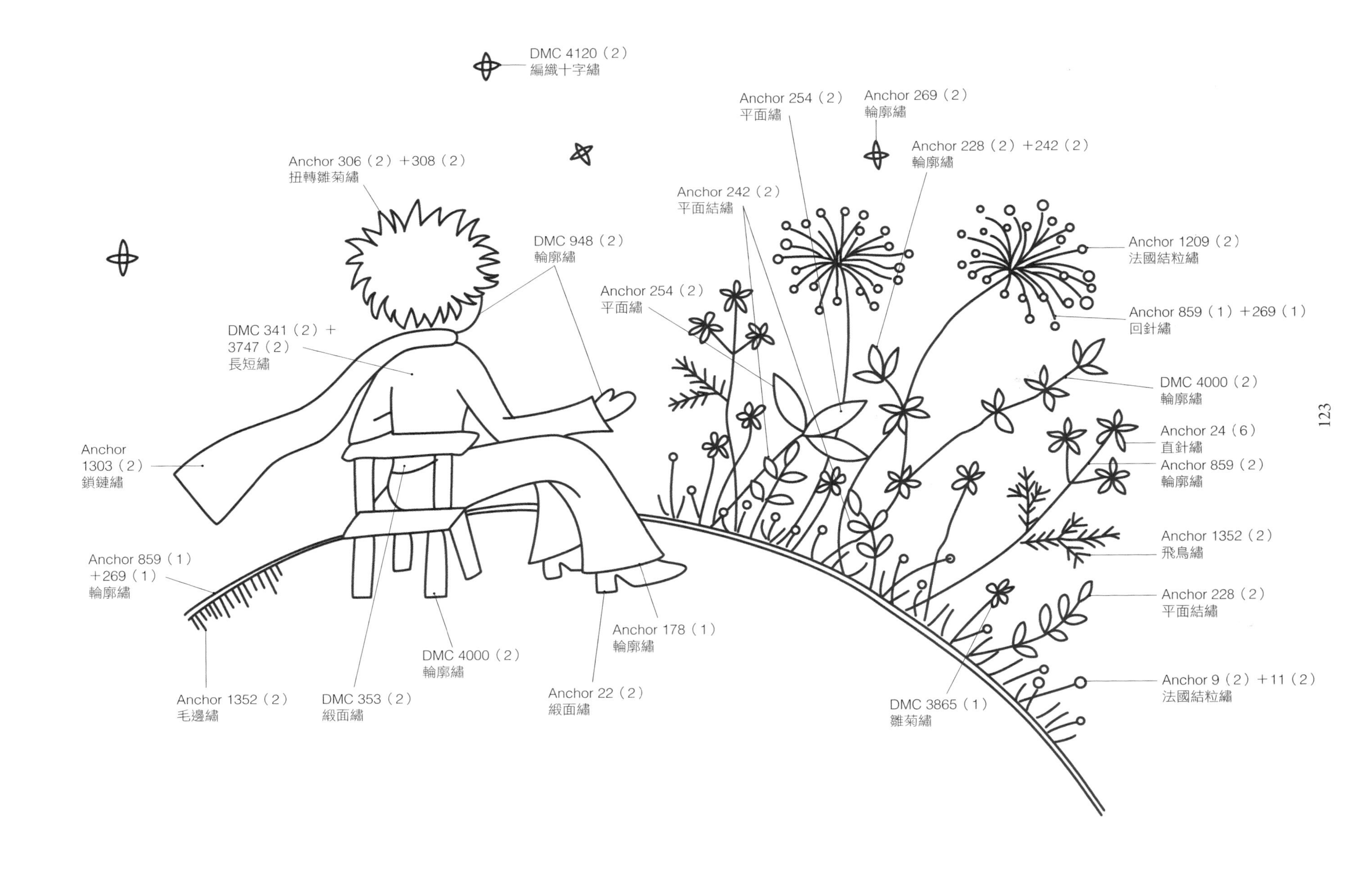
DMC 4120（2）
編織十字繡
Anchor 254（2）
平面繡
Anchor 269（2）
輪廓繡
Anchor 228（2）+242（2）
輪廓繡
Anchor 306（2）+308（2）
扭轉雛菊繡
Anchor 242（2）
平面結繡
DMC 948（2）
輪廓繡
Anchor 1209（2）
法國結粒繡
Anchor 254（2）
平面繡
Anchor 859（1）+269（1）
回針繡
DMC 341（2）+
3747（2）
長短繡
DMC 4000（2）
輪廓繡
Anchor
1303（2）
鎖鏈繡
Anchor 24（6）
直針繡
Anchor 859（2）
輪廓繡
Anchor 1352（2）
飛鳥繡
Anchor 859（1）
+269（1）
輪廓繡
Anchor 228（2）
平面結繡
Anchor 178（1）
輪廓繡
DMC 4000（2）
輪廓繡
Anchor 9（2）+11（2）
法國結粒繡
Anchor 1352（2）
毛邊繡
DMC 353（2）
緞面繡
Anchor 22（2）
緞面繡
DMC 3865（1）
雛菊繡

pattern 4

｜裝飾布｜
優雅草寫字母A~Z

DMC BLANC（2）
輪廓繡
DMC BLANC（2）
法國結粒繡
DMC BLANC
（2）
羽毛鎖鏈繡
DMC BLANC
（白色）（2）
雛菊繡

P Q R S T U V W X Y Z

pattern 5

｜針線收納包｜秋日色彩

Needle

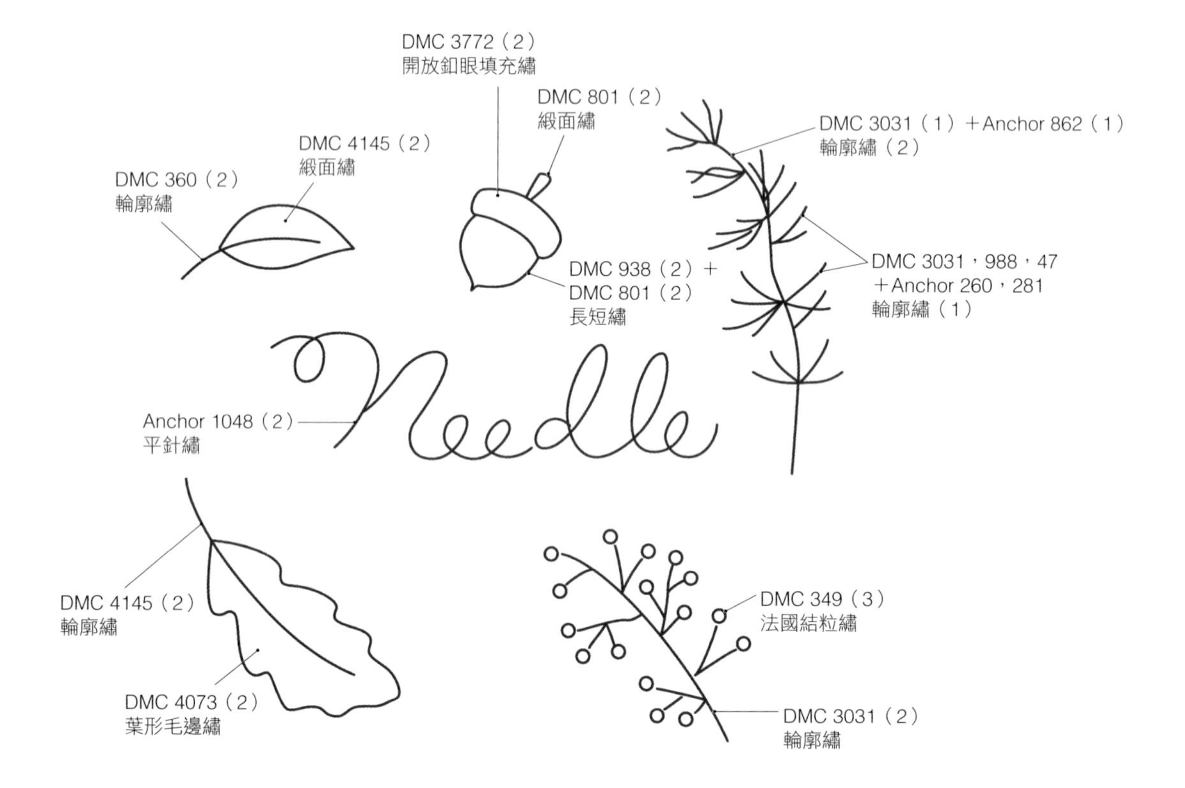
DMC 3772（2）
開放釦眼填充繡
DMC 801（2）
緞面繡
DMC 4145（2）
緞面繡
DMC 360（2）
輪廓繡
DMC 3031（1）＋Anchor 862（1）
輪廓繡（2）
DMC 938（2）＋
DMC 801（2）
長短繡
DMC 3031，988，47
＋Anchor 260，281
輪廓繡（1）
Needle
Anchor 1048（2）
平針繡
DMC 4145（2）
輪廓繡
DMC 4073（2）
葉形毛邊繡
DMC 349（3）
法國結粒繡
DMC 3031（2）
輪廓繡

pattern 6

| 杯墊 | 微風中的野花

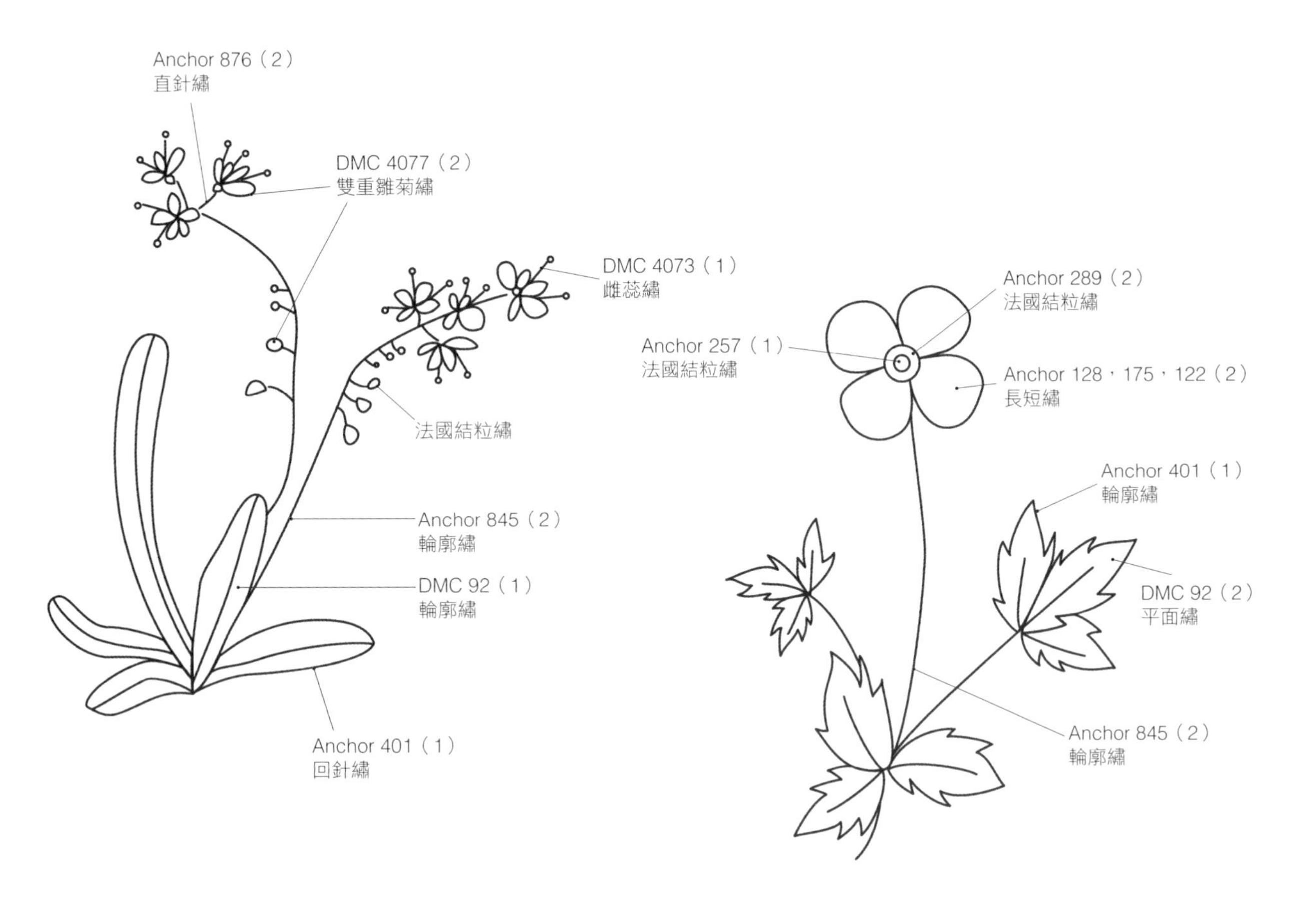
Anchor 876（2）
直針繡
DMC 4077（2）
雙重雛菊繡
DMC 4073（1）
雌蕊繡
法國結粒繡
Anchor 845（2）
輪廓繡
DMC 92（1）
輪廓繡
Anchor 401（1）
回針繡
Anchor 289（2）
法國結粒繡
Anchor 257（1）
法國結粒繡
Anchor 128，175，122（2）
長短繡
Anchor 401（1）
輪廓繡
DMC 92（2）
平面繡
Anchor 845（2）
輪廓繡

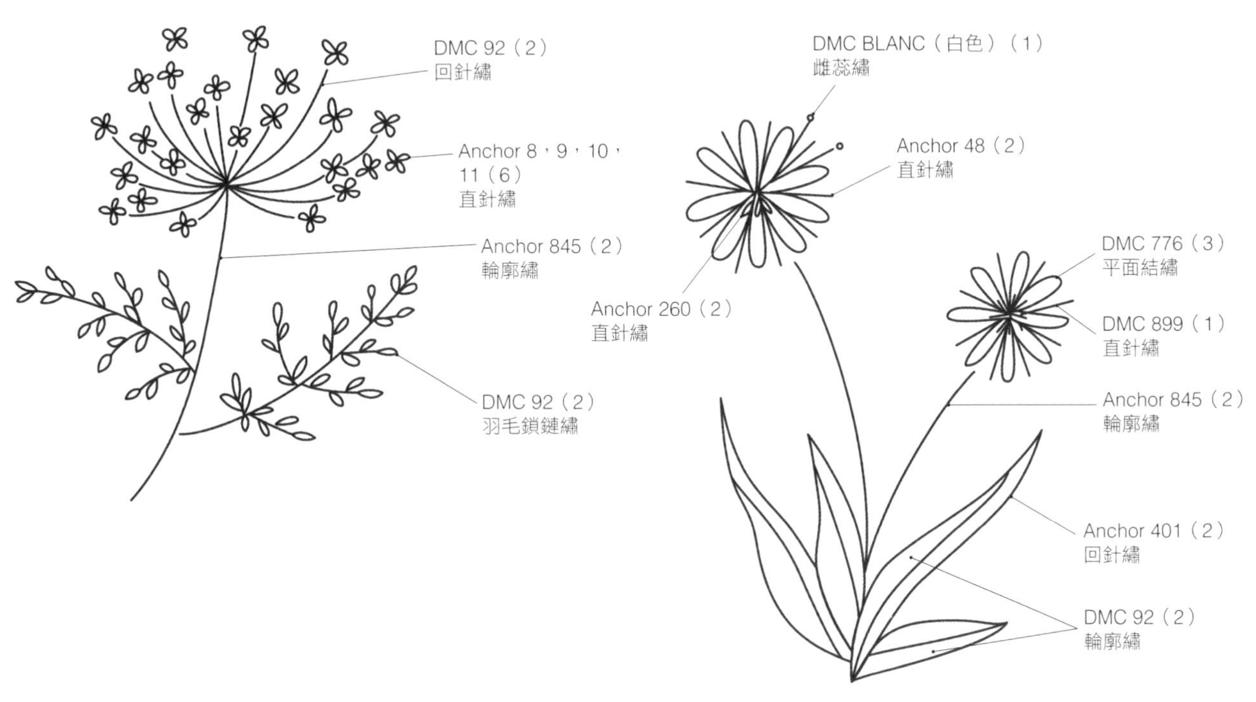
DMC 92（2）
回針繡
Anchor 8，9，10，
11（6）
直針繡
Anchor 845（2）
輪廓繡
DMC 92（2）
羽毛鎖鏈繡
DMC BLANC（白色）（1）
雌蕊繡
Anchor 48（2）
直針繡
Anchor 260（2）
直針繡
DMC 776（3）
平面結繡
DMC 899（1）
直針繡
Anchor 845（2）
輪廓繡
Anchor 401（2）
回針繡
DMC 92（2）
輪廓繡

pattern 7

｜婚禮紀念繡框｜
給最耀眼的你

Wedding
2011. 6. 25.

繡線使用：DMC 8號繡線 白色

pattern 8

｜裝飾布｜
LOVE質樸心意

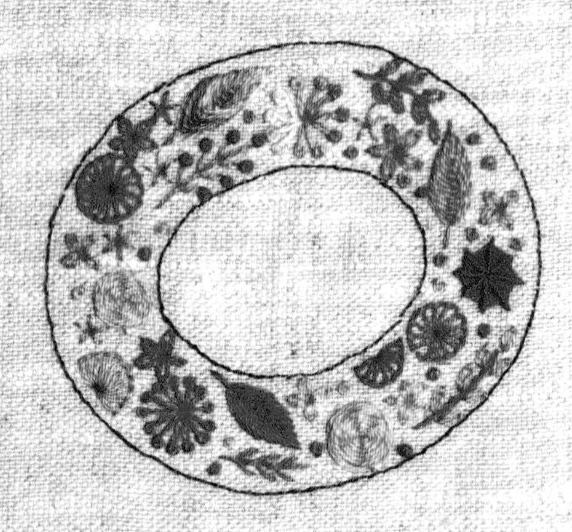
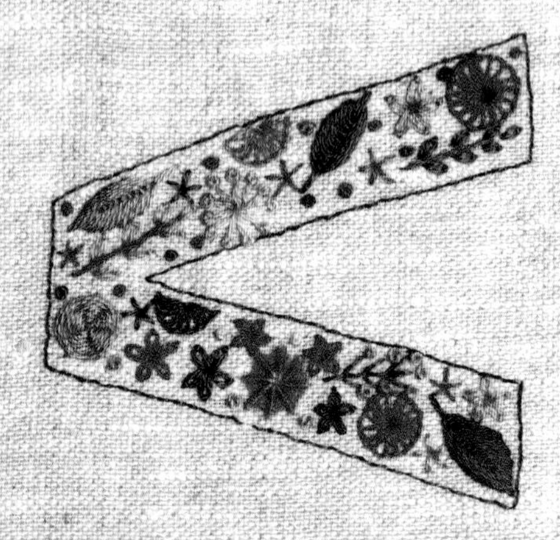
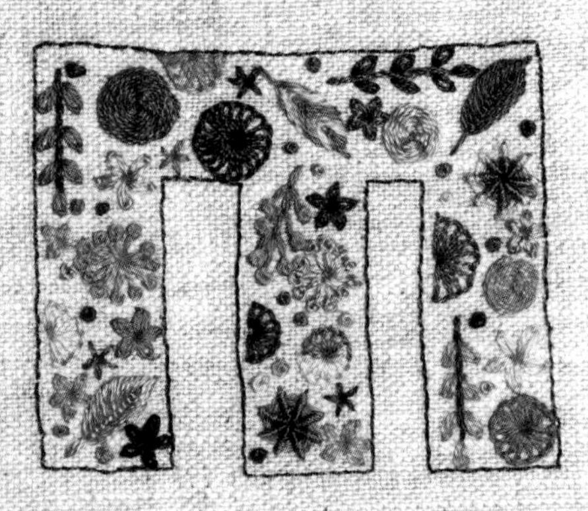

DMC 3801，350，321
Anchor 10，13，20，22，33，1202

DMC 726，973，4077
Anchor 301，302，303，311，1303

DMC 907，94，4069
Anchor 228，239，254，265

DMC 798，996，4237
Anchor 1090，159，149，410，121，133，133，164，1039

Anchor 401（1）
回針繡

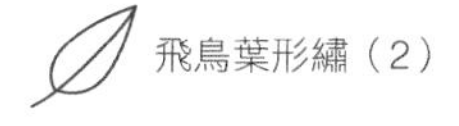 飛鳥葉形繡（2）

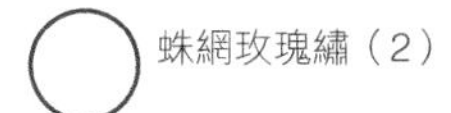 蛛網玫瑰繡（2）

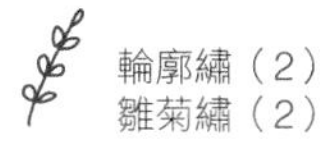 輪廓繡（2）
雛菊繡（2）

直針繡（2）

 輪狀毛邊繡（2）

 雌蕊繡（2）

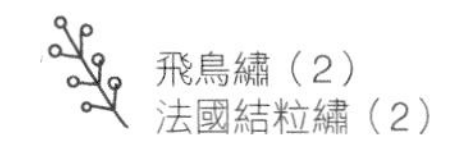 飛鳥繡（2）
法國結粒繡（2）

 肋骨蛛網繡（2）

半輪狀毛邊繡（2）

 雛菊繡（2）

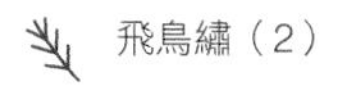 飛鳥繡（2）

法國結粒繡（2）

pattern 9

｜帆布包｜
週末去逛花市吧

Flowers

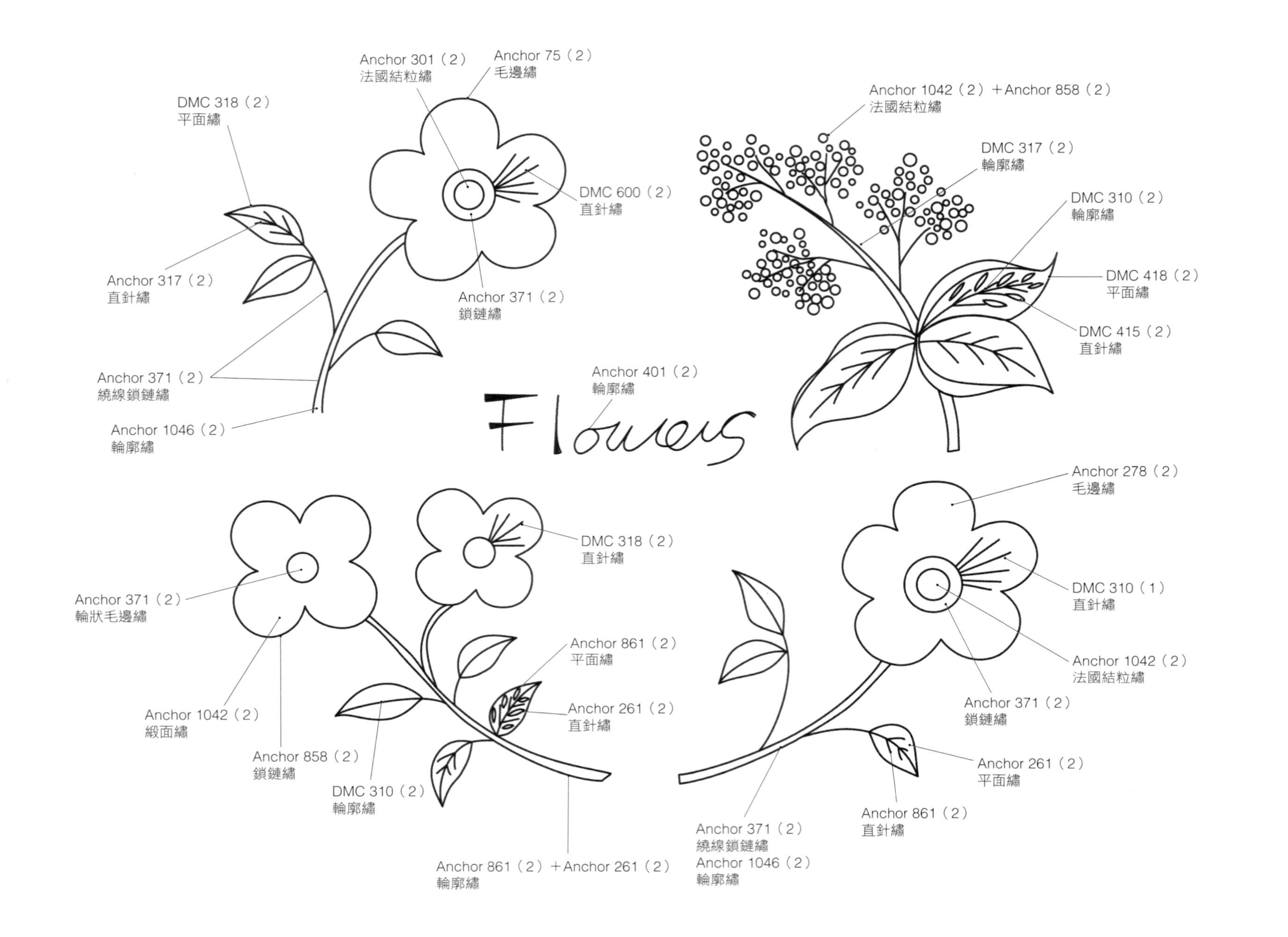
Anchor 301（2）
法國結粒繡
Anchor 75（2）
毛邊繡
DMC 318（2）
平面繡
DMC 600（2）
直針繡
Anchor 317（2）
直針繡
Anchor 371（2）
鎖鏈繡
Anchor 371（2）
繞線鎖鏈繡
Anchor 1046（2）
輪廓繡
Anchor 1042（2）＋Anchor 858（2）
法國結粒繡
DMC 317（2）
輪廓繡
DMC 310（2）
輪廓繡
DMC 418（2）
平面繡
DMC 415（2）
直針繡
Anchor 401（2）
輪廓繡
Flowers
Anchor 278（2）
毛邊繡
DMC 318（2）
直針繡
Anchor 371（2）
輪狀毛邊繡
DMC 310（1）
直針繡
Anchor 861（2）
平面繡
Anchor 1042（2）
法國結粒繡
Anchor 261（2）
直針繡
Anchor 371（2）
鎖鏈繡
Anchor 1042（2）
緞面繡
Anchor 858（2）
鎖鏈繡
Anchor 261（2）
平面繡
DMC 310（2）
輪廓繡
Anchor 861（2）
直針繡
Anchor 371（2）
繞線鎖鏈繡
Anchor 1046（2）
輪廓繡
Anchor 861（2）＋Anchor 261（2）
輪廓繡

pattern 10

| 裝飾布 |
我們的密語A～E

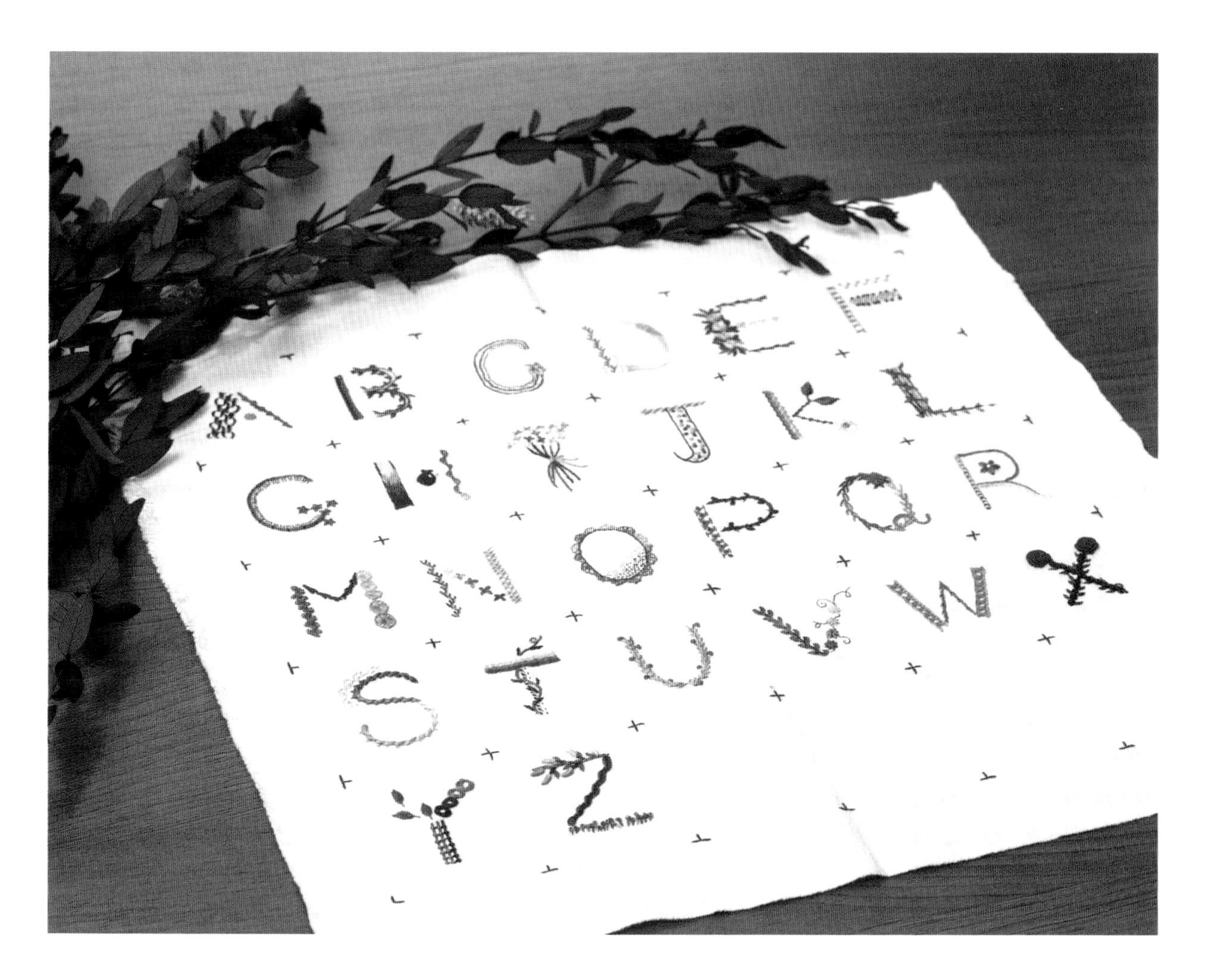

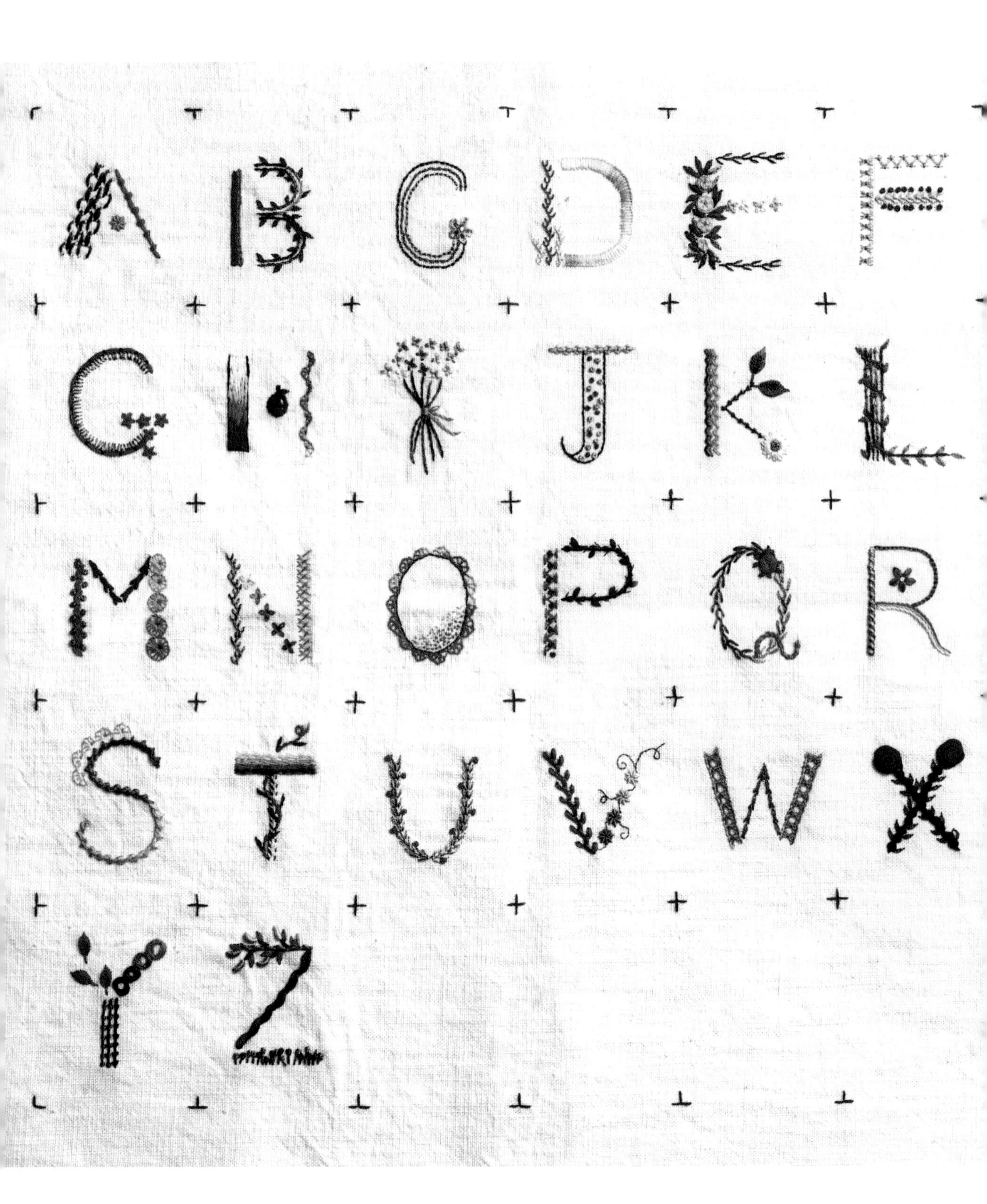

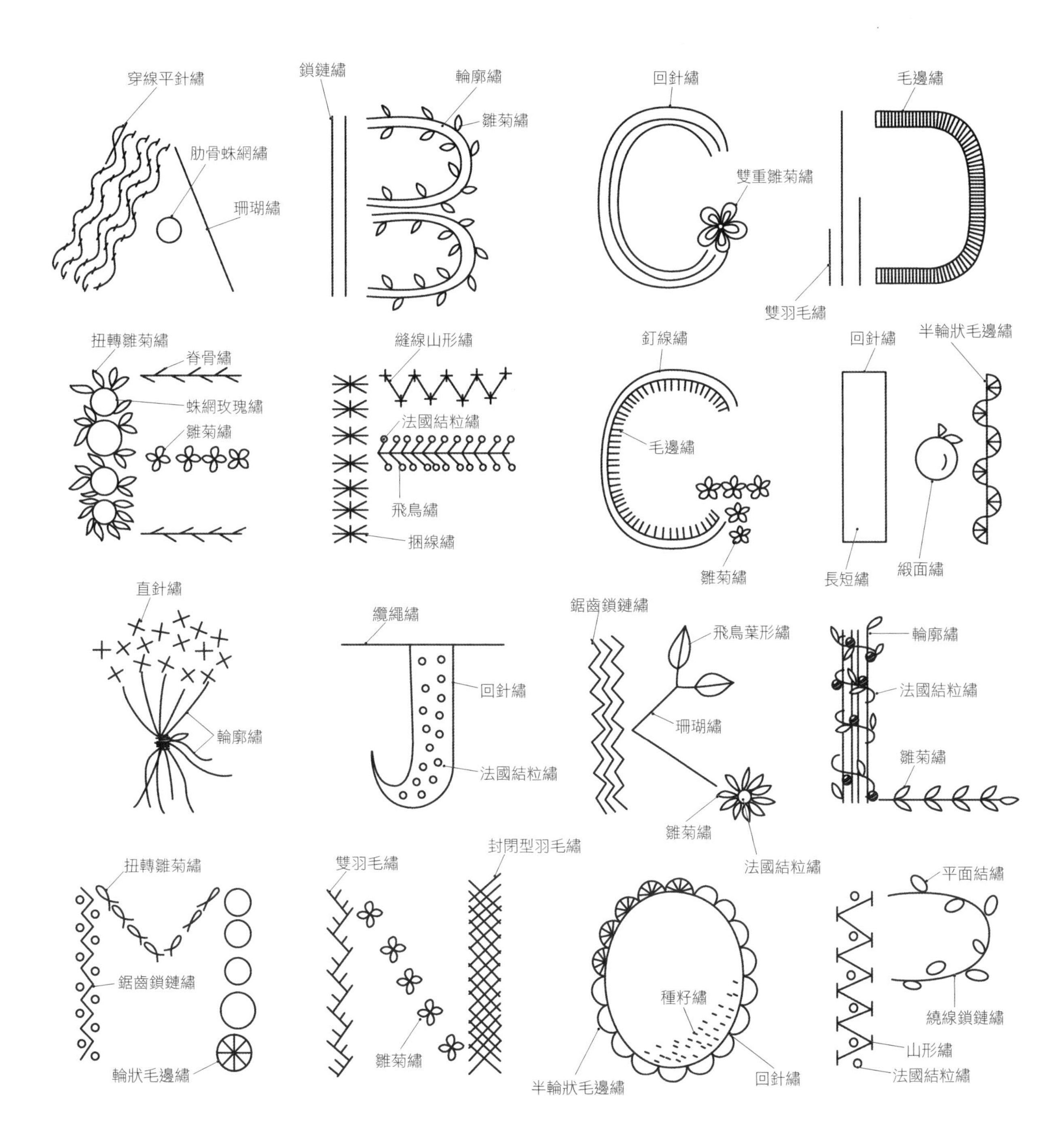

穿線平針繡
肋骨蛛網繡
珊瑚繡
鎖鏈繡
輪廓繡
雛菊繡
回針繡
雙重雛菊繡
毛邊繡
雙羽毛繡
扭轉雛菊繡
脊骨繡
蛛網玫瑰繡
雛菊繡
縫線山形繡
法國結粒繡
飛鳥繡
捆線繡
釘線繡
毛邊繡
雛菊繡
回針繡
半輪狀毛邊繡
長短繡
緞面繡
直針繡
輪廓繡
纜繩繡
回針繡
法國結粒繡
鋸齒鎖鏈繡
飛鳥葉形繡
珊瑚繡
雛菊繡
法國結粒繡
輪廓繡
法國結粒繡
雛菊繡
扭轉雛菊繡
鋸齒鎖鏈繡
輪狀毛邊繡
雙羽毛繡
封閉型羽毛繡
雛菊繡
種籽繡
半輪狀毛邊繡
回針繡
平面結繡
繞線鎖鏈繡
山形繡
法國結粒繡

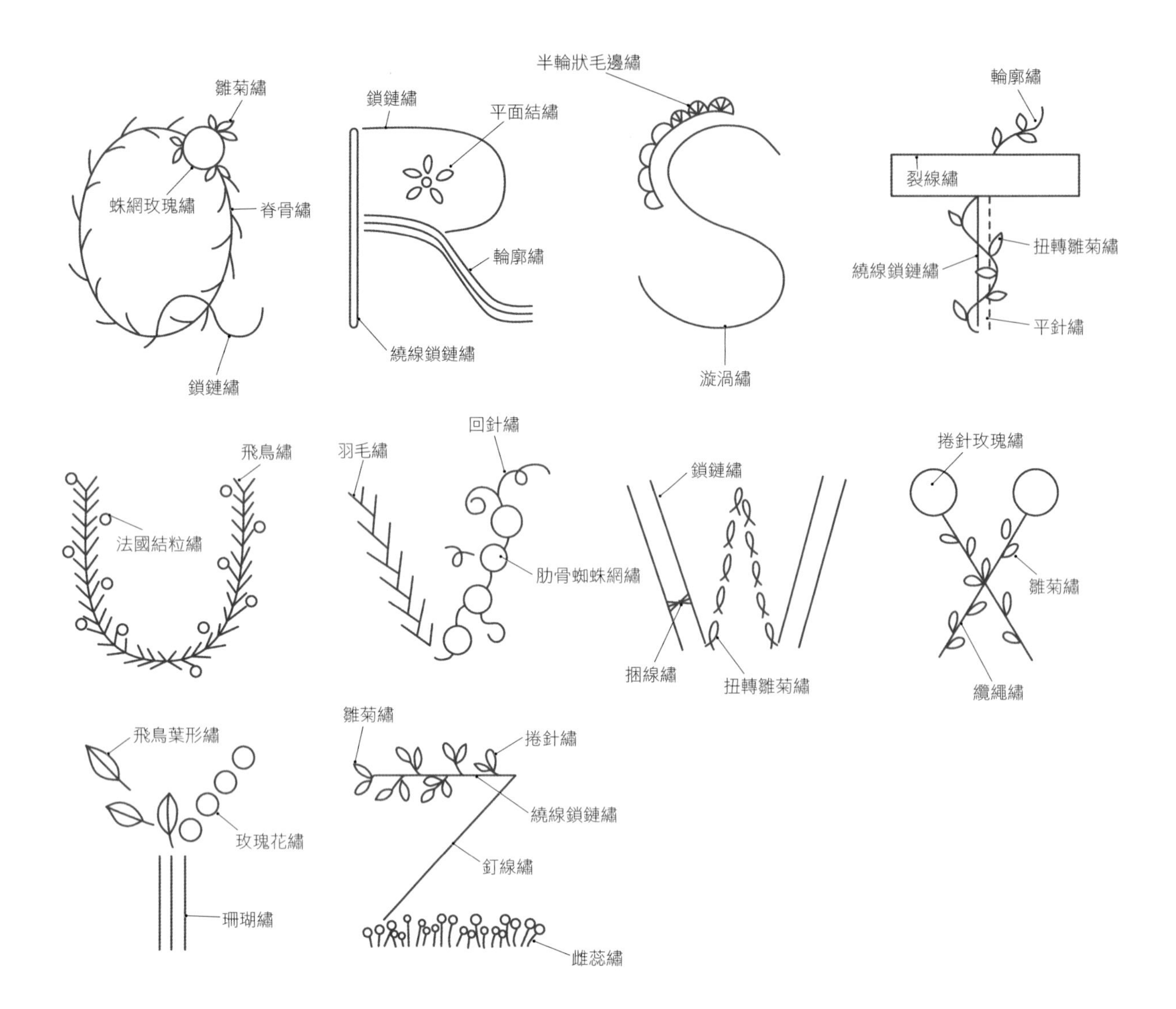
雛菊繡
蛛網玫瑰繡
脊骨繡
鎖鏈繡
鎖鏈繡
平面結繡
輪廓繡
繞線鎖鏈繡
半輪狀毛邊繡
漩渦繡
輪廓繡
裂線繡
扭轉雛菊繡
繞線鎖鏈繡
平針繡
飛鳥繡
法國結粒繡
羽毛繡
回針繡
肋骨蜘蛛網繡
鎖鏈繡
捆線繡
扭轉雛菊繡
捲針玫瑰繡
雛菊繡
纜繩繡
飛鳥葉形繡
玫瑰花繡
珊瑚繡
雛菊繡
捲針繡
繞線鎖鏈繡
釘線繡
雌蕊繡

pattern 11

| 裝飾布 | 和植物一起生活

Sweet Home

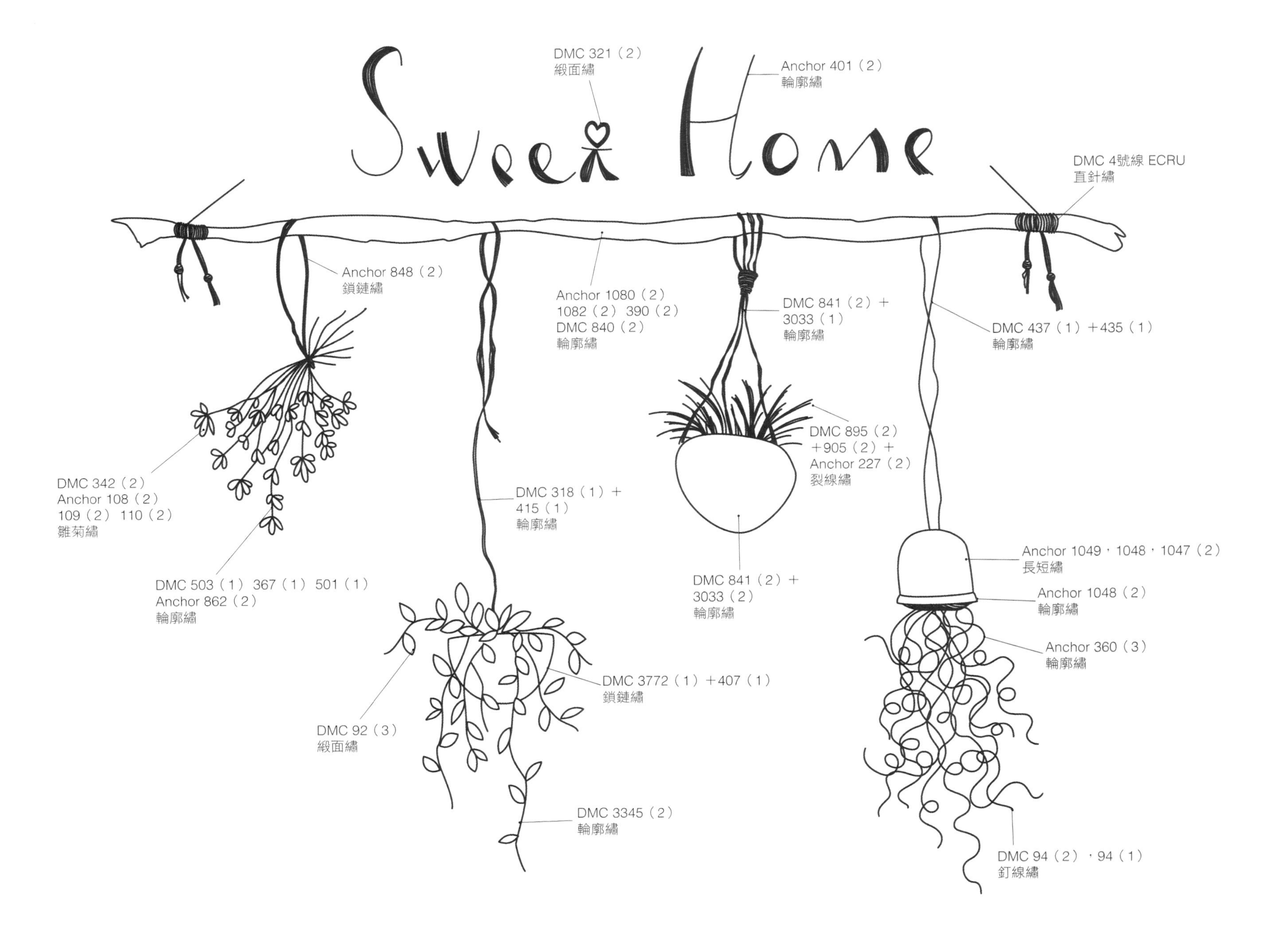
Sweet Home
DMC 321（2）
緞面繡
Anchor 401（2）
輪廓繡
DMC 4號線 ECRU
直針繡
Anchor 848（2）
鎖鏈繡
Anchor 1080（2）
1082（2）390（2）
DMC 840（2）
輪廓繡
DMC 841（2）+
3033（1）
輪廓繡
DMC 437（1）+435（1）
輪廓繡
DMC 895（2）
+905（2）+
Anchor 227（2）
裂線繡
DMC 342（2）
Anchor 108（2）
109（2）110（2）
雛菊繡
DMC 318（1）+
415（1）
輪廓繡
Anchor 1049，1048，1047（2）
長短繡
DMC 503（1）367（1）501（1）
Anchor 862（2）
輪廓繡
DMC 841（2）+
3033（2）
輪廓繡
Anchor 1048（2）
輪廓繡
Anchor 360（3）
輪廓繡
DMC 3772（1）+407（1）
鎖鏈繡
DMC 92（3）
緞面繡
DMC 3345（2）
輪廓繡
DMC 94（2），94（1）
釘線繡

pattern 12

| 帆布包 | 來場宇宙迷幻冒險

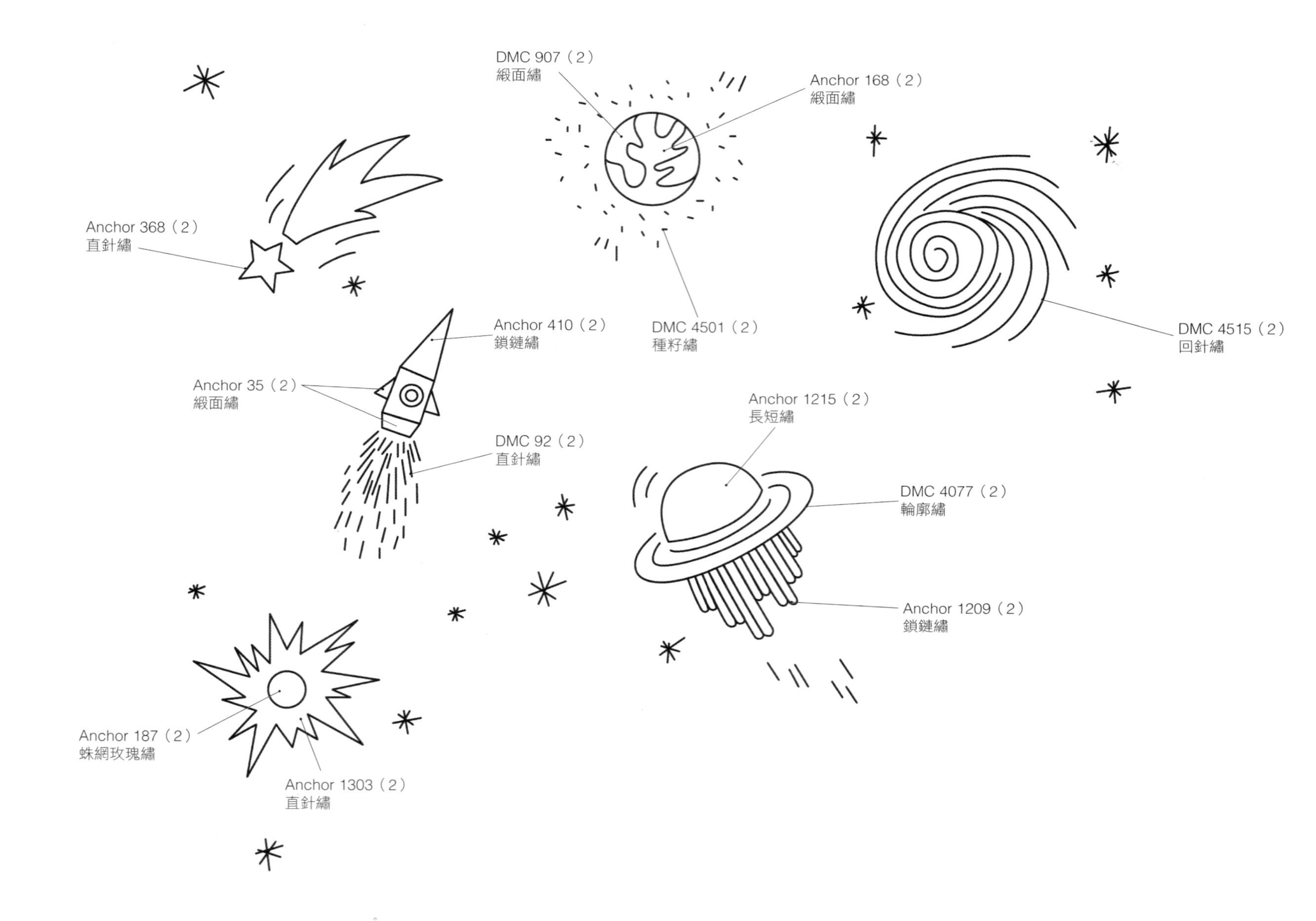
DMC 907（2）
緞面繡
Anchor 168（2）
緞面繡
Anchor 368（2）
直針繡
Anchor 410（2）
鎖鏈繡
DMC 4501（2）
種籽繡
DMC 4515（2）
回針繡
Anchor 35（2）
緞面繡
Anchor 1215（2）
長短繡
DMC 92（2）
直針繡
DMC 4077（2）
輪廓繡
Anchor 1209（2）
鎖鏈繡
Anchor 187（2）
蛛網玫瑰繡
Anchor 1303（2）
直針繡

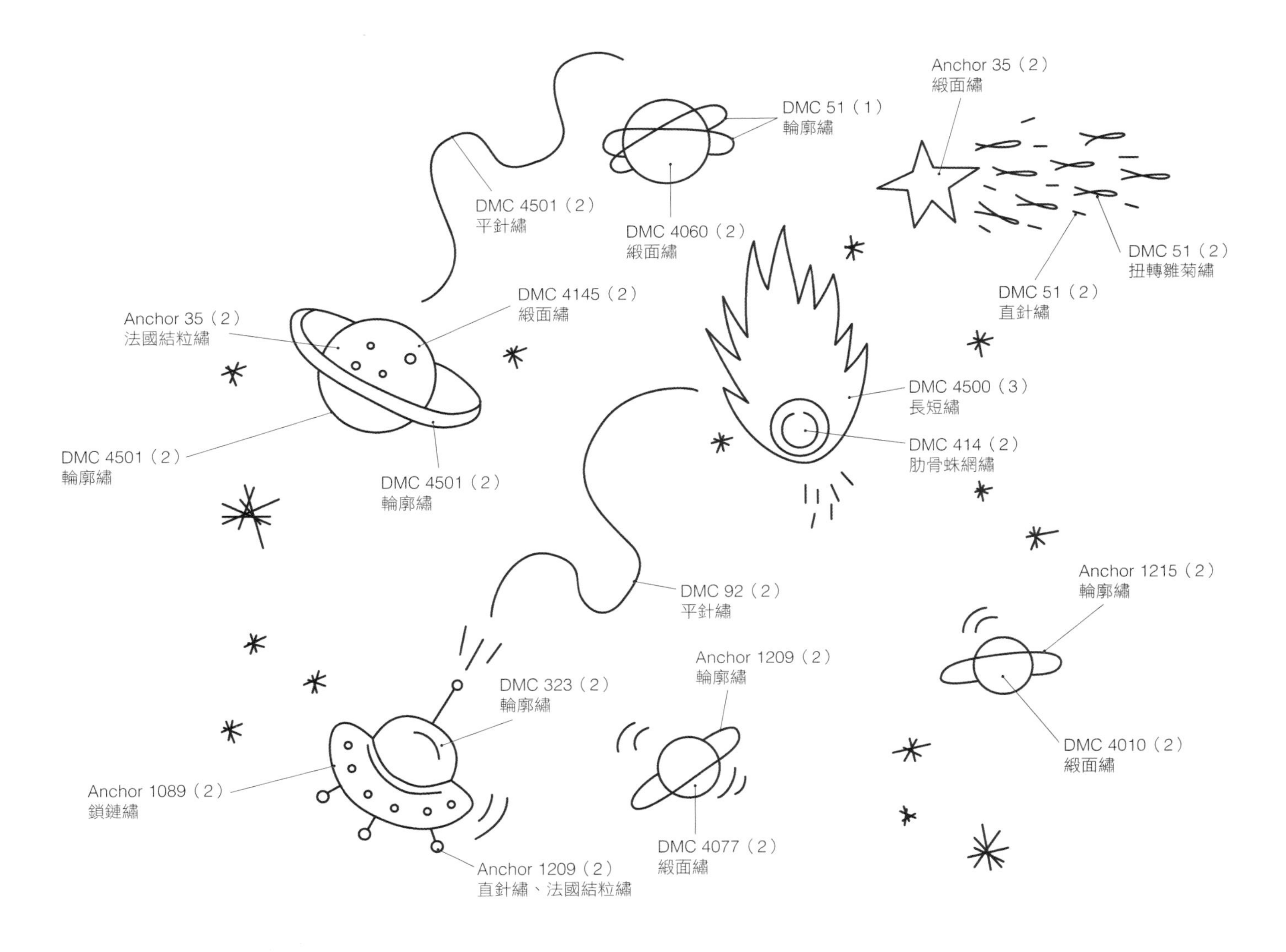
Anchor 35（2）
緞面繡
DMC 51（1）
輪廓繡
DMC 4501（2）
平針繡
DMC 4060（2）
緞面繡
DMC 51（2）
扭轉雛菊繡
DMC 51（2）
直針繡
Anchor 35（2）
法國結粒繡
DMC 4145（2）
緞面繡
DMC 4501（2）
輪廓繡
DMC 4501（2）
輪廓繡
DMC 4500（3）
長短繡
DMC 414（2）
肋骨蛛網繡
DMC 92（2）
平針繡
Anchor 1215（2）
輪廓繡
Anchor 1209（2）
輪廓繡
DMC 323（2）
輪廓繡
DMC 4010（2）
緞面繡
Anchor 1089（2）
鎖鏈繡
DMC 4077（2）
緞面繡
Anchor 1209（2）
直針繡、法國結粒繡

INDEX 針法名稱索引

ㄋ

ㄌ

ㄐ

ㄑ

ㄒ

ㄓ

ㄔ

ㄕ

ㄖ

ㄗ

台灣廣廈國際出版集團 Taiwan Mansion International Group

國家圖書館出版品預行編目（CIP）資料

法式刺繡針法全書：204種基礎到進階針法步驟圖解，從花草、字母到繡出令人怦然心動的專屬作品 / 朴成熙作；張雅眉譯. -- 初版. -- 新北市：蘋果屋, 2020.04
面；　公分.
ISBN 978-986-98814-0-1（平裝）
1.刺繡 2.手工藝

426.2　　109001578

法式刺繡針法全書

204種基礎到進階針法步驟圖解，從花草、字母到繡出令人怦然心動的專屬作品

作　　者／朴成熙
翻　　譯／張雅眉
編 輯 長／張秀環
封面設計／何偉凱・**內頁排版**／菩薩蠻數位文化有限公司
製版・印刷・裝訂／東豪印刷有限公司

行企研發中心總監／陳冠蒨
媒體公關組／陳柔彣
綜合業務組／何欣穎
線上學習中心總監／陳冠蒨
數位營運組／顏佑婷
企製開發組／江季珊、張哲剛

發 行 人／江媛珍
法 律 顧 問／第一國際法律事務所 余淑杏律師・北辰著作權事務所 蕭雄淋律師
出　　版／蘋果屋
發　　行／蘋果屋出版社有限公司
地址：新北市235中和區中山路二段359巷7號2樓
電話：（886）2-2225-5777・傳真：（886）2-2225-8052

代理印務・全球總經銷／知遠文化事業有限公司
地址：新北市222深坑區北深路三段155巷25號5樓
電話：（886）2-2664-8800・傳真：（886）2-2664-8801
郵 政 劃 撥／劃撥帳號：18836722
劃撥戶名：知遠文化事業有限公司（※單次購書金額未達1000元，請另付70元郵資。）

■出版日期：2020年04月
ISBN：978-986-98814-0-1
■初版8刷：2024年03月